东华大学服装设计专业核心系列教材 源自服装设计教育精英的集体智慧

纺织服装高等教育"十一五"部委级规划教材
东华大学服装设计专业核心系列教材

主编　刘晓刚

毛皮服装设计

蔡凌霄　于晓坤　编著

上海市重点学科建设项目资助　项目编号 B601

東華大學出版社

图书在版编目(CIP)数据

毛皮服装设计/蔡凌霄,于晓坤编著.—上海:东华大学出版社,2009.6

(东华大学服装设计专业核心系列教材/刘晓刚主编)

ISBN 978-7-81111-571-0

Ⅰ.毛… Ⅱ.①蔡… ②于… Ⅲ.毛皮—服装—设计—高等学校—教材 Ⅳ.TS941.776

中国版本图书馆CIP数据核字(2009)第086677号

责任编辑 徐建红
封面设计 李 峻
版式设计 高秀静

东华大学服装设计专业核心系列教材

毛皮服装设计

蔡凌霄 于晓坤 编著

东华大学出版社出版
(上海市延安西路1882号 邮政编码:200051)
新华书店上海发行所发行 苏州望电印刷有限公司印刷
开本:787×1092 1/16 印张:18 字数:430千字
2009年7月第1版 2009年7月第1次印刷
印数:0 001—4 000
ISBN 978-7-81111-571-0/TS·126
定价:47.00元

序　一

服装产业素来是我国重要的支柱产业。今天的中国不再是世界服装的初级加工厂,已从“中国制造”走向了“中国创造”。中国的服装设计师、中国的服装品牌、中国的服装教育纷纷登上世界舞台,崭露头角。在服装产业繁荣发展的今天,无论是本土的还是世界的服装设计教育格局都出现了很多变革性的因子。产业环境对我国的服装教育提出了全新的要求,既要符合全球化、国际化的趋势,又要坚持本土化的中国特色。

服装设计学科是东华大学的特色学科。作为中国最早设立服装设计学科的高等学府之一,学校以“崇德博学、砺志尚实”为校训,自觉承担起培养我国优秀服装设计专业人才、引导我国服装设计学科发展的重任。中国的服装设计教育从20多年前的借鉴与摸索期发展到如今的成熟与创新期,离不开我校几代服装设计学科专业教师的耕耘与奉献。

立足中国、面向世界,上海繁荣的都市产业与时尚产业成为我校服装设计学科成长的沃土。秉承“海纳百川、追求卓越”的精神,我校服装设计学科带头人刘晓刚教授领衔,服装学院专家教授共同参与,在全国率先推出了大型的服装设计专业系列教材。此套教材涵盖服装设计的方法、思维、技术、品牌、审美、营销、流行等各个方面,理论与实践并举,内容全面,时代性强。可以说,此套教材凝结并展示了我校服装设计教育精英的集体智慧、敢为人先的创新精神,以及严谨求实的学术风范。

一份耕耘,一份收获。衷心希望此套教材的出版能够对我国服装教育与服装产业的发展有所促进。

东华大学校长

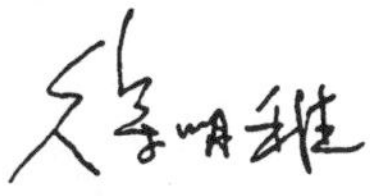

序　二

我国高等服装教育从20世纪80年代初起始，屈指数来已有20余年历史，作一个形象的比喻，她已经进入一个朝气蓬勃、活力四射的青春时代。细分起来，服装学科有许多分支，在我国大多数设有服装专业的高等院校中，研究生层面有服装人体科学研究、服装工程数字化研究、服装舒适性与功能服装研究、服装产业经济研究、服装设计理论与应用、服装史论研究等研究方向，本科生层面有服装设计与工程、服装艺术设计、服装表演与设计等专业之分。为了表述的方便，我们姑且统称为服装专业。

与一些拥有百年历史的欧美老牌服装院校相比，目前我国的服装专业还只能算是一个新生专业，尽管我们在教学的许多方面是在摸索中成长，在前进道路上遇到不少问题，但是，我国服装教育也因此而有了自己的特色，虽然我们应该学习国际先进的教育理念，然而，教育本身必须注重创新的规律告诉我们：不必事事效仿伦敦纽约，更毋须言必称巴黎米兰，在全国服装教育同行们的辛勤努力下，从零起步的我国高等服装教育已经卓有成效地为服装产业输送了大量专业技术和经营管理人才，为我国服装产业的腾飞做出了不可磨灭的贡献。

当然，我们也应该看到，与突飞猛进的我国服装企业所取得的成绩相比，后者在发展速度和品质提升方面以自己辉煌出色的成果交出了似乎比服装教育更为显著的答卷。在服装进入品牌化时代的今天，服装企业的进一步发展需要更高水平的服装教育等相关领域的支持，为服装教育提出了新的深化课题，因此，我们不能以已经取得的成绩而自喜，更不能以此为由而裹足，必须进一步理顺教学体系，更新教学内容，深化教学内涵，为我国服装产业尽快出现国际有影响的品牌和建立自主知识产权的设计创新体系而培养高级设计人才。

教育也是品牌，特色是品牌的内涵，每个学校办学都应该有其自己的特色，东华大学（原中国纺织大学）是一所以纺织服装为特色的综合性大学，服装专业倚靠得天独厚的国际大都市——上海的服装产业背景，在学校致力于建设“国内一流、国际有影响、有特色的高水平大学”的办学思想指导下，以“海纳百川、追求卓越”之勇气，重视服装学科规律，关注服装产业变革，倾听服装企业建议，广泛开展国际交流，以“根植产业土壤，服务社会需求”为专业教学理念，取得了颇有特色的学科建设成效和经验。为此，作为教育部“服装设计与工程”唯一的国家级重点学科所在院校——东华大学服装学院，深感自身在我国服装产业转型期所肩负的责任，从建设《服装设计专业核心系列教材》着手，进行一系列顺应时代需求的教学改革。

本系列教材集东华大学服装学院全体教师20余年专业教学之经验，涉及30余门服装设计专业核心课程，由我的学生、也是我国服装设计领域首位博士刘晓刚教授担纲主编，整个系列涵盖本科生和研究生的服装设计专业课程，以专业通识类、专业基础类、专业设计类、专业延伸类和专业提高类五大板块构成立体框架，注重每个板块之间的衔接关系，突出理论与实践、模块与案例、现实与前瞻的结合，改变常见的插图画家式的设计师培养结果，重点在于培养学生的创新思维、表现技能和企划操作之完成能力，其中部分教材为首次面世的课程而撰写，目的在于缩短应届毕业生与企业磨合的时间，使他们能够“快、准、实”地成为品牌企划和产品设计的生力军，也能够为毕业生自主创业提供必须掌握的知识结构。

我相信，凭借东华大学服装学院为本系列教材提供的鼓励和保障措施，以及全体编写教师的集体智慧和辛勤努力，也凭借刘晓刚教授多年来一贯严谨的教风、与服装企业合作的成功经验和已经出版10余本教材的业绩，这套系列教材应该非常出色的。

据此，我很高兴为本系列教材作序，并期待其发出耀眼的光芒。

东华大学服装学院　学术委员会主任

教授　博士生导师

前　言

毛皮是人类使用最古老的服装材料，发展至今已有数十万年的历史。原始人类为生存，在征服大自然中与猛兽搏斗，用历经千辛万苦获得的毛皮装饰身体，显示自己的英勇。不论从西方到东方，还是从历史发展的各个时期来看，珍贵的毛皮曾经都是身份地位的象征。而今，毛皮作为一种服装面料在全世界范围内广为推崇，300多个知名的服装品牌里都有用毛皮做原料的时装。毛皮极富感染力和表达力的质感，既独特又深邃的韵味，在社会观念的变迁与加工工艺的支持下被不断注入新的内涵。曾是富裕成熟女性专利的珍贵毛皮，正在进行着它年轻化、时尚化及多样化的航程，并慢慢地融入到绚丽多姿、风云变幻的毛皮新时代。

近年来，我国的毛皮服装业发展迅速，进出口量逐年增长，中国已经成为毛皮服装生产、出口和消费大国。然而人们对毛皮的相关知识和独特的加工工艺却知之甚少，从业的设计人员和技术人员极缺，设计和工艺水平也参差不齐，造成与国外同行业水平的较大差距。为提高我国毛皮产业的产品档次，加快引进国外先进、时尚的设计理念和业内著名品牌，中国毛皮行业协会组织了多次国际毛皮服装节，还和相关企业共同举办各类毛皮服装设计大赛，而国内各大设计院校也逐步重视并开设毛皮服装相关课程。

北欧世家皮草（SAGA FURS OF SCANDINAVIA）[1] 为现代毛皮服装业的发展做出的贡献功不可没，多年来致力于毛皮加工技术的研究和开发，并与世界各地的设计院校携手合作，分享毛皮知识和最新的工艺发展。北欧世家皮草设计中心不仅为中国培养了最早一批毛皮设计工作者，还连续多年邀请设计师和教育工作者到坐落在丹麦哥本哈根乡村的美丽如田园诗般的设计中心学习交流。作者本人早在学生时代也是其中的受益人之一，上世纪末作为北欧世家毛皮服装设计比赛的优胜者，应邀到中心生活、学习了一段时间，感受到毛皮的魅力所在和毛皮服装设计的博大精深。而后步入教师的岗位，又把所学所见教授于年轻的学生，不断把中心先进的工艺技术融入自己的体会心得传承并发扬光大，时隔多年，还深感受益颇丰。

限于水平，本书难免有许多纰漏和不足，笔者诚心地敬请同行专家不吝赐教，愿与同仁们一起为我国的毛皮服装设计行业效点微薄之力。

---

1. 北欧世家皮草成立于1954年，是由北欧四大毛皮生产国——丹麦、芬兰、挪威和瑞典四国的毛皮饲养商协会联合建立的一个共同对外市场推广平台。总部设在丹麦的哥本哈根，是国际毛皮业的权威机构，在市场的推广方面策略专业，形式多样，手法灵活。为积极参与毛皮服装设计和研究工作，北欧世家皮草在1988年成立了全球性的设计中心，即丹麦哥本哈根世家皮草设计中心。——编者注

目　录

第一章 毛皮概述

毛皮服装设计属于专项服装设计，由于所使用材质的特点，造成毛皮服装在材料性能、制作工艺、设计手法等方面的特殊性。因此，在进行毛皮服装设计之前，首先就要了解什么是毛皮，它与裘皮、皮革在习惯用法上的区别。目前市场上有很多毛皮的替代品——人造毛皮，外观上能以假乱真，价格上却是天壤之别，因此要了解毛皮与人造毛皮之间的优劣所在，在设计中扬长避短，发挥各自最大的优势。毛皮和皮革均为人类使用最早的服装材料，多少年互生互长，密不可分，但其实两者之间的区别更大于共性。在把这些概念做详细的比较分析中，进一步加深对毛皮的认识。

用于制作服装的毛皮种类丰富，在特征上都存在异同点，我们不仅要学会分辨针毛和绒毛的质感及长度，还要学会从毛被的长度、密度、柔软度、光泽度、毛色、弹性、成毡性、花纹的清晰度、皮板的厚度以及毛被和皮板结合的强度等方面来辨别毛皮的品质。动物种类虽然纷繁复杂，但按照不同的分类标准可以对其进行归类，由此可以找到它们之间的共性。不同的科、属的动物在体型大小、毛色肌理、外观风格、手感上差异都很大，对主要毛皮动物的相关了解也就变得举足轻重。

第一节 毛 皮

一、定义

“毛皮”不同于“毛”和“皮”。“毛皮”在汉语词典里解释为带毛的兽皮，是指哺乳动物身上的皮毛。兽皮带毛经过糅制处理，使毛皮变得柔软耐用，合乎制裘成品的带毛原料皮就叫“毛皮”。而“毛”是从动物身上剪下后获得的，比如从绵羊身上剪下来的毛被称为羊毛，“毛”被剃后还会再生。“皮”也称为“皮革”或“革皮”，是指用牛、羊、猪等的皮去毛，再进行鞣制处理加工后制成的熟皮。“皮革”为书面用语，而“革皮”是相对“毛皮”一词而产生，多用于口语。

与“毛皮”意思相似的还有“裘皮”和“皮草”，在英语中与之具有相同语义是“fur”。一般理解，“裘皮”显得比较珍贵，多用作书面用语，而“毛皮”比较普通。在内涵上，毛皮与裘皮可以相互替换使用。有一种说法，对“皮草”理解是以前上海或南方的一些店铺，冬天卖裘皮，夏天裘皮不卖了，而改卖草席之类的制品，所以叫“皮草”店。另一种说法是上海有一些跑马场、高尔夫球场，那里的草皮长得特别好，就像毛皮的毛长得特别密，所以“皮草”是优质毛皮的一种名称。虽然只是一个称谓，但因为现在媒体的宣传，更使“皮草”一词带上新鲜、时尚的语境。现在“皮草”这种称谓用的很多，尤其在香港，它是行业内对裘皮通俗的称谓。这个名字也反映了时代的特点。（图 1-1）

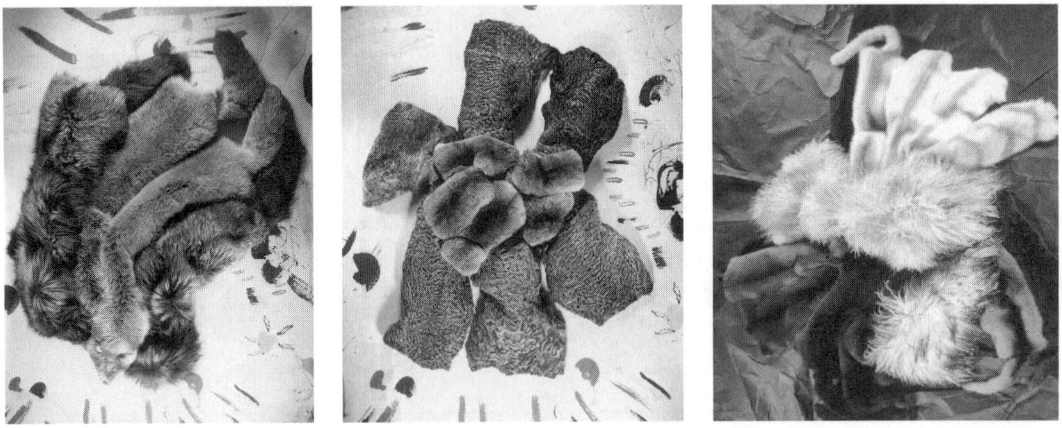

图 1-1 华美的皮草

二、特征

毛皮的种类繁多，外形、大小、颜色、厚薄、毛被的组成和长短方面有显著的差别，但其组织构造和化学组成却大同小异。原料皮由皮板和毛被两大部分组成，皮板是基础，毛被是关键。皮板是毛被附着的部分，皮板的纵断面由上至下分为表皮层、真皮层、皮下组织。毛被是所有生长在皮板上毛的总称，构成毛被的毛有绒毛、针毛和锋毛（图 1-2）。绒毛细、短、柔软，数量多，上下粗细基本相同,并带有不同的弯曲,色调较一致。绒毛的数量占毛被的95%以上,从而在动物身体和空气之间形成了一个使体温不易失散、外界空气不易侵入的隔热层,因此绒毛起到保暖御寒的作用。针毛一般呈直线形,其上段呈纺锤形或柳叶形。针毛比锋毛细短,比绒毛粗长,上半段有较好的弹性,盖在绒毛层上起到防湿和保护绒毛不被磨损、不易粘连的作用。针毛有明显的颜色和较强的光泽,使毛被形成特殊的美丽颜色。针毛的数量占毛被的2% ~4%,针毛的数量和质量及分布状况直接决定毛被的美观和耐磨性,是影响毛皮质量的重要因素。锋毛也称箭毛、定向毛,呈锥形或圆柱形,是毛被中最粗、长、直、硬的毛。锋毛弹性好,在动物体上起着传导感觉及定向作用。锋毛数量甚少,仅占毛数的0.1% ~0.5%(图1-3)。

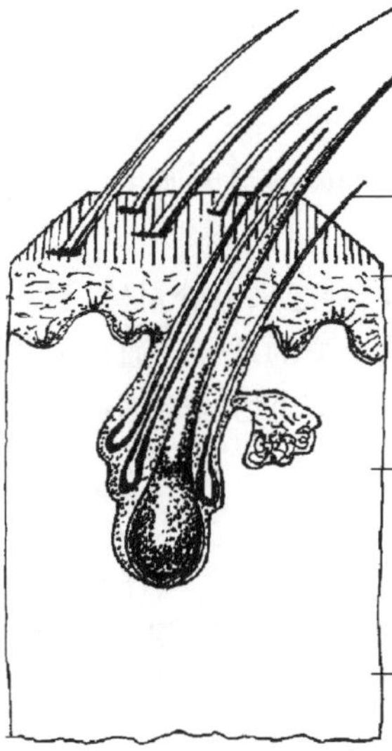

图1-2　毛皮的组织构造

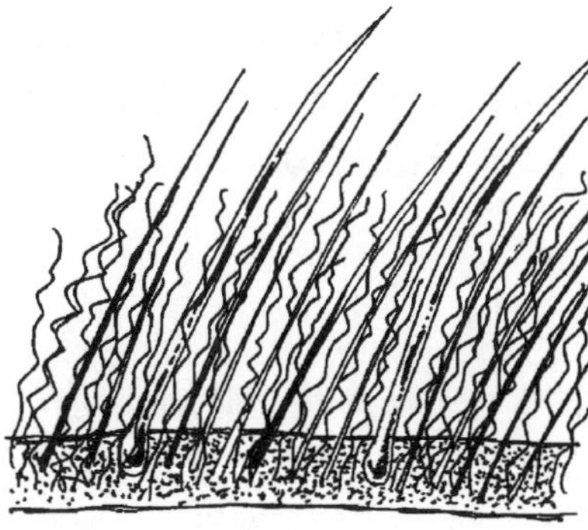

图1-3　毛被的三种形态

毛皮动物中具有绒毛、针毛和锋毛三种毛被形态共存的情况很少,已知有草兔、麝鼠等。具有针毛和绒毛的毛皮动物很多,有水貂、狐、狸猫、浣熊、狗、猫等。只有一种毛型的毛皮动物也不多,只有绒毛的动物有青紫蓝、獭兔、鼹鼠、纯种细毛羊等;仅有针毛的动物有海豹、斑马、麝、鹿等。

不仅不同种类的动物毛皮存在差异,相同种类动物的毛皮在一年的四季中也呈现出不同的品质。评估毛皮材料的品质主要由毛的长度、毛被的密度、柔软度、光泽度、毛色、弹性、成毡性、花纹的清晰度、皮板的厚度以及毛被和皮板结合的强度等方面来判断。

(1) 毛的长度是指被毛的平均伸直长度,它决定了毛被的高度和毛皮的御寒能力,毛长绒足的毛皮防寒效果最好。

(2) 毛被的密度是指毛皮单位面积上毛的数量和毛的细度,它决定了毛皮的御寒能力、耐磨性和外观质量,毛密绒足的毛皮价值高而名贵。

(3) 毛被的柔软度取决于毛的长度、细度以及针毛的数量。毛细长,则毛被柔软如绵;绒毛发育好的毛被光润柔软;针毛数量多的毛被呈半柔软状;锋毛硬的毛被硬涩;制作服装用的毛皮以毛被柔软者为上乘。

(4) 毛被的光泽决定于毛的鳞片层的构造、针毛的质量以及皮脂腺分泌物的油润程度。一般说来,栖息在水中的毛皮动物毛绒细密,光泽油润;栖息在山中的毛皮动物毛厚、针亮、板壮,天然色彩优美;混养家畜的毛皮则受污含杂,显得粗糙,光泽较差。

(5) 毛被的毛色是判断毛皮种类和品质的重要依据。也可以区别毛皮的档次,通常以色彩纯正,背纹清晰的毛皮为上乘,否则较差。

(6) 毛被的弹性由原料皮毛的弹性和加工方法所决定。毛的弹性越大,弯曲变形后的恢复能力越好,毛蓬松而不成毡,质量越好。对于弹性差的毛被,在加工中往往采用化学处理的方法,来增加毛被的抵抗变形能力,改善毛被的弹性。

(7) 毛被的成毡性是指在外力的作用下毛与毛之间的相互纠复。总体说来,成毡性弱的毛皮质量好,反之则较差。皮板的厚度决定着毛皮的强度、御寒能力和重量,一般来说,皮板以较厚实为好。

(8) 毛被和皮板结合的强度由皮板强度、毛与板的结合牢度以及毛的断裂强度所决定。其强度的高低与毛皮的质量成正比。

雄性动物毛皮与雌性动物毛皮相比,前者毛皮较长、稍硬,耐久性强,穿起来有分量感,后者则较短、较轻、更滑顺,而耐久性则不如前者。动物年龄的差异也会影响毛皮的质量。通常成年动物的毛皮丰满柔软,品质高;幼年动物的毛皮轻薄光亮,毛丝细密;而老年动物的毛皮退化变脆,品质下降。

三、分类

受到动物的生长地域、环境迁徙、种类变异以及人类的描述语种或历史传承等因素的影响,毛皮的分类方法比较复杂。目前,全球毛皮动物的种类有一百多种,常用的原料皮有几十种。

中国有几种传统的毛皮分类方法。一是根据毛的粗细等品质分为粗毛和细毛两类。粗毛有黑紫羔、汗獭、麝鼠和滩羊等,细毛有貂鼠、水獭、青白狐、火狐和银鼠等。另一种是根据毛的长短把毛皮分成大毛、中毛和小毛。大毛有狐皮、猞猁等,中毛有银鼠、灰鼠等,小毛有紫貂等。同一种动物毛皮由于取毛兽龄、部位和季节不同,或产地和加工方法的差异,也可分别归入大、中、小毛三类。所以有大毛貂皮,也有中毛貂皮和小毛貂皮;有大毛羊皮,也有中毛和小毛羊皮。

现代毛皮的分类基本按其所属种群进行划分,同族的动物再按其产地冠以不同的名称。现代毛皮工业面临的一个现实问题是野生动物大量减少,而人工饲养的毛皮动物集中于狐狸和貂,所以比较实用的分类方法是将毛皮动物分为野生和人工饲养两种,继而再将人工饲养的毛皮动物主要分为狐狸和貂两大类,加上少量其他种类的毛皮动物,这样基本可以涵盖日常所见的各类天然毛皮。

1. 按生长方式分类

根据动物的生长方式,毛皮可以分成野生动物毛皮与人工饲养动物毛皮两类。

现今用来制作服装的毛皮原料中85%来自饲养动物,其他来自野生动物。人工饲养的动物主要以水貂和狐狸为主,还有艾虎、海狸等。狐狸皮的最大生产国是芬兰、挪威、波兰和俄罗斯。水貂皮最大的生产国是丹麦、芬兰、荷兰、美国、俄罗斯。中国毛皮饲养业始于1956年,人工饲养的毛皮动物有:水貂、北极狐、银黑狐、海狸、貉子、獭兔、麝鼠、艾鼬、毛丝鼠、青猺、紫貂、狗獾等十多种。

野生动物毛皮主要分布在北美的美国、加拿大,欧洲的丹麦、芬兰、瑞典、挪威、荷兰、波兰、俄罗斯,亚洲的中国等地。美国的野生毛皮动物有麝鼠、浣熊、美洲负鼠、河鼠、北美郊狼等;加拿大有松鼠、海狸、貉、貂、狐狸等;俄罗斯有狐狸、松鼠、麝鼠、紫貂、水貂等。我国野生动物资源丰富,种类繁多,许多野生动物的毛皮早已成为传统的出口物资,有的毛皮在国外同类产品中占有优势,许多种类在国际毛皮市场上享有盛誉。

2. 按取皮季节分类

根据获取毛皮的季节,动物毛皮可以分为冬皮、春皮、秋皮和夏皮。其中,冬皮又叫季节皮,其他皮叫非季节皮。

冬皮针毛长而光亮,蓬松丰满,绒毛细密,保暖性好,因此冬皮的质量最好。春天动物准备换毛,绒毛不如冬皮丰足,毛开始干枯,质量稍逊色。夏天动物为排汗降温,没有绒毛,针毛也比较稀短,毛皮质量最次。秋皮质量也较次,但比夏皮要好些,有新生的针毛和绒毛。

3. 按取皮方法分类

根据不同的取皮方法,可以将动物毛皮分为筒状皮和片状皮两类。

筒状皮是在取皮时,将其以袜筒式的圆筒状剥下。片状皮是剥皮时从动物的喉、胸、腹部呈直线剖开,剥下成张的片状皮。

4. 按防腐方法分类

根据对毛皮的防腐处理,可以将毛皮分为淡干皮、盐干皮、盐湿皮、冷冻皮等。

淡干皮是鲜皮通过干燥处理后的皮。盐干皮是鲜皮经过盐腌处理后干燥了的皮。盐湿皮是经过盐腌处理后未干燥的皮。冷冻皮是用冷冻方法保存的鲜皮。

5. 按准备用途分类

根据毛皮的生产用途,可以将毛皮预先分为制裘皮和毛革两用皮备用。

制裘皮是毛被质量较高,适合用于加工毛皮的原料皮。毛革两用皮是集毛、革的风格于一身,其工艺集制革、毛皮加工为一体,是毛皮产品发展的主要方向。目前主要有以绵羊皮、海豹皮、水貂皮、羔皮、小湖羊皮、猸子皮、獭兔皮、牛犊皮等为原料皮的毛革产品。毛革产品的毛被和皮板面可以分别通过不同工艺加工制成不同花色、图案和风格集一身的产品。

6. 按毛型分类

根据动物的毛型生长特点,可以将毛皮分为小毛细皮、大毛细皮、粗毛皮、胎毛皮、杂皮等。

小毛细皮是珍贵毛皮,毛短而细密,针毛稠密、细短,毛绒丰足、平齐、色泽光润、弹性好,多带有鲜艳而漂亮的颜色;皮板薄韧,张幅较小,属制裘价值较高的一类皮张。主要包括:水貂皮、紫貂皮、元皮[1]、扫雪貂皮、艾虎皮、水獭皮、灰鼠皮、毛丝鼠皮、猸子皮、旱獭皮、麝鼠皮、松狼皮、彪鼠皮[2]、香鼠皮等。

大毛细皮是价值较珍贵的长毛毛皮。针毛较长,直而较粗,稠密,弹性较强,光泽较好,常呈

---

1. 指产于东北地区和长城以北地区的黄狼皮——编者注
2. 原产动物为斑灵狸——编者注

多色节毛，绒毛长而丰足，张幅大，色泽鲜艳，板质轻韧的皮，具有较高的制裘价值。主要包括：银黑狐皮、蓝狐皮、貉子皮、猞猁皮、狸子皮等。多半属于犬科和猫科动物的皮张。

粗毛皮是指针毛较粗硬，张幅稍大的中档毛皮。适合制一般御寒服装及挂毯、地毯、垫褥或装饰品的一类裘皮。包括野兔皮、青猺皮、黄猺皮、银鼠皮、飞鼠皮、竹鼠皮、树鼠皮、石獾皮、狼皮、豺皮、马皮、豹皮、虎皮等。

胎毛皮是从没有换过胎毛的部分家畜的幼仔身上生产的皮。胎毛皮一种是取自自然伤亡的幼畜，另一种是由人工控制定期宰剥而得。胎毛皮针毛较短，几乎无绒毛，多带不同形状的弯曲，明显的花纹或花弯，光泽较好，张幅小，皮板薄嫩，弹性较好，主要包括各种羔皮（三北羔皮、绵羊羔皮、改良羊羔皮等）、小湖羊皮、各种猾子皮等。

杂毛皮是指皮质稍差，产量较多的低档毛皮，如兔皮、猫皮等。兔皮毛色较多，北方兔的毛色多为白色，毛绒厚而平坦，色泽光润；力克斯兔的全身布满细小螺旋状的绒毛，以驼色居多；青紫蓝兔毛被具有天然色彩，皮张幅大，毛绒丰厚；安哥拉兔的毛被洁白蓬松、无针毛，手感柔软。猫皮的颜色多样，斑纹优美，毛色暗中透亮，极富装饰性。

7. 按经济价值分类

根据毛皮在市场上的经济价值，可以将毛皮分成高档皮、中档皮和低档皮三类。

高档的毛皮有：紫貂皮、青紫蓝皮、水貂皮、银狐皮、猞猁皮、艾虎皮等。中档的毛皮有：灰鼠皮、獭兔皮、黄狼皮、貉子皮、波斯羔羊皮等。低档的毛皮有：家兔皮、猫皮、滑子皮、滩羊皮等。有些动物的毛皮价格浮动比较大，比如獭兔有时会达到或接近貂皮的高价格，有时又会降到中等价位。国际毛皮市场的价格分别通过每年在哥本哈根和赫尔辛基等地进行定期拍卖而定，它是根据毛皮动物的饲养产量以及毛皮的流行等综合性条件而产生。

四、主要毛皮动物及其分布

（一）狐（fox）

狐属于食肉目，犬科的毛皮动物。狐皮是大毛细皮的代表，品种很多，主要有蓝狐、银狐、赤狐和彩狐。彩狐是银狐、赤狐和蓝狐在野生状态下或人工饲养条件下的毛色变种。以下介绍几种较常见的类型。

1. 蓝狐（Blue fox）

蓝狐即北极狐，主要分布在欧洲、亚洲及北美洲的北部接近北冰洋地带，很多国家从事蓝狐的人工养殖，俄罗斯、丹麦、芬兰、挪威、瑞典、冰岛是蓝狐的主要生产国，我国从1981年开始引进人工饲养。

蓝狐毛色呈白中带灰，色泽从浅灰至深灰不等。绒毛稠密丰厚，柔软有弹性，针毛挺拔柔软，皮板薄而弹性高，是高档毛皮原料皮，其中又以蓝色和浅蓝色皮最贵重，是国际裘皮市场三大支柱产品之一（彩图1）。蓝狐在长期饲养过程中出现了许多突变种，如影狐、北极珍珠狐、蓝宝石狐、金色狐、琥珀狐、枣红狐、白金狐、金黄色岛屿状狐、冰川狐、淡黄褐色狐等（彩图2）。除直接使用天然的毛皮色彩以外，还可进行染色加工处理，为追求流行的人们提供时髦的色彩选择。蓝狐软厚的毛皮常常被用于围巾、服装的镶边和全毛皮外套。

2. 银狐（Silver fox）

银狐原产于北美大陆的北部和西伯利亚的东部地区，是野生赤狐的突变种，其皮是狐皮中的珍品。也是最先被人工饲养的狐狸品种,自1920年起,北美、欧洲和苏联等地就开始饲养,后来在挪威和芬兰大量养殖。

银狐全身毛被黑色,上面均匀分布银白色针毛,绒毛深灰色,尾端呈银白色。银色的强度是由针毛的颜色决定的,针毛的基部为黑色,中间接近毛尖部的一段为白色,而毛尖部为黑色。因为白色毛段衬托在黑色毛段之间,从而形成华美的银雾状(彩图3)。银狐皮的针毛坚挺有力,绒毛丰厚细柔,色泽艳丽,皮板轻薄,御寒性强,常被加工成带头、脚、尾的完整筒皮,作围领用,也裁成条作帽檐、镶边、衣领等。

3. 赤狐(Red fox)

赤狐是最常见和最知名的野生狐狸,世界上有四十多个品种,主要分布在北美、欧洲和亚洲。北美地区的赤狐毛皮毛茂密柔软;在欧洲地区的赤狐毛皮平坦柔滑。赤狐背部的颜色变化较大,呈棕红(火红)色、棕黄色或棕白色,体侧毛色稍浅,四肢为黑褐色,腹部为灰白色,尾粗大,尾尖呈白色。耳背面黑色或黑褐色,四肢外侧黑色条纹延伸至足面(彩图4)。毛皮用于制作全毛皮服装,也做皮帽、衣领和装饰用。

4. 沙狐(Vulpes corsac)

沙狐主要分布在中国、蒙古、外贝加尔、俄罗斯、阿富汗(彩图5)。我国沙狐根据产区可分为东沙狐皮和西沙狐皮。东沙狐皮主要产于内蒙古、东北各省以及甘肃省的部分地区。背毛发黄,多带白毛梢,腹毛为黄白色,色泽光润,尾间黑色。西沙狐皮主要产于青海、西藏、甘肃、宁夏和四川等地。针毛略粗,脊背部为土黄色,毛尖呈青灰色,底绒呈浅灰或近白色,腹毛为青灰色,腹部中线为白色,张幅较小(彩图6)。沙狐皮近年来很受设计师的青睐。

此外,在每年的北美地区毛皮拍卖会上,灰狐也有较大的市场需求量。灰狐(Gray fox),食肉目、犬科、灰狐属,为美洲的特产,主要分布在北美南部到中美和南美北部的大部分地方。体长80~113厘米,身体上半部浅灰色,下半部暗黄褐色,背上有明显黑脊纹;胸部赭黄色;喉和腹部白色;尾毛丰厚,背面具黑纹,尖端黑色(彩图7)。

(二)水貂(Mink)

水貂属食肉目、鼬科、鼬属,体长一般30~53厘米,体重约1.62千克(彩图8)。野生水貂有美洲水貂和欧洲水貂两种。人工饲养最早开始于北美洲。水貂皮的主要生产国为丹麦、挪威、瑞典、芬兰、荷兰、俄罗斯、美国、加拿大和中国。水貂皮是珍贵的高档毛皮,素有“裘皮之王”的美称。其皮兼有水獭和紫貂皮的优点:针毛光亮灵活,均匀平齐;绒毛稠密细软,色泽光润;皮板细韧紧实,保暖性好。水貂皮的天然颜色从白色到黑色达百种,按颜色分类的名称有:本黑、马哈根尼、深啡、红啡、浅啡、银蓝、蓝宝石、珍珠、白貂等,此外还有黑十字、浅啡十字、蓝宝石十字等(彩图9)。水貂皮除了作传统的大衣、衣领、帽子等外,近年来非常流行水貂皮的拨针、剪绒产品和毛革两用产品。通常在制作全毛皮服装时,是按照貂的性别分开来使用的。公貂针毛较硬较长,体积较大,皮板较厚较重;母貂针毛较软较短,体积较小,皮板较薄,底绒细密轻柔且光泽度高,一般母貂的价格高于公貂。

1. 紫貂(Zibellina)

紫貂主要产于俄罗斯,是最昂贵的毛皮,极其罕见,具茂密、深厚、柔滑的毛皮,呈黑褐、灰褐或黄褐色,其中掺有稀疏的白针毛。皮板薄而柔润,同其他毛皮相比,几乎轻若无物(彩图10)。此外,养殖的数量不多。主要用于全毛皮大衣,剪毛外套和小配件如披肩。

2. 扫雪鼬(Mustela erminea)

食肉目,鼬科,鼬属。分布极广,欧洲、北非、亚洲北部及北美均产。在我国主要分布在黑龙江、吉林、内蒙古和新疆等少数省区,体长25~32厘米,体重45~74克。体形细长,尾短,约为体长的1/3,毛被丰厚,毛色有季节变化,夏天背部、四肢外侧呈灰褐色或淡褐色,唇、腹部、四肢内侧呈白色、浅黄色,尾端黑色。冬毛为纯白色,仅在尾尖仍为黑色(彩图11)。冬季毛皮质量较佳,可作装饰皮料。

(三)绵羊(Sheep)

绵羊隶属于哺乳纲、偶蹄目、牛科、羊亚科,是常见的饲养动物。绵羊遍布全世界,种类很多,全世界绵羊品种达数百种甚至上千种,我国绵羊也有20~30种,分为粗毛、半细毛、细毛、杂交四种。

1. 美利奴羊皮(Merino)

美利奴羊皮是最典型的细毛羊皮。是制作剪绒羊皮及其毛革两用皮的主要原料皮。美利奴羊主要分布在澳大利亚、阿联酋、阿曼和中国。我国细毛羊主要分布在新疆、内蒙古、甘肃、吉林、山东、河北等地。澳大利亚美利奴羊皮毛细密、均匀、无髓多弯曲、弹性光泽好、周身毛同质同量,不因季节变化而脱落。皮板张幅较大,厚薄较均匀,毛色纯白,可印染成各种颜色和花纹,制出的服装柔韧温暖、粗犷阳刚(彩图12)。

2. 滩羊皮

滩羊皮是我国特有的绵羊皮种,主要产于宁夏、甘肃、陕西、内蒙古与宁夏接壤处。滩羊皮分滩二毛皮、滩羔皮和老羊皮,其中以滩二毛皮最好,被誉为塞上宁夏的“白宝”。滩二毛皮是滩羊羔出生30~45天、毛长达7~8厘米时,人工宰杀所取之皮。其皮板薄如厚纸,柔软、坚韧、致密、轻便;毛质细润、洁白如雪、光泽如玉、自然成绺、弯曲明显有秩,有九道之多,清晰紧实、纹似水波浪。滩羊皮多染色用,可以加工成各式男女服装、围巾、披肩、帽子、领子、床上用品、各种毯子、室内装饰品等。滩羔皮是羔羊出生后不久(30天内),因疾病或其他原因死亡后剥取之皮。滩羔皮毛被细柔、玉白、毛股花弯明显,花纹清晰,但毛短而绒少,毛股花弯少(5个左右),皮板薄,张幅小,保暖性和结实两用性不及滩二毛皮(彩图13)。

3. 小湖羊皮

小湖羊皮是湖羊羔出生后1~2天内人工宰杀剥取之皮,是我国独有的名贵羔皮品种之一,主要产于浙江嘉兴、宁波及太湖流域,是我国传统的出口商品。小湖羊皮板质轻、薄、柔软、坚韧,毛细短,无底绒,色泽洁白,具有波浪形花纹,扑而不散,卷曲清晰有光泽,是制作各式衣帽、领子、围巾、披肩和毛革两用产品的上等原料皮(彩图14)。

4. 波斯羔皮

波斯羔皮是世界上著名的羔皮品种,是最古老的驯化品种,国际裘皮市场三大支柱产品之一。波斯羔皮原产于波斯弯地区,我国1951年引入,在东北、西北、华北地区培育,并由此得名三北羔皮。产于前苏联的波斯羔皮称卡拉库尔羔皮。波斯羔皮具有美丽的卷曲毛被,色彩丰富,光泽鲜明且有丝性,绒毛适中,花纹清晰紧实,耐磨性强,颜色美观,花案极赋立体感。皮板结实耐用,张幅较大。毛被有黑色、灰色、棕色、银色、彩色、白色等多种颜色。黑色毛被居多。适宜作美观高贵的全毛皮大衣、裙子、帽子、领子、围巾、披肩、镶边,以及毛革两用产品等(彩图15)。

(四) 山羊(Goat)

山羊属哺乳纲,偶蹄目,牛科,山羊属,是人类最早驯养的动物之一,驯化开始年代约在近8 000 年以前。山羊有很多品种,毛用山羊是以产毛为主要饲养目的。土耳其、美国、南非、莱索托等国均有饲养，著名品种为安哥拉山羊。山羊分为绒用山羊和裘皮山羊两种,绒用山羊的产绒量超过粗毛产量，且绒质好,主要产于中国、蒙古、伊朗、阿富汗和苏联等。中国辽宁绒山羊和苏联的普里顿山羊都是著名品种。裘皮山羊的毛和皮都是毛皮服装的原料,中国的中卫山羊是世界上唯一的裘皮山羊品种。羔皮山羊是出生后 1 ~2 日内宰剥皮用,如中国的济宁青山羊、埃塞俄比亚的羔皮山羊等。

1. 山羊绒皮

山羊绒皮是指立冬后至翌年立春前后期间未抓过绒的绒山羊之皮。养殖绒山羊的国家主要有中国、蒙古、伊朗、印度、阿富汗、前苏联、土耳其等国。我国的绒山羊主要分布在内蒙古、新疆、西藏、青海、甘肃、陕西、宁夏、河北,山西、山东、辽宁等地。

绒山羊皮的毛被主要由绒毛和粗毛组成,山羊绒毛的形态学和组织学结构与绵羊的细羊毛基本相似,但山羊绒粗细均匀,弯曲数较少,而且不规则、不整齐,因而不能像细羊毛那样排列成整齐的毛束和毛丛。(彩图 16)绒山羊羔皮是制作毛革两用产品的较好原料皮。

2. 猾子皮

猾子皮是小山羊出生后一周内宰杀剥取之皮,滑子皮又分为青猾皮、白猾皮、黑猾皮、杂路皮等(彩图 17),以青猾皮最为珍贵。青猾皮主要产于我国山东济宁和菏泽地区,是我国独有的裘皮品种。其皮毛较细足,长度、密度适中,花纹紧实自然、美观,呈波浪状,光泽柔和,皮板薄而有弹性,板面光滑细致、油润,张幅大小均匀。尤其是山东郓城一带所产的皮质量最佳。青猾皮上有黑白两种颜色的针毛和少量的白色绒毛,黑色毛和白色毛相互交错混杂形成青猾皮的自然色泽,黑白毛比例不同,毛被颜色可呈正青色、深青色、铁青色、浅青色和粉青色,以正青色为适中。猾子皮在使用时,可进行染色和印花处理,也可制成毛革两用的产品。

(五) 兔(Rabbit)

兔是兔形目兔科动物,具有管状长耳朵,簇状短尾,比前肢长得多的强健后腿。分布于欧洲、亚洲、非洲、南北美洲。目前全世界家兔品种虽多,但都是由地中海地区的穴兔(欧洲兔)驯化而成的。

1. 家兔皮(Rabbit)

家兔皮种类很多,毛被形状、颜色差异很大,皮板面积、厚薄各不相同。普通家兔皮的毛被一般由针毛和绒毛组成,底绒丰足、平顺,针毛稠密,较粗易折断,皮板细薄。青紫蓝兔在我国饲养地区最广,产量也较大,其皮毛被稠密而较粗,有光泽,呈青蓝色,中间杂以黑毛和白毛,口吹绒毛时可见深浅不同的 3 ~5 个色环,色环从毛根至毛稍的排列是:淡蓝色、白色、珠灰色、黑色,具有野生动物毛被的天然色彩。皮板较厚,张幅较大。草黄兔绒毛稠密,有光泽,大部分呈褐色,腹部毛色较浅,板质肥壮,张幅较大(彩图 18)。兔皮价廉易得,其制品属低档产品,但通过精心染整如印花、扎染、渐变染色、草上霜制作、一毛双色制作、剪绒等,仿制高档裘皮,可显著提高其经济价值,是我国加工量最大的品种之一。

2. 獭兔皮(Rex rabbit)

獭兔又名力克斯兔,是世界著名的皮用兔。其皮张幅适中,板质细韧,部位差较小。其毛被稠密、直立无毛向,毛质坚挺有力,触摸有柔软感。毛结构致密、弯曲少,使其毛被耐磨,弹性亦好。全身主要由细而短的绒毛组成,绒毛占95%,长约1.6厘米,粗毛含量少,均匀地分布于绒毛之间,且长度不超过绒毛。由于这些特征使毛被平齐美观,光彩如绢丝,可与珍贵的野生兽水獭媲美。獭兔皮张耐久性显著高于普通家兔,保暖性强,见日光不退色。毛被以乳白色居多,也有黑色、钢灰色、巧克力色、紫丁香色等(彩图19)。獭兔毛被更具有光滑、柔软和丝绸感,且不易结毡。适宜作各式大衣、披肩、帽子、领子等,市场上有许多獭兔皮仿制的青紫蓝产品,獭兔皮也是毛革两用产品的尚好原料皮,其裘皮制品典雅、轻柔、保暖、且不易掉毛。

(六) 猫(Cat)

世界上被确认的猫大约有两百多种。猫皮绒毛平顺,毛细绒足,针毛齐全,色泽光润,兼有美丽斑纹。皮板细韧,保暖性强。其中产于东北、华北的猫皮毛大色深,底绒稠密,斑纹不明显,板质较壮,张幅适中。其他地区的猫皮绒毛平顺,光泽好,斑纹明显,皮板薄,有油性(彩图20)。由于其价格便宜,猫皮在中国使用非常普遍。但欧洲和美洲国家是不购买、出售猫皮和狗皮的,更不可使用这些毛皮制作服装。我们在设计服装时,应该尊重文化的多样性。猫皮适宜作皮衣、皮帽、领子、手套,也可做成剪绒褥子或不剪绒的褥子等其他毛革产品。

(七) 猞猁(Lynx)

猞猁又称山猫,食肉目,猫科,猞猁属。分布在美洲的加拿大、美国的阿拉斯加,俄罗斯的西伯利亚、挪威和芬兰。在我国,分布于在东北、山西、四川、云南、西藏、青海等地。猞猁毛长而浓密,貌似家猫,但比家猫大。短尾巴,耳尖上长着长长的深色丛毛(长达4~5厘米)的大耳朵、两颊下还长着些宛如小围脖似的长毛。背部的毛色色彩繁多,有灰黄、红棕、土黄褐、灰草黄、浅灰褐及赤黄等各种色型,身上或深或浅地点缀着斑点或者小条纹,腹部的毛色呈白色。是毛皮中的珍贵品种,保暖性极强,重量又轻(彩图21)。

除了上述饲养动物以外,在种类繁多的野生动物中,也有部分野生动物的毛皮可用作毛皮服装的原料,其品质外观因产地不同差异很大,这里选择一些对常用的及有特色的部分野生动物皮做简单介绍。

(八) 黄鼬(Weasel)

俗名黄鼠狼,属鼬科动物,背毛比水貂短,其皮针毛细密,绒毛丰足,色泽鲜艳,光润灵活,皮板细韧结实,尾毛稠密,弹性大,耐磨性好,粗细长短适中,是制作高级"狼毫"毛笔的原料。产于东北地区和长城以北地区的黄狼皮习惯上被称为"元皮",毛长细密,纤细灵活,多呈金黄色,张幅较大,制裘价值高。产于长城以南广大地区的黄狼皮,绒毛略短,稍粗,毛色不一。黄鼬皮可以使用自然的和染色的颜色,用于制作全毛大衣,还可以用抽刀工艺处理或拔针工艺处理后做成轻薄的毛皮春装(彩图22)。

(九) 旱獭(Marmot)

旱獭又名土拨鼠,属哺乳纲、啮齿目、松鼠科,主要栖息于高山草甸、谷地灌丛、荒漠草原和丘陵山岳。体形肥胖壮实,颈短头宽,耳小不显,体重4~10千克,体长40~60厘米,脸上有一个黑三角,尾短而稍扁平,四肢短粗。背毛一般呈土黄色、红褐色或黑褐色,腹毛为浅黄色。绒毛粗而稀疏,弹性大而富有光泽。针毛粗长,有三段颜色,根部色深,中段色浅,毛尖呈黑色(彩图23)。我国有喜玛拉雅旱獭、蒙古旱獭、阿尔泰旱獭和长尾旱獭。以产于内蒙古和东北三省的蒙古路旱獭皮品质最佳;秋皮毛呈深褐色,绒毛细密,富有光泽;新疆路旱獭皮次于蒙古路;产于甘肃、青海、四川等地的甘肃路旱獭皮毛呈土黄色,绒毛粗短,皮板厚,油脂多,品质差。

(十) 水獭(Common Otter)

水獭属食肉目、鼬科、水獭属、哺乳动物,体长约60~80厘米,体重可达5千克,穴居在河边,昼伏夜出,善于游泳和潜水,主要分布在欧洲、亚洲、非洲,国内分布在华南、西南和东北区。水獭的头部宽而扁,尾巴长,四肢短粗,趾间有蹼,体毛较长而细密,呈棕黑色或咖啡色,具丝绢光泽;体背灰褐,胸腹颜色灰褐,喉部、颈下灰白色;毛色还呈季节性变化,夏季稍带红棕色(彩图24)。皮毛很珍贵,可以用来制衣领、帽子等。已列入国家重点保护野生动物名录II级。

(十一) 麝鼠(Musquash)

麝鼠俗称青根貂、麝香鼠,属啮齿目,仓鼠科,麝鼠属,水陆两栖哺乳动物。身长35~40厘米,尾长23~25厘米,比田鼠体型大,体重0.8~1.2千克。原产北美洲,20世纪初才引种到欧洲。1957年开始先后在中国黑龙江、新疆、山东、青海、江苏、浙江、湖北、广东、贵州等地饲养。背脊锋毛为棕黑色,脊两旁为棕黄色,腹部为棕灰色。具有锋毛高爽光亮,针毛较密,绒毛细足柔软,色泽光亮美观,皮板结实,保暖性强等特点(彩图25)。

麝鼠皮经济价值较高,在国际裘皮市场上很有声誉,有"软黄金"之称。麝鼠皮可以染色使用,染成浅棕色,看起来如同水貂皮,亦可将其拔针、剪短,与其他皮拼配使用。适宜作大衣,外套、服装里子、捆边、帽子和毛毯等。

(十二) 貉子(Raccoon)

貉子是哺乳纲、食肉目,犬科,貉子皮的外形象狐,但比狐小,体肥短粗,四肢短而细,尾毛蓬松,体重6~10千克,体长85~82厘米,毛长17~18厘米。貉子以人工养殖为主,兼有野生,国内人工养殖的貉子按产地可以分为北貉皮和南貉皮。北貉皮毛长绒厚,背部呈黑棕或棕黄色,针毛尖部黑色,它具有针毛长、底绒丰厚、细柔灵活耐磨,光泽好,皮板结实,保湿力很强的特点。南貉皮张幅较小,针毛短,被毛呈黄色或沙黄色,色泽鲜艳。貉皮毛高绒足,细柔灵活,耐磨光泽好,皮板结实,保暖性好。拔掉针毛后的貉子皮称貉绒皮,是制作服装、帽子等的高档原料皮。近年来貉子皮加工量比较大(彩图26)。

(十三) 浣熊(Lotor)

浣熊属哺乳纲,食肉目,浣熊科,体长在42~60厘米之间,尾长20~26厘米,体重5千克左右。野生浣熊分布在整个美国和加拿大南部,人工养殖主要在芬兰。全身的毛由灰、黄、褐等色混杂在一起,脸上有黑色的斑毛,眼睛的周围有一圈黑毛,就像戴着一副太阳镜似的。它的尾部上有五、六个黑白相间的环纹。全身拥有厚厚的毛皮和光泽,自然毛色从米色到褐色,还有红棕色。常用做衣领和袖口的装饰,男装运动休闲大衣(彩图27)。

(十四) 狸子(Leopard cat)

狸子又名豹猫,哺乳纲,食肉目,猫科,豹猫属。体重3~7千克,体长40~107厘米,尾长15~44厘米。主要分布在东亚、东南亚、南亚各地,国内除新疆和内蒙古的干旱荒漠、青藏高原的高海拔地区外,几乎所有的省区都有分布。国内也有过少量养殖。各地狸子色泽深浅不同,一般背部呈黄棕色、土黄色,腹部为灰白色或白色,周身有各种不规则的花点。以长江为界将狸子分为南狸和北狸。南狸皮针毛中短平齐,密度较低,多为浅黄色,花点清晰,色泽艳丽美观,从头至肩有四条棕色斑纹。北狸皮针毛粗长,绒毛丰厚,多呈灰棕色或黄棕色,花点隐暗不清晰,保暖性好(彩图28)。多用于制反穿裘衣,领子及帽子等。

(十五) 海狸(Beaver)

海狸属海狸鼠科,海狸鼠属,是最大的啮齿动物。海狸体长43~64厘米,尾长23~43厘米,体重5~10千克,门齿大而长,呈桔红色,四脚黑色,背部具有针毛和绒毛,腹毛比背毛多而厚。背部黑色、体侧橙黄色,腹部土黄色。毛质地厚实、柔软耐磨、绒毛紧密,保温和防水性能似水獭皮,且外观华丽,用其皮毛可制成各种高档裘皮服装(彩图29)。原产乌拉圭、阿根廷、智利、玻利维亚等国。在美国、苏联、加拿大、英国、法国、德国、日本等早已引种饲养,我国20世纪50年代开始引种饲养,现已遍及各省区。

(十六) 猸子(Pahmi)

猸子又名山獾,哺乳动物,体长约30厘米。其皮毛被平齐,呈鼠灰色或灰棕褐色。从头顶至脊背有一条长短不一的白纵纹。针毛较粗,长短适中。毛杆基部为白色,中间为灰棕色,有的带白毛尖;绒毛较细而柔软,呈玉白色,形成青针白绒,素雅美观。皮板纤维紧密,强度高,有油性(彩图30)。

猸子主要产于南方,长江以北很少。产于江浙一带的皮绒毛丰厚,针毛呈青灰色,绒毛呈白色,张幅大,质量最好。产于江西、湖南、湖北、四川、云南、广东、广西、海南岛地区的皮针毛呈灰白色,绒毛空疏,质量差。猸子皮适宜作各式皮大衣、皮帽、领子等。拔掉针毛的成为猸绒,针毛和尾毛是制刷原料。

(十七) 艾虎(Fitch)

鼬科鼬属,又称艾鼬。小型毛皮动物,体长40~45厘米,尾长15厘米左右。分布于欧洲大部、亚洲西伯利亚南部,国内的东北、华北、西北诸省、自治区及四川的西北部。欧洲有人工饲养的艾虎。身体背面呈暗黄色,后背部毛尖呈黑色,臀部呈黑黄色。皮张幅较小,皮板较薄,针毛稠密,颜色鲜艳,光泽较强;绒毛细柔洁白,较短略松,冬皮品质最好(彩图31)。

(十八) 松鼠(Pine squirrel)

松鼠属啮齿目,松鼠科,松鼠属,体长大约为18~26厘米,尾长而粗大,尾长为体长的三分之二以上,但不及体长。产于中国,俄罗斯的远东、日本、朝鲜、蒙古北部,向西一直分布到西欧。属小毛细皮,通常呈灰蓝色,具有毛细密丰足、平顺灵活、色泽光润、皮板坚韧、张幅小等特点,用于衬里,服装和一些垂饰,可用自然的颜色和染成许多的颜色。北美野生松鼠的毛皮手感较软,色泽呈淡红色,通常用于衬里、服装和一些装饰(彩图32)。

(十九) 灰鼠(Squirrel)

又名松狗、灰狗,属啮齿目、松鼠科、灰鼠属,体长20~25厘米,多产于欧洲和亚洲北部,国内主要分布在东北、新疆、河北等地。以大、小兴安岭一带的数量最多,所产毛皮称为东北灰鼠皮。毛被呈银灰色、灰褐色,腹毛为白色。绒毛细密,松散灵活,有光泽,毛杆上有黑灰相间的色节,皮板结实,美观质轻,保暖性强,属珍贵细皮。适宜制作翻毛服装、围巾、领子、帽子等,尾毛宜作高级画笔。是我国重要的出口商品之一(彩图33)。

香灰鼠是灰鼠的一种,其皮张的质地柔软轻盈,毛较薄但十分暖和。因为它体形小,一般都会以褥子形式出售。虽然很多国家都有香灰鼠,但作为毛皮使用,以俄罗斯的灰蓝色香灰鼠最好。(彩图34)。

(二十) 南美洲栗鼠(Chinchilla lanigera)

属于哺乳纲,啮齿目,美洲栗鼠科,体格娇小,体重在0.4~0.8千克之间,体长20~25厘米,尾长7~15厘米。栗鼠外形与兔和松鼠十分相似，起源于南美洲，自20世纪后在北美洲、南美洲和欧洲均有养殖。在我国也叫毛丝鼠或青紫蓝。栗鼠背部和两侧的毛通常呈灰蓝色、浅灰色、浅棕色、米色、白色等自然色彩（还有其他一些人工培育的颜色），腹部渐淡至白色。体毛分布均匀，皮板极细韧、轻薄。毛被极稠密丰厚、细柔、平顺。针毛短，底绒厚密而长，与针毛基本平齐。毛纤维自根部到毛尖粗细基本一致并略呈弯曲波浪形，风吹有飘飘然的感觉（彩图35）。主要用于制作斗篷、镶边、挂里，和其他面料搭配使用，也做全毛皮服装。目前市场上更多的是用獭兔皮仿制的青紫蓝皮。

（二十一）负鼠（Opossum）

负鼠是产于分布在中美洲及北美洲的一种有袋类动物毛皮。一般长38~51厘米，重4~6千克，负鼠皮的针毛色为银中带黑，毛长而坚固、光亮，绒毛为米白色。产于美洲的负鼠皮绒毛粗硬，色彩为偏绿的白色，黑色针毛遍布全身（彩图36）；产于澳大利亚的负鼠皮以灰色为主，以漂亮的青灰色皮为佳；产于塔斯美尼亚的负鼠皮张幅较大，毛质较好，红褐色毛的比例高（彩图37）。负鼠皮属于中高档产品，可以做成本色或染色皮，也可以拔针剪短，适宜做大衣或其他服饰。

（二十二）海豹（Seal）

海豹体粗圆呈纺锤形，体重20~30千克。体长150~200厘米，海豹主要产于北半球的俄罗斯和加拿大以及非洲等地，属世界保护类动物，必要时准许有计划捕捉。海豹毛被较密，呈黄褐色且有暗褐色花斑。毛被由粗针毛、细针毛及少量绒毛组成，极富光泽，耐磨沥水，强度高，弹性好。皮板厚实坚韧，脂肪组织和弹性纤维特别发达，腥味很重。海豹皮粗针毛长度约1.0~1.5厘米，通过剖层可以用带毛的一层制裘，下层制革。在近几年的中国国际裘皮革皮制品交易会上，每年都有海豹皮展出（彩图38）。

（二十三）郊狼（Coyote）

食肉目、犬科、犬属，也叫草原狼、北美小狼，与狼（彩图39）是近亲。成年郊狼体重7~20千克，身长75~100厘米，尾巴是身长的一半。郊狼产于北美大陆的广大地区，北起阿拉斯加、南到巴拿马。毛色多样，大体上是褐色和灰色混合的色调，背部毛色深有时呈黑色，喉头和腹部颜色浅（彩图40）。毛皮用于制作全毛皮大衣，领口装饰，也做男大衣。

（二十四）青鼬（Martes flavigula）

又称黄喉貂、密狗，系鼬科，貂属。身体大小似家猫，体长40~60厘米，体重1.6~3.0千克。头部为山角形，四肢短健，足五趾，爪小、曲而锐利。生活在山地森林或丘陵地带，穴居在树洞及岩洞中，善于攀缘树木陡岩，行动敏捷，性情凶狠，有时攻击羔羊及鹿科动物幼崽。全身棕褐色或黄褐色，体前大半部为棕黄色或黄色，后部黑褐色，头部棕褐色，腹部黄灰色，四肢黑褐色，也叫黄猺，国家二级保护动物。青鼬皮商品名为"黄猺皮"，是制裘的名贵原料（彩图41）。

（二十五）青猺（Palm civet）

青猺皮原产动物为花面狸，又称果子狸，系灵猫科，果子狸属。体毛短而粗，头躯干长48~50厘米。尾长略小于体长，约37~41厘米。体背青灰色，自鼻端向后到前肩有一条白色纵纹，腹部呈浅黄色，两肋呈棕灰色，四肢棕黑色，尾半段为棕黑色，尾端部为黑色（彩图42）。

第二节 天然毛皮与人造毛皮的异同

人类使用动物毛皮的历史十分悠久，随着对毛皮需求量的不断增长，最终导致一部分野生动物濒临灭绝，毛皮资源越来越匮乏。从动物保护法颁布以后，动物的权利受到人们的广泛关注，动物保护主义者们极力阻止人们对野生动物的滥捕滥杀，倡导消费者拒绝使用动物毛皮，这样，在二十世纪五十年代动物毛皮的替代物——人造毛皮产生了。人造毛皮是仿兽皮织物的总称，其外观、色泽和斑纹酷似各种动物的毛皮。随着现代加工技术的快速发展，人们可以随心所欲地织造出仿造各种动物毛皮外观的人造毛皮，并达到以假乱真的效果，同时开发出各类平剪绒、长毛绒型人造毛皮，还能模仿毛皮的各种后处理工艺效果，如刷花、压花、剪花、一毛两色或一毛多色等染色效果，得到种类非常丰富、产品应用广泛的人造毛皮产品（彩图43）。

人造毛皮的组成成分、保存条件、风格特点和价格优势致使它的适用领域极其广泛，甚至远远超过动物毛皮，是手工密集型的毛皮加工所不能比拟的。当然人造毛皮也仍旧存在很大的局限性，尽管外观已达到形似天然毛皮的程度，但在质感、触感、舒适感等方面与天然毛皮仍不能比拟，不能完全替代毛皮的位置。以下就从组成、分类、特点和用途等方面对天然毛皮与人造毛皮之间的共同点和区别做比较分析：

一、共性

（一）组成

前文对天然毛皮的组织结构已经做过详细介绍，毛皮由皮板和毛被两部分组成，皮板是毛被附着的部分，毛被生长在皮板之上，主要由绒毛和针毛构成。而人造毛皮是模仿天然毛皮的结构进行加工，因此结构上也分为底布和毛绒两部分。底布用棉纱、粘胶纱或丙纶纱针织或机织而成，毛绒有的是单层，有的分两层，外层是采用异形腈纶纤维的针毛，光亮粗直，内层是采用收缩腈纶纤维的绒毛，细密柔软，编织时将纤维束与地纱一起成圈，并使纤维两端露在织物的表面，在编织后于织物反面涂布粘合剂，再高温定形，然后经梳毛、印花、剪毛等一系列后整理加工，形成外观类似天然毛皮的皮板和毛被两大部分。

天然毛皮中有些类型的毛皮可以加工成毛革两用皮，这类皮的毛被和皮板面可以分别加工制成不同花色、图案和风格的产品，非常适合制作两面穿服装。人造毛皮复合面料也由此得到启发，采用PU胶复合或火焰复合[1] 等方法将麂皮绒与人造毛皮复合（彩图44），制成类似毛革两用皮效果的面料，应用范围非常广泛。可用于制作不加里衬的风衣、夹克、大衣等服装，轻巧柔软，深受消费者的喜爱。

（二）分类

人造毛皮是采用先进的电子提花技术，模仿天然毛皮的特征织造而成。分类方法上也是在参考天然毛皮的基础上进行适当调整。天然毛皮的分类除了比较实用的将毛皮动物分为野生和人工饲养两类外，习惯上还将毛皮按毛型特征、加工方法、用途不同及经济价值等角度进行分

1. 火焰复合是采用海绵本体作粘合材料，经过火焰喷射使之熔化，将两种材料粘合起来，尤其适合毛绒、虎皮绒的复合，具有整体性强、手感好、耐水洗、干洗等优点。——编者注

类。人造毛皮有如下分类方法：

按毛型特征，人造毛皮分为大毛皮和小毛皮。大毛皮毛较长，采用大圆机织造加工；小毛皮毛短细密，采用小圆机织造加工。

按绒面外观，人造毛皮分为平剪绒类、长毛绒类和仿动物毛皮类。平剪绒类表面毛绒比较整齐；长毛绒类表面毛绒长短不一；仿动物毛皮类表面毛绒分为两层，裘皮感强，可以以假乱真（彩图45）。

按加工方式，人造毛皮分为双层经起毛机织人造毛皮，纬编、经编针织人造毛皮和缝编法非织造人造毛皮。用经编方法织造的人造毛皮具有手感轻薄、柔软的特点。另外还有提花毛皮、复合毛皮、毛尖染色毛皮、素色毛皮、拔色毛皮、压花毛皮、刷花毛皮、剪花毛皮、滚球滚束绒等。

按服用档次，人造毛皮分有高档流行色人造毛皮；高档仿天然裘皮；中档提花平剪绒毛皮；低档素色平剪绒毛皮等。

（三）特点

天然毛皮最显著的特点是具有自然的生长方向性，就是通常说的"倒毛""顺毛"。处于不同的角度的毛皮光泽感也存在明显的区别。而人造毛皮中的长毛绒类和仿动物毛皮类也具有同样的特征，是通过在后处理阶段机器的定向梳理来确定毛的方向性。

动物毛皮天生拥有自然的色泽，原色相对比较单调，多数是各种不同深浅的咖啡色，为了满足不断发展的时尚需要，创造出了毛皮染色工艺。可以在动物毛皮原来的颜色上再进行染色，或者先漂白后再染色，还有一毛多染等工艺，得到出乎意外的色彩效果。人造毛皮的原材料散纤是白色，在散纤被加工之前，先要对其做染色处理，再进行织造。有部分人造毛皮为达到天然毛皮的漂染、炫彩等效果，除了对散纤做先期染色，还会在毛皮成品之上再做染色加工，最终获得五彩缤纷的色彩效果。

五彩缤纷的色彩效果也远不能满足人们求新求变的需求，毛皮工艺师为丰富毛皮的毛面效果经过多年的试验，发明了印花、刷花、喷花、压花、剪花等后处理工艺手法。人造毛皮也借鉴了这些工艺效果，在织好的人造毛皮的坯布上再进一步做后处理（彩图46）。

（四）用途

人造毛皮的产生无疑是天然毛皮最优良的替代品，先进的科学技术让人造毛皮达到逼真的毛皮效果，从外观上如果不仔细端详很难辨别真伪；在保暖性能上也与天然毛皮差别无几；且制作工艺更为简便，省时省力。当人们发现了人造毛皮的众多优点后，便迅速得以推广，从天然毛皮的运用领域中不断借鉴，发展了从服装、服饰品到家纺产品和毛绒玩具的多个领域等，涉及面之广大有取代天然毛皮之势。从各种风格款式的服装面料、服装衬里、衣领，服饰品包袋、帽子、鞋子的装饰，到床单，被褥，种类非常丰富。

二、区别

（一）组成

天然毛皮和人造毛皮的皮板区别在于：天然毛皮是天然产物，它的皮板部分经过加工处理后主要为皮肤的真皮层，用肉眼仔细观察，可以看到皮板上分布着细小的毛孔。人造毛皮是模仿动物毛皮的实际效果，以棉纱等材料作底布用纱，以腈纶或变性腈纶作绒毛，采用圆机编织而成，因此人造毛皮的底布是明显的经纬线或布基形状。

毛被区别在于:天然毛皮的毛被长度不等,整张皮不同部位色差、长度、密度、手感均有区别。在放大镜下观察,天然毛具有鳞片、皮质和髓质结构。另外天然毛纤维难于燃烧,有烧焦毛的气味,灰球不飞扬。而人造毛皮不具天然毛的结构特征,加工后,一般毛被长度整齐,且毛被光泽较粗糙。如果用燃烧法检验,人造纤维一般遇火立即熔化或被烧处缩成球状,并有一股烧塑料味。合成纤维遇火收缩,凝结成结状块物。植物纤维和粘胶纤维能够连续燃烧,并发出烧焦的气味,灰少而飞扬;矿物质纤维则不易被燃烧。

(二)分类

天然毛皮由于动物种类及品种的多样化,加上丰富的工艺处理手段,并不能简单地用一两种方法归纳所有的毛皮动物,因此它的分类非常灵活多变。人造毛皮和天然毛皮的分类虽然在形式上有相似之处,但由于组成成分和加工方法的不同形成了分类上的本质区别。首先,人造毛皮属机织产品,分类方法相对比较简单,通常是根据成品的织造工艺进行分类,比如用大圆机织造而成的人造毛皮称为大毛皮;采用经编工艺方式织造的称为经编人造毛皮。另外,人造毛皮按原材料散纤的价格、质量、风格和加工工艺的复杂程度,决定其经济价值的档次。而天然毛皮按经济价值的分类是根据毛皮动物的珍稀程度、饲养产量以及毛皮的流行等综合性条件确定的。

(三)特点

天然毛皮的珍贵在于稀有,毛发柔软厚密,具有光泽和弹性。但由于天然毛皮的组成成分是蛋白质,因此储存条件比较高,比如不宜存放太热太潮湿的环境,不能接触到化学成分等。且不能水洗,需定期到专业机构进行护理。天然毛皮奢华的品质也就决定了毛皮服装的昂贵价格。人造毛皮是由化学纤维织造而成,具抗霉防蛀,易于收藏,并且可以水洗。缺点是防风性稍差,有的容易脱毛或打结。

天然毛皮的质量鉴定是一个复杂的过程,要由专业机构在毛皮拍卖前对毛皮原料的包括毛的长度和密度、粗细度和柔软度、颜色与清晰度、弹性和成毡性、皮板重量与面积等方面进行专业的逐层分级,再根据分级结果确定毛皮价格。人造毛皮的质量鉴定方法更接近于普通面料,从有无纱线瑕疵、破损、色差、油污等方面做鉴别,价格完全是根据原料即原材料散纤的价格、质量、用量和加工工艺的复杂程度来确定的。

天然毛皮的面积取决于动物体型的大小,制作一件完整的服装必须有很多张毛皮拼合而成。而每张天然毛皮均存在差异,因此在用做服装前通常根据毛型、色泽、张幅、产地及加工方法先做分类。人造毛皮并不受面积的限制,由于织造出来就是具一定幅宽的成匹面料,排料和裁剪过程与普通服装相差无几,且缝制加工大部分也是采用普通工业缝纫机来完成。

天然毛皮是可以再生的自然资源,如果控制得当,可以做到合理利用自然资源而不危及其他物种或污染环境,不再使用的毛皮经生物降解回归大自然。人造毛皮的原材料是不可再生的石化产品,因而实际上它不是一种可持续的对自然资源的利用方式。人造毛皮的生产不可避免地要涉及高温化学反应过程,会产生氧化氮、氯气、汞等污染环境的有害物质。虽然可以通过现代工艺改进其生产方法,使这些问题可以得到缓解,但不可能根本解决。与天然毛皮另一个不同之处是,人造毛皮不可以生物降解。

(四)用途

天然毛皮材料昂贵,过去一般只用于制作传统的全毛皮服装,风格、款式上变化也不大,消费市场也相对狭小。尽管目前天然毛皮的运用领域越来越广，从各种风格款式的服装、服饰品到家居产品，但由于价格的关系，还不能做到广泛普及。而人造毛皮品种多样，且价格低廉，应用的领域十分广泛。从服装比如大衣面料、服装衬里、衣领到服饰品如包袋、帽子、鞋子等，在很多领域慢慢取代了天然毛皮的位置，还可应用于家纺产品、毛绒玩具、宠物用品等很多方面。

第三节　毛皮与皮革的异同

动物的皮毛经过加工处理可以制成珍贵的服装材料，分为毛皮和皮革两类。带毛鞣制而成的动物皮毛称为毛皮；鞣制而成的光面皮板或绒面皮板称为皮革。毛皮与皮革加工两个工业传统上是分开的，但这两个工业却又是相互有关的。由于技术发展的需要，毛革两用皮的生产使得两个工业逐渐靠拢。无衬里轻毛皮服装的需要，毛皮工业也采用皮革涂饰技术。尽管由于加工原料皮引起毛皮工业和制革工业的完全分离，但毛皮工业却承担着不少制革工业的问题。两个工业的基本差别在于制革工业的原料皮大部分来自肉食行业的驯养动物的副产品。而今天大量的毛皮原料皮来自农牧场的或放牧的动物，这些动物多属于非驯养动物，都仅为其价格高昂的毛皮而饲养繁殖，且其肉不用来食用。

一、共性

（一）组成

毛皮和皮革均直接从动物身上获得，都包含了皮层，主要成分均为蛋白质。传统的制革和加工毛皮的过程虽然在具体工艺上存在较大的区别，但在现代皮革工业中，制裘与制革技术相互渗透的程度越来越大，许多产品已经到了是裘是革、非裘非革难以界定的地步，毛革两用皮和部分脱毛的毛皮（半脱毛皮）集裘、革风格于一身，其工艺也集制裘、制革加工为一体。在以绵羊皮为原料制作毛革两用产品的基础上，又发展出了海豹皮、水貂皮、羔皮、牛犊皮、獭兔皮、家兔皮等毛革产品。

此外，两个工业对皮层部分的处理工艺是相似的。动物皮层分为三层，上层是表皮层，不能鞣制成革；中层是纤维构成的真皮层，由胶原纤维、弹性纤维、网络纤维组成，是制革材料；下层由少量纤维和脂肪组成，即皮下组织层，还有血管、淋巴管、神经组织等，对制革用处不大，且阻碍水分蒸发，妨碍渗透，因此在皮革加工前要将其除净。

（二）特点

毛皮和皮革制品之所以被很多人喜爱，是因为它作为服装材料，外观华美亮丽，材质轻便柔软，结实耐用，均是防寒服装理想的材料。毛皮皮板结构紧密，且毛绒间相对静止的空气积存热量，不容易挥发，保暖性很好，皮板上的毛孔使其具备了极佳的透气性和吸湿性。而皮革表面丰满、轻薄、柔软、透气，保暖性能也极佳。还不易变形，不易撕裂、刺穿；防热、防冷、防风、防湿；皮革制品种类繁多，不同季节采用不同面料衬里，更保证了舒适性。

毛皮和皮革都受到动物体型的限制，皮张的尺寸不规范，形状不规则，厚薄也较不均匀，皮板表面往往有伤残，光滑细致程度不一，一般边腹部位松弛，有明显的毛孔，毛的质量也稍差，在制作服装前都需先做适当的裁切。

随着对毛革两用皮需求的增加，毛皮板面的加工完全借鉴了皮革的加工制作工艺。在有限的天然颜色和外观的基础上经过各种染色、印花、激光刻花、压花和涂饰等工艺技术的处理，得到丰富的皮板外观风格。

由于毛皮和皮革的主要成分相同，因此毛皮和皮革服装的保养护理和储存方式都非常相似。储存的环境要求温度适宜，通风干燥，还要注意防潮防虫。

（三）分类

从分类形式上，毛皮和皮革都有常用皮类，毛皮的三大支柱原料皮是狐皮、貂皮和羊皮；皮革的三大支柱原料皮则是牛皮、羊皮和猪皮。制革原料皮也与毛皮动物一样大部分来自人工饲养的农场，还有部分来自野生动物。从品质角度方面看，两者都有明显的等级区别，不管是驯养动物、人工殖养动物还是野生动物，在生长过程很多方面的原因都会造成动物皮板和毛被的质量差异。饲养环境或产地的气候温度、营养摄入、疾病、动物的年龄以及加工的季节对皮板的厚薄，毛被的密度、光泽度等都有很大的影响，因此行业内对毛皮、皮革在拍卖和销售前均需做细致的等级分类。此外，毛皮、皮革的原产动物还有交集的种类，比如羊、马等，即可制裘也可制皮。

（四）用途

毛皮材料过去一般用于制作传统的全毛皮服装，价格昂贵加上由于近年来全球气温变暖，人们对全毛皮服装的需求量显著减少，而随之出现的毛皮饰边服装尤其是皮、毛拼接服装不仅款式、风格多变，且价位适中。此外，皮革和毛皮的搭配还广泛使用在了帽子、鞋子、包袋等服饰品上。近年来，将毛皮材料的皮板面进行深加工处理，制作出两面皆可穿用的轻盈、柔软的毛革两用服装更是把毛皮与皮革巧妙的结合在了一起，深受男女老少的喜爱。

二、区别

（一）组成

制革工业的原料皮几乎全部来自肉食行业的驯养动物的副产品。而毛皮原料皮则主要来自农牧场或放牧的动物，这些动物多属于非驯养动物，都仅为其价格高昂的毛皮而饲养繁殖。毛皮是把动物的毛层与皮层两部分一起经过化学处理和机械加工而成的；皮革是由动物毛皮经加工除去毛层，并经过鞣制而成的皮革材料，这也决定了传统制革工艺和制裘工艺在本质上的区别。在准备阶段制革工艺不仅去除原料皮上的皮下组织，其中包括脂肪、皮内各种腺体和可溶性蛋白质等，还对皮板上原有的毛进行了去除；鞣制阶段中，两种工艺所采用的鞣剂也有很大的不同，制裘工艺这个阶段的目的是鞣制出手感滑爽、质地轻柔、毛色如缎的毛皮。而制革鞣制的主要目的是通过化学方法使动物皮的胶原蛋白在结构上发生变化，使其从皮变成革，同时考虑皮革的品质及性能；在制革工艺的整饰阶段，主要是赋予皮革一些特殊的感观性能，如厚薄度、柔软度、颜色、表面状态及防水性等。而制裘工艺的这个阶段则是为丰富毛皮毛绒的各种感官效果，如毛色、毛长、花纹、图案等。

（二）特点

首先，毛皮和皮革的产地及加工地区存在明显的区别：适合加工成毛皮的人工养殖及野生毛皮动物则主要分布在欧洲、亚洲及北美洲的北部接近北冰洋地带等的高寒地区，比如狐皮主要产于俄罗斯、丹麦、芬兰、挪威、瑞典、冰岛等国，貂皮的主要生产国在丹麦、挪威、瑞典、芬兰、荷兰、俄罗斯、美国、加拿大和中国。而世界上主要的皮革生产和制造业分布在亚太区的中国、越南、印度、巴基斯坦和泰国；欧洲的意大利、西班牙、德国；美洲的墨西哥、阿根廷和巴西；非洲某些地区。目前亚洲地区是世界皮革制造中心，皮革生产量占世界总生产量的53%，原料皮生产量占世界总生产量的40%。

其次，珍贵毛皮通常因经济价值较高而只制裘不制革，只有失去制裘价值而皮板又比较紧密的毛皮动物的皮张才用于制革。用于制革的毛皮以哺乳动物中的有蹄目动物为主，绝大多数为家畜皮。如牛皮、羊皮、猪皮。野生动物皮有鹿皮、麂皮、黄羊皮、羚羊皮等。此外，海豹皮、鲨鱼皮、河马皮、蟒皮、蛇皮等也有所应用。

再次，毛皮和革皮的品质评定标准也存在很大差异。毛皮的质量评估主要是以毛的长度、密度、柔软度、光泽度、花纹、弹性、成毡性、皮板的厚度以及毛与皮结合的强度等方面来进行。而服装革皮的质量评定则主要考虑皮的粒面、纹理、光泽、颜色、伤残和厚薄等，还要综合对革皮的身骨、弹性、软硬、糙细、抗张强度、伸长率、耐磨性、吸水性、透气性等做测评。

此外毛皮和皮革服装的缝制设备也不尽相同。毛皮的缝制设备以专业毛皮缝纫机为主，而皮革服装则采用工业缝纫机，并辅以压条进行制作。

（三）分类

用于制毛皮与皮革的原料皮种类繁多，毛皮原料皮的品种尤为繁杂，有以人工养殖和野生进行分类的毛皮动物一百多种，常用的原料皮也有几十种；制革原料皮的品种则相对较少，主要为三十多种有蹄类的皮张，如以牛、羊、猪皮三大类为主，其他品种有麂皮、马革、驴革、骆驼革、鹿皮、羚羊皮、袋鼠皮、鳄鱼皮、蜥蜴皮、蛇皮、各类鱼皮等。

皮革特殊的分类还有按张幅和重量分为轻革和重革。轻革用于服装、手套、鞋面等；重革用于鞋底、轮带等。按用途又分为服装用革，鞋类包类用革，工业用革，国防用革。按动物种类分有猪革、牛革、羊革、马革、麂革等。按鞣制方法分为铝鞣革、油鞣革和铬鞣革等。按革面分有光面革、绒面革、搓纹革、压花革等。按皮革加工自身成革的状况分，主要有二层皮[1]全粒面革[2]绒面革[3]、修饰面革[4]贴膜革[5]等。

（四）用途

人类使用皮革的历史虽然没有毛皮来得长，但皮革的发展和普及的速度却大大超过毛皮。

---

1. 在皮革加工中，较厚的动物皮需经过剖层机剖成几层，以获得厚薄一致的皮革，并获得数量更多的皮革。动物皮生长的一面为头层皮，也叫粒面革；头层革以下各层分别叫二层皮、三层革、四层等。
2. 指保留并使用动物皮本来表面（生长毛或鳞的一面）的皮革，也叫正面革。全粒面革的表面未经涂饰较少直接使用，大多数是经过美化涂饰的。全粒面革属高档皮革，其制成品舒适、耐久、美观。
3. 是指表面呈绒的皮革利用正面（生长毛或鳞的一面）经磨革制成的称为正绒；利用皮革反面（肉面）经磨革制成的称为反线。利用二层皮磨革制成的称为二层绒面。绒面革柔软性、透气性能较好，但其防水性、防尘性和保养性较差。主要用于：皮鞋、皮服装、皮包、手套。
4. 是部分或全部除去动物皮来表面，再在上面敷以人造薄膜的皮革。又分头层修饰面革和二层修饰面革。主要用于皮鞋、皮箱、皮带、票夹、皮制球。
5. 在剖层皮上贴上一层聚酯膜或复合一层橡胶膜，使其具有很好的耐化学性，耐久性，适合于作靴类鞋。

——编者注

第二次世界大战后，皮革作为服装材料登上近代服装的历史舞台，因它平易近人的价格和宽泛的适用领域，人们喜爱皮革制品的倾向呈上升趋势。

由于经济、时尚、天气等等原因，近年来皮革服装更是大行其道。因其挡风御寒，护理容易，加上款式硬朗、帅气而备受成年人的青睐。它是时装的组成部分，已成为经久不衰的时尚。在北方寒冷地区，皮革服装更是男女老幼必不可少的衣物，从实用的夹克到皮革饰物，拥有大衣、夹克、裤子、裙子等多种多样形式和风格的款式。而毛皮的华贵材质特点以及昂贵价格的关系，已经成为奢侈品行列的成员，并不能为各个年龄段和消费阶层所接受，做到广泛普及。加上近年来全球气候变暖，人们对毛皮服装的需求量大幅度减少，动物保护主义呼声日益高涨，促成了毛皮行业将市场重心转移到毛皮饰边服装、毛革两用服装和毛皮家居饰品等市场的发展和开拓上。

第二章 毛皮服装概述

在所有常见的服装材料中，以毛皮为材料制作的服装产品价格最为昂贵，这是因为，一般来说服装产品中的最大成本是原材料成本，因此，毛皮服装也成为售价最为高昂的服装。即使除去缭绕在著名品牌头上那耀眼的光环，毛皮服装依旧以其不可抵挡的独特魅力，成为无数爱美人士一生向往的服装，曾几何时，名媛淑女们以拥有一件美丽的毛皮服装为梦想，人们借此在某些消费场合，特别是社交圈里，用毛皮服装表现他们身份和地位，身价不凡的毛皮服装也因此而占据着奢侈品服装领域的主要地盘。

尽管由于种种因素而造成毛皮服装的数量大不如前，但是，它在服装中的地位并没有因此而降低，在潜力巨大的新兴发展中国家，毛皮服装受到了空前拥戴，反动物保护主义者们指责反对他们的人群的理由是：为什么你们还在吃牛肉、穿皮鞋、扎皮带！由此看来，毛皮服装依然拥有大量的市场需求。作为设计人员，我们则需要了解和掌握毛皮服装的设计原理和技术。

第一节 毛 皮 服 装

一、定义

毛皮服装是指以动物毛皮为主要原材料加工而成的服装和服饰类物品。从广义上讲,毛皮服装包括天然毛皮服装和人造毛皮服装两大类,但在前文的对天然毛皮和人造毛皮的比较分析中能了解到两者之间实际存在很大差异,尤其是基本组成和获得的途径不同造成了在加工工艺上的天壤差别。因此本书所讨论的毛皮服装仅指用各种动物的毛皮经过鞣制加工后做为面料或里料,加工制作而成的服装。

二、特征

毛皮服装具有非常鲜明的特殊性。毛皮服装的特殊性主要是由毛皮材料的特殊性决定的。由于不同动物的毛皮本身面积有大小,它不像其他纺织面料可以通过织造和印染技术,得到大面积和连续性的匹布和图案。毛皮服装必须进行拼合设计,而且拼合后还会出现各种图案效果。拼合的部位不同或者拼合的方式不一样都会形成完全不同的效果。毛皮还有一定的生长方向,从不同的方向观察光泽效果也各异。制作毛皮服装必然要关注这点,当然也可以利用毛皮的方向性进行拼接设计。还有毛皮服装敦厚松软,体积感强,跟各种其他面料搭配制作可以产生丰富的款式风格。

三、分类

毛皮服装设计是毛皮产品设计中最传统的领域,常用的方法是以毛皮原先的色泽、纹理和线条的表现为主。但时至今日,毛皮服装设计已走过了它原始到现代、传统到时尚、保守到开放、实用到装饰的慢慢长路,特别是近几十年来,随着毛皮原料的开发及新技术的不断创造和创新,毛皮服装更是走过传统,旧貌新颜,得到了前所未有的发展,毛皮服装日趋普及与平易近人,更多的是走进了一个年轻、休闲和惬意的领域,这和我们不断进步的毛皮工艺、科技和人工动物饲养的普及有着千丝万缕的关系。

(一) 根据毛皮功效性分

通常情况下将毛皮服装分为传统的全毛皮服装类、毛皮饰边服装类和毛革两用服装类,但毛皮服装配件类也与服装有着不可分的关系,而且毛皮面料在毛皮配件中使用的较多,所以把毛皮服装配件也列为单独的一类。

1. 全毛皮服装

顾名思义,全毛皮服装是指整件服装的面料全部采用毛皮来制作,即以毛皮作为主要材料的服装。除了一般服装设计所要考虑的因素外,毛皮服装更重要的是其设计过程中会涉及到毛皮材料的拼合问题。现在的全毛皮服装越来越倾向于时装化,品种极为丰富,款式、色彩、各种拼接方法都随季节和流行的变化而不断更新,风格多样,或粗犷、或休闲、或优雅、或简洁活泼,而且从幼儿到老年不受年龄限制。

2. 毛皮饰边服装

毛皮饰边服装是指将毛皮作为装饰点缀材料的服装。它更多考虑的是饰边在服装上的位置、形式以及与其他面料的搭配，最传统和最普遍的毛皮饰边方式便是在领口、袖口或门襟饰以毛皮。当今的时尚领域，一般将凡是用毛皮与其他材料相结合的设计，其中毛皮在服装中起饰边作用的，都统称为毛皮饰边服装。

3. 毛革两用服装

毛革两用服装是指将毛皮动物的皮板一面进行加工处理，制成两面都可以穿用的毛皮服装。现在越来越多的毛皮设计师钟情于这类毛皮服装的设计，以绵羊皮、兔皮、猾子皮等为原料制作两面穿毛皮服装。由于这类服装成品柔软轻盈，制作工艺简便，富于变化，且价位适中，深受年轻消费者的喜爱。

4. 毛皮饰件

毛皮饰件是指采用毛皮材料制作的饰件。有时，这种饰件是利用毛皮的边角材料设计制作的一些为增加整体装束的系列感、艺术感和配套感的搭配设计，也可以是毛皮类饰件单品，产品包括帽子、包袋、围巾、手笼、鞋子等等。

（二）根据性别分

毛皮服装根据性别分有毛皮女装、毛皮男装。

传统的毛皮女装保守大方、高雅端庄，而今毛皮女装已经变得千姿百态、绚丽缤纷。毛皮男装则相对传统，风格变化也比较单一。现今的毛皮服装市场，仍然主要聚焦在毛皮女装上。

（三）根据年龄分

毛皮服装根据年龄分有毛皮童装、毛皮青年装、毛皮成年装、毛皮老年装。

毛皮童装指0～17岁左右的孩童穿用的毛皮服装；毛皮青年装是指17～30岁左右的青年穿用的毛皮服装；30～50岁左右的成年人穿用的毛皮服装是毛皮成年装；毛皮老年装是50岁以上的老人穿用的毛皮服装。

（四）根据用途分

按照其用途，可以分为日常毛皮服装、社交礼仪毛皮服装、装扮类毛皮服装。

毛皮服装可以出现在不同的使用场合，承担着不同的用途。日常毛皮服装主要承担保暖的用途；社交礼仪毛皮服装主要承担传递穿着者社会地位和审美品位的用途；装扮类毛皮服装主要承担带有一定的戏剧意味的角色扮演用途。随着生活优越的中产阶级队伍的不断扩大，动摇了毛皮服装过去的像贵夫人般高高在上的地位，也变得日趋普及与平易近人，用途也逐步细分化。

（五）根据目的分

设计服装的目的各不相同，所以根据不同设计目的，可以将毛皮服装分为比赛用毛皮服装、发布用毛皮服装、表演用毛皮服装、实用毛皮服装等。

比赛用毛皮服装是指专门以参加服装设计比赛为目的的毛皮服装，一般强调设计师对毛皮的想象力发挥；发布用毛皮服装是指在品牌或个人名义下符合服装发布目的的毛皮服装，通常要求服装具有一定的流行超前性；表演用毛皮服装是指以配合表演内容为目的的毛皮服装，一般要求服从表演的整体效果；实用毛皮服装是指以满足日常生活需求为目的的毛皮服装，往往十分强调产品的各种实用功能。

(六) 根据品质分

按照产品品质的不同,可以将毛皮服装分为高档毛皮服装、中档毛皮服装和低档毛皮服装。产品品质的档次与产品构成要素有关,从毛皮服装的特点来看,主要体现在两个方面,一是毛皮材料的品种与等级;二是制作工艺的质量与标准。毛皮服装是比较特殊的服装类型,有不同类别和等级的动物皮张,繁简程度不等的工艺手法,对这些要素的设定,可以成为区分其品质的依据。

第二节 毛皮服装与普通服装的异同

一、共性

(一) 设计共性

毛皮服装的设计和其他服装一样,是全部服装设计中的一个门类。所有的服装设计都是以服装为对象,考虑其各种机能性,选择恰当的素材,运用一定的技法来完成一个服装形体,并使设想实物化的创造性行为。因此,毛皮服装设计也是对着装状态进行设计的创造性行为,同样需要使用设计中美的形式原理作为毛皮服装造型设计的基本原理。普通服装的配色美学原理也同样适用于毛皮服装设计,而且在服装设计的基本方法、服装的廓形和细节设计的基本原理上都是一致的。

(二) 材料共性

传统的全毛皮服装是以毛皮材料为主要原料,配以里布,用涤纶线缝合。但近年来全球气候变暖,加之全毛皮服装的高昂价格,人们对全毛皮服装的需求明显减少。当前流行的毛皮服装是用毛皮材料和各种普通服装面料如:羊绒、皮革、针织、丝绸、皮革、牛仔、化纤面料等进行搭配,制作成毛皮饰边服装。毛皮材料在服装上的使用面积一般不超过50%,多作为装饰点缀,常用于领口、袖口、下摆或袖子等处。这就从客观上形成了毛皮服装和普通服装材料运用上的共同性。

(三) 工艺共性

服装的工艺是在款式设计和结构设计的基础上,对形成产品的各道工序、各类工具的筹划。一般包括制作方法、质量检验、工时定额、原料消耗定额等。任何不同材质的服装都必须经过制作,才能变成具有使用价值的商品,而其价值的高低,又在很大程度上取决于生产阶段对产品质量的保证程度和对其成本的降低程度。毛皮服装的工艺也同样包括这些环节。一些为充分利用毛皮的自然形态而采取的裁剪方法被移植到普通纺织品的剪裁上,在某些时装的裁剪样式上也能依稀找寻到昔日毛皮服饰的影子。

(四) 顾客共性

传统毛皮服装价格昂贵,不是所有的消费者都能消费得起,毛皮服装似乎成了有钱阶级的专利。随着毛皮与普通面料的结合,设计出的毛皮饰边服装不仅风格多样,还有适应各个季节穿用，符合各种年龄层的消费者的毛皮服装。经典与流行的服装色彩深受从老人到孩童、从女人到男人的广泛喜爱。从品牌角度来说，大量使用毛皮材料的服装通常出现在高端品牌的产品系列中，这些品牌的消费者往往也是毛皮服装的拥戴者。

（五）成本共性

在不影响服装产品形象的前提下，合理降低成本，使服装具有价格优势，在价格大战中立于不败之地，是每个品牌服装公司的工作重点。通常服装的成本包括材料成本、加工成本及间接成本，间接成本的弹性很大，与企业的经营理念有很大的关系。毛皮服装成本的核算也不外乎这几个方面，与普通服装并无差别。

（六）生产共性

毛皮服装和普通服装一样，都是在生产流水线上完成的，也都需要经过严格的备料、生产、整理、检验等程序，才能进入终端市场销售。因此，尽管部分毛皮服装讲究较多的是手工操作，但是，也要考虑工序的合理性、规范性和统一性，使毛皮服装符合作为成衣重要条件的在品质、规格上的一致性。

（七）销售共性

服装的销售主要是通过零售方式实现。当然，为了更好的扩大销售网络，销售的渠道通常是多样化的。毛皮服装和普通服装一样，主要销售渠道有百货商场、专卖店、店中店等形式进行销售。服装的销售管理包括货品的收取、调配、整理、保管、出样、盘点、营业款缴纳、记帐、开票据、统计等等。服装除了正常销售也会有促销方式，已促进货品流通和回笼资金。

（八）服务共性

一般的服装都有售后服务，根据服装档次的差别，服务也存在很大的差异。在服务程序和服务内容上，毛皮服装与高级成衣有更多的共性，这是因为，价格昂贵的毛皮服装主要面对的是高端顾客，只有以优异的服务质量，才能换取顾客更多的回头率。比如，详细的产品介绍、周到的试衣过程、精心的产品整理、体贴的顾客关怀、舒心的购物环境等等，是包括毛皮服装在内的高级服装经营者应该提供的共同服务特性。

二、区别

（一）设计区别

解读服装设计的定义，服装设计首先要完成的就是素材的造型，素材的选定支配着设计的结果。素材所产生的线、形、空间、色彩、层次、质感等性格是不容否认的。可见素材同设计结果的关系是非常直接的。毛皮服装设计中的材质特点就决定毛皮服装的形态和工艺技术，工艺技术又决定和左右着设计。因此，做毛皮服装设计之前必须先对毛皮的类别、特性有深刻的认识，还需要对毛皮的制作工艺有所了解，才能在设计过程中合理把握，因材制宜，并与工艺师做良好的沟通，才能设计出精品的毛皮服装。

（二）材料区别

毛皮敦厚、松软的体积感和特有的平、立面两重性，即使是最厚重的纺织面料也难以达到，且毛皮服装的保暖性能也是大部分服装不能企及的。即使利用高科技生产设备，毛皮柔顺且具有天然的光泽、独一无二的斑点条纹、特殊的肌理效果也是不能被完全制造出来的。它的生长具有自然柔和的方向性，也由此产生许多的特殊拼接效果。毛皮丰富的种类赋予了它更多的设计表情，随着毛皮染整技术和加工的技术的不断发展和进步，更使无数的设计灵感变成现实。

（三）工艺区别

毛皮服装的传统工艺复杂而精湛，缝纫一件毛皮大衣并不像缝纫一件衬衫或一条裤子这么简单，一件成品毛皮服装达100多道工序，需40小时以上的熟练工作。如采用传统工艺制作的貂皮大衣，将数十张貂皮全部按45°斜角割成平均宽度0.5厘米的斜条后，改变角度再重新拼缝，整件衣服的缝线像无数个蜘蛛网连接而成。在毛皮服装的加工过程中，各厂又有自己独到的设计工艺。各种毛皮的处理方法和缝制工艺也各有千秋，主要的工艺流程是毛皮材料的预处理、裁制、缝制、整修。为了尽可能生产出优质的毛皮服装，毛皮材料进行预处理[1]是毛皮服装成衣生产过程中至关重要的一环，也是与普通服装制作工艺最大的区别所在。

（四）顾客区别

普通的服装顾客群范围很广，比如针织服装就有专门为男性、女性、儿童设计的各种品牌，品类及品质，风格极为多样化。而受到毛皮的柔软、飘逸的外观形态影响，当今的毛皮市场仍然以女性顾客为主体，全毛皮男装品牌则凤毛麟角，市场上可见的一般也都是毛皮饰边男装。另外，毛皮童装目前只出现在毛皮服装比赛的场合，毛皮材料的高昂价格成为毛皮走进童装市场的拦路虎。虽然毛皮服装的大众化让消费者的年龄层有所降低，但是其消费群体仍然主要集中于贵族富豪或高级白领的女性消费群。

（五）成本区别

毛皮材料种类繁多，总体价格昂贵，且毛皮材料的价格会随着毛皮的产量多少和流行与否上下波动，再者毛皮服装成本中很大一部分还取决于人工成本，毛皮服装的制作需要高密集性人工，一件毛皮服装上投入的人工多少，将直接影响到毛皮服装的价格。而普通的服装相对成本比较稳定，从面料到辅料、从能耗到人工，每时期的成本变化都不会很大。

（六）生产区别

毛皮生产的要求极为严格，属专门行业，不少制造商都以家族式经营，将传统的制造技术代代相传。现在这种传统技术逐渐流入新市场，许多年轻人陆续加入这个行业，学习制造技术，掌握最新的技术发展。毛皮服装从原料的获得开始，要经过一百多道工序才能把毛皮原料变为成品服装。光从毛皮服装的缝制来说，相对普通服装要复杂许多，一个熟练工人起码需要40小时以上的工作时间，才能完成一件毛皮大衣的制作。而在服装生产流水线上的普通材料大衣仅为5小时左右即可完成。

（七）销售区别

普通服装比毛皮服装的销售渠道更宽广，除了前面共性中提到的几种形式外，还有大型超市、批发市场、还有订货会、特卖场、集贸市场、零售小店、互联网、邮购等销售形式。

毛皮服装的高贵品质决定了它的销售渠道的局限，且毛皮服装的销售还具有明显的季节性特征。由于毛皮材料给人温暖的感觉特性，一般以制作秋冬季服装为主，也决定了其只能在每

---

1. 材料预处理是指在毛皮材料在剪裁之前，需对其进行多道工序的处理，它包括选料、配料、吹缝、机缝、水缝、靠活、抨皮等工序。——编者注

年相对固定的时间段内旺销，以北半球为例，毛皮服装的销售季节集中在每年的十月至次年的二月之间。

（八）服务区别

毛皮服装的材料和工艺都比较特殊，且它的清洗和保养都需要有专业机构和人员的支持。一般情况下，购买毛皮服装的时候，商家都会给顾客提供有效的保养知识，并承诺保修和保养的服务。尤其是在高级毛皮服装品牌专卖店的顾客都会受到贵宾般的礼遇，这也是购买普通服装享受不到的特殊服务。

第三节　毛皮服装的审美

美感是专属人类的情感，它是文化的产物，更处于历史的长河之中发展变化。人类从原始蒙昧状态发展到物质文明与精神文明都极大丰富的今天，创造了无数美的事物和美的文化。审美就是人们对这些美的颜色、形态、声音、气息、味觉等构成元素所形成的事物而产生的一种感觉上的评判，并由此而产生丰富的联想。人们都谈论美、知道美、追求美，因为美的生命力和感染力会带给人愉悦、美满的感受。

人类的审美体验过程是一个循序渐进的动态过程，审美经验可以分为许多层次，层次越高，主观的成分就越大。审美经验的三个层次包括知觉体验、认同体验和反思体验。知觉体验是指人们的感觉器官接触到颜色、形状、声音等各种外界刺激时，不假思索地就在心里产生一种愉悦感。人们看到毛皮服装，还未在头脑中进行思索，就直接被毛皮材料的颜色和质感所吸引，流淌在手指间的对毛皮独有的润滑柔顺的触感迅速传达到人的中枢神经，从而产生无比温馨愉悦的感受。在短时间内人们就有视觉、触觉、听觉的知觉过程，接下来进一步扩展和深化。当人们在知觉中融入想象，并且在由此而来的联想与自身的价值判断相一致时，显现出对美的欣赏中融入了个人的情感，此时的知觉体验就上升为认同体验。毛皮天然的美融合了毛皮加工的精湛技术，体现出时代的美感，当顾客对现代审美的要求与这种透射出时代美感的精湛技术相吻合时，认同感随即产生。反思体验是一种具有超越性的再度体验，是人们对已有的美的经历和体验进行分析，用理论去解释的过程。毛皮服装与女性美的和谐组合更加烘托出毛皮的超凡奢华的品质和女性妖娆柔美的气质。另一方面，毛皮服装又能体现出男性的狂野和孩童的稚趣，可以说毛皮服装的美学表征是多面性的，与不同的人群组合呈现的风格是多样化的。在个体审美中，毛皮服装也因人而异地产生特殊的审美感受，在人与服装结合的过程中，表现出极其丰富的多元风格倾向。

一、毛皮服装的材料美

毛皮服装最直观的呈现就是由材料因素而产生的美感。就表现内容而言，毛皮服装的材料美主要表现为色彩、纹理和触觉。目前用于制作服装的毛皮原料大约有几十个大类，每种毛皮动物的毛色都有很大的差异，光水貂大约就有十五种以上天然毛色，经过人工的杂交繁殖，还培养出了黑十字貂、黑白花纹貂等品种。毛皮本身具有天然色泽，绒毛一般色调较一致，光泽比较柔和；而针毛带有明显的颜色和较强的光泽，有的还有明显的色节。青紫蓝兔的毛被呈青蓝色，中间杂以黑色和白色，绒毛可见深浅不同的3~5个色环，色环从毛根至毛梢依次是淡蓝色、白色、珠灰色、黑色。动物毛皮不同部位的色泽也存在明显差异，一般肩背部的毛色较腰腹部来得深，加之通过印、染、扎、漂等现代工艺手段使毛皮材料具有了从中性色到鲜亮色，从高明度到低明度，从天然色到流行色的更为丰富的色彩。

毛皮是一种立体的原材料，具备精彩的外观特点和肌理效果，如有"轻裘"美称的滩羊毛，洁白如雪，光泽如玉，毛穗自然成绺，纹似波浪，毛花弯曲有九道弯。银狐的绒毛丰盈厚密，针毛长而飘逸，呈现银色的光泽，绒毛和针毛长短的区别以及不同质感产生丰富的层次效果。再经如拔毛、剪毛、激光切割等新技术的处理后与各种服装面料的巧妙搭配，能产生多彩多姿的艺术效果，可把任何衣服和配饰变得更轻柔、多元化，同时更具质感和层次感。可以说，最能引起购买者冲动的因素就是毛皮服装的材料美。（图2-1）

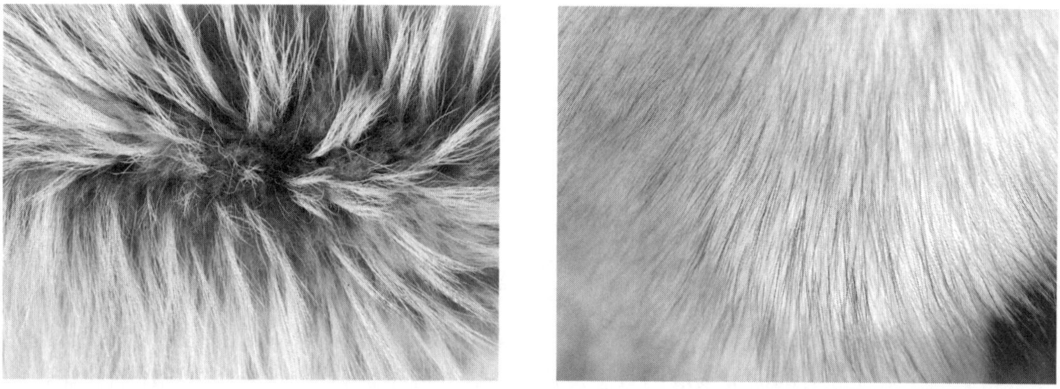

图2-1 毛皮服装的材料美

二、毛皮服装的技术美

毛皮服装的技术美是由毛皮服装的工艺因素产生的美感。毛皮服装的技术包括考究的剪裁和缝制技巧，近二十年来，以北欧世家皮草设计中心为代表的设计专家们在促进毛皮加工工艺突飞猛进方面所做出的贡献功不可没，他们长期致力于新工艺新技术的开发，集思广益，推陈出新，首创了许多现在几乎成为经典的毛皮技术。这些新技术把各类毛皮的功能发挥得淋漓尽致，将传统中的毛皮变化出轻盈、动感、飘逸的立体时装形态，让传统的毛皮服饰焕发出宛如新生的摩登魅力。

技术之美贵在创新。随着时代的不同，审美的眼光也不断的变化，传统的毛皮服装工艺设计是毛皮服装质量的根本保障，而新工艺、新技术为毛皮服装的设计开辟了更广阔的天地。比如，两面穿毛皮服装的传统缝制方法是锁缝，经锁缝后的毛皮缝头被整整齐齐的针迹包裹，呈现出规律的美感，新型的工艺也为毛革两面穿服装创造出两种不同的装饰效果；蓝狐与雪纺的拼接工艺更是对传统毛皮工艺的一次伟大的突破，创造出不受季节限制的轻盈柔美的服装（图2-2）。

图 2-2　毛皮服装的技术之美

三、毛皮服装的时代美

服装的时代美是一个评判服装的审美标准之一。毛皮服装是服装中的一个特殊类别,必然也具备了时代的特点。当某种服装归属当今流行时尚之列,就容易产生审美上的认同,反之,则容易产生审美上的否定。毛皮服装的时代美是指因服装的流行因素而产生的美感。流行因素很多,包括流行的造型、流行的色彩、流行的材料和流行的工艺等,流行是时代的反映,是一种观念的形成,体现着整个时代的精神风貌。因此,毛皮服装的时代美也是综合了多种因素最终表现出来的综合美感。

回首毛皮服装的发展历程,每个时代的毛皮服装都留有时代的深刻烙印,可以说,它们都是在不同的时代背景下,由优秀的劳动者和设计师创造出来的与众不同的永恒的美丽。从中世纪以前的毛皮大多用于制作毛面朝外的服装到中世纪以后的毛皮只用于衬里和服装的镶边装饰,继而出现的毛皮服装配饰,如毛皮手笼、围巾、帽子;从 19 世纪典型的显达人物在特殊场合必穿的在白色水貂毛皮上装饰一小撮黑色狐狸毛的披肩,到如今更多样式的出现,无不表现出毛皮服装的时代美感。设计师们也乐于从经典时尚中吸取养料,设计出富于时代气息的新产品。约翰 · 加里亚诺在他 1998 ~ 1999 年秋冬的高级服装发布会上就借鉴了当时的毛皮服装款式,从传统的款式中提炼出经典的元素,一改以往单调、沉重和夸张的奢华,代之以丰富、活跃、舒适、随意而又低调、内敛的矜贵气质(图 2-3)。

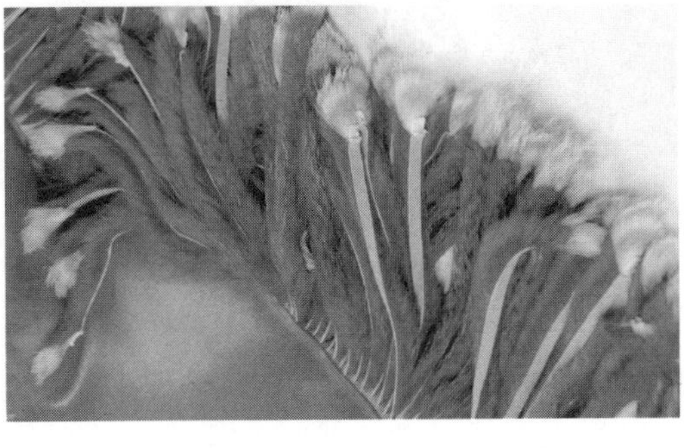
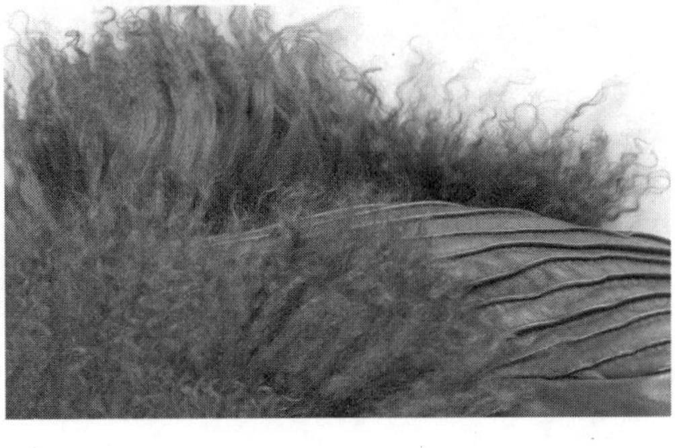

图 2-3　毛皮服装的时代美

四、毛皮服装的整体美

服装的整体美是服装外观整体效果所具有的美感，是以人体为基础的服装物质内容和精神内容的完美结合。毛皮服装因其材料的特殊性，在与其他材料的搭配方面有着一定的习惯上的限制，在整体穿着时也有一定的规则，否则，毛皮服装在与其他服装或饰品搭配时容易显得突兀。只有把构成毛皮服装着装状态的众多因素调整到最佳结合点，才会很强地体现出此类服装的整体美感。从某种程度上来看，毛皮服装更能与人体相互弥补缺陷，把彼此的优点烘托出来，这就是毛皮服装的整体之美。

毛皮是奢华与摩登的混合体，它柔软温暖如丝般娇滑，有丝绸般的尊崇质感。美丽的毛皮妖艳夺目、粉黛柔情，与女性的体形、气质、肤色非常吻合，两者和谐的组合产生的美感是无与伦比的。服装审美的需要为服装科技研究提供了新课题，那就是毛皮男装的发展与普及。毛皮的那种难以掩饰又无以复加的尊贵奢华，体现出的野性与俊美的一面为毛皮男装的设计拓宽了道路。通过设计师和工艺人员的不断研究以及科研成果的成熟和完善，为毛皮服装的审美开拓了更广阔的发展前景（图 2-4）。

图 2-4　毛皮服装的整体美

第四节　毛皮服装的产业

一、毛皮服装产业链构成

目前，毛皮服装产业已经成为真正的国际贸易格局，其产业流程经过不同国家的不同组织机构、贸易企业、生产厂家以及配套行业的链接，形成了跨国界的世界性贸易联合体。毛皮从养殖场出来，一直到百货公司或时装店里，要经过很多不同的工序和环节，最粗略地列数其主要环节，毛皮经历了包括从养殖场出发，来到拍卖行，转入硝染厂，再到服装厂制作成服装，最后才到零售店的全程旅行，成为顾客手中的新宠。

在国际毛皮市场上较常用的贸易方式有：单边进出口易货贸易、协定贸易、拍卖、商品交易会、国际博览会等贸易方式。毛皮拍卖行等贸易机构会依据国际标准，对生皮区分等级，根据它的颜色、尺码、质量等做出分类标价，然后进行拍卖销售。在毛皮贸易中，对于水貂皮、狐皮、貉皮、猞猁皮等高档毛皮，多采取“卖方叫价拍卖”的方式拍卖，并一律实行现货交易，由专营拍卖业务的拍卖商主持拍卖，当场成交，把商品卖给出价最高的买主。其他品种毛皮及制品多利用交易会、博览会进行，以合同方式销售。

买家在拍卖会上买到货以后，第二个环节就是把这些生皮运到硝染厂，把它变成熟皮。现在世界上主要的硝染厂集中在意大利、法国、德国、香港等地。生皮经过硝皮加工后变得柔软，才可以做衣服。毛皮服装及服饰品的主要加工地在：香港、希腊、意大利和加拿大。主要销售渠道有：毛皮零售商店、百货公司、设计工作室、时装专卖店。现在毛皮服装不光是在毛皮服装专卖店里进行销售，很多是在时装店里出售，因为很多国际著名服装品牌都将毛皮服装列为秋冬季必不可少的压轴精品。俄罗斯可能是现时世界上拥有最高贵裘皮时装店的地方，我国香港地区是国际上毛皮服装贸易最活跃的地区之一（图2-5）。

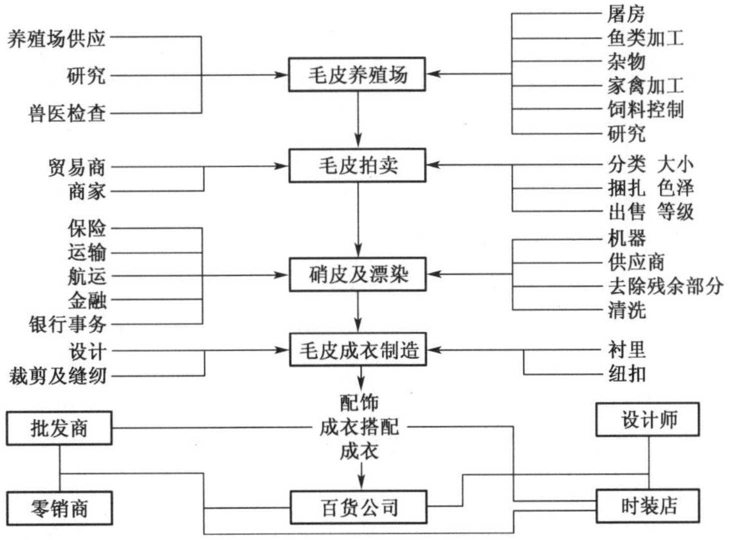

图2-5　毛皮贸易循环示意图

二、毛皮服装产业的现状

（一）国外毛皮服装产业

国际毛皮市场是一个非常活跃且贸易量很大、价格波动也较大的市场，随着经济的发展，世界各国对毛皮的需求与日俱增。虽然市场上有人造毛皮等代用品，但其性能决不能与天然毛皮相媲美。近年来，除各国妇女外，西欧及美国一些男人也喜欢穿毛朝外的毛皮服装。世界上的毛皮热仍将相对稳定一段时期，尽管国际市场有时有一些不景气现象，但是，毛皮产品的总需求量仍然被长期看好。从毛皮服装市场发展规律来看，当世界经济状况发生危机时，高档毛皮市场不太景气，而中低档毛皮市场却继续活跃。由于天然毛皮服装流行于全世界，毛皮的消费量将稳中升，而毛皮设计师们不断设计出日新月异的款式更增强了毛皮时装的活力。全世界300多个出名的服装品牌里面都有用毛皮做原料的时装。不光是全毛皮服装、毛皮饰边，还有小配件，比如围巾、皮包等。很多明星、时装杂志中也经常可见相关的毛皮时装报道。

毛皮的用途是多种多样的，除了上面提及的全毛皮、饰边服装、饰品、家居用品等，一些工厂和设计中心还在不断更新商品，甚至扩大到了旅游产品领域。硝皮等加工技术的发展是毛皮服装得以流行的技术支持：质地轻薄的毛皮，两面穿毛皮以及剪毛、拔针、编织等技术令毛皮产品爱不释手。毛皮原料还可以和其他面料，如羊绒、皮革、丝绸、牛仔等搭配。北欧世家皮草在毛皮商品的更新与发展中起了很大的作用。他们不断地发明一些新的工艺和设计理念，并影响着国际上不同的设计师怎么样把毛皮用在他们的服装系列里面。2007年1月哥本哈根皮草公司在北京和清华美术学院合作，开了一家设计中心，为中国的制造业及设计师提供国际最新时尚信息，为中国培养新一代的设计师。重点的理念是促使行业内在质量等方面做一些良性的竞争，而非价格方面。

（二）国内毛皮服装产业

1983年开始，中国将毛皮从原来的由统购统销的二类物资改为可以自由买卖的三类物资后，出现了多家经营多家出口的局面。随着国际经济格局的变化，客观上存在着毛皮生产加工这样的劳动密集型产业，逐渐从发达国家向发展中国家转移的趋势。我国具有悠久的毛皮服装行业历史与传统，本身拥有一些出口量很大且深受国际欢迎的毛皮动物，如水貂、狐狸、黄狼、羊等，一直以来已经形成从动物饲养到取皮硝制、从服装制造到产品出口的较为完整的毛皮服装产业链，同时，中国的业内人士也会参加香港、米兰等地的毛皮服装博览会以及在北欧、北美举行的毛皮拍卖会，国内企业正在进口为数可观的毛皮原料，用于加工时装再出口，俨然已经成为今天的毛皮服装生产、出口和消费大国。随着近年来我国经济建设的飞快发展，未来中国的毛皮服装出口量和消费量都会越来越大，中国将发展成为世界最大的毛皮生产中心。

中国民众的生活水平越来越高，人们对毛皮的需求也越来越高，消费市场购买毛皮数量有所增加。自从中国加入世贸以来，关税的递减刺激着中国对进口货的需求欲望，无论是成品还是原料，购买份额也越来越大。包括北欧拍卖行在内的一些国外公司不断地在中国开设办事处，扩大中国业务。尽管如此，中国的市场需求远远没有达到饱和，越来越多的毛皮店正是内销市场快速发展的最好佐证。近年来，在中国毛皮行业协会的组织下，在众多毛皮企业的参与下，中国成功举办了多次国际毛皮服装节,其目的是通过服装节的推动,提高我国毛皮产业的产品档次,加快引进国外先进、时尚的设计理念和业内著名品牌,形成集原料拍卖、产品设计、生产和销售于一体的产业发展格局,推进这一产业向现代产业集群发展,将毛皮产业发展成为一个含金量高、可持续发展的“名特产业”。

中国香港地区的毛皮制造业从上世纪八十年代开始就发展兴旺,规模庞大。香港对毛皮类服饰的销售能力也很强,毛皮原料总进口额仅次于美国和日本,位居世界第三。随着毛皮贸易的发展,香港毛皮鞣制和成品加工业也迅速兴盛起来,毛皮加工技术已达到国际一流水平。它以款式新颖、加工精细而吸引外商来此地设厂。经营毛皮服装的厂商在节约原料、提高工效、降低成本等方面比内地厂占有优势。目前,香港已成为美、日毛皮服装的重要出口地及美国和北欧水貂皮的重要进口地。香港大量从国外进口原料皮,又向许多国家出口款式新颖、做工精细的毛皮服装,换取大量外汇,成为世界主要的毛皮原料及其制品进出口港。

三、毛皮原料及服装市场

世界的毛皮贸易结构在发生着潜移默化的变化,经济结构由欧洲向亚洲转移。中国已经成为世界上最大的毛皮买家,中国外贸是世界经济的发动机,芬兰、丹麦拍卖会中40%的皮张销售给中国。中国毛皮原料市场将成为世界最大的毛皮加工贸易基地。

毛皮原料可由私人或各地收集商经销,但大部分的养殖毛皮均在拍卖会出售。毛皮拍卖行也是国际毛皮贸易的中心,各种因素的影响、各种情况的变化,均将通过毛皮市场表现出来。国内的毛皮原料市场不同国外之处就是国内的毛皮原料大部分集中在各地的毛皮市场出售,即便是从国外的拍卖会上获得的毛皮原料,进入国内市场后其中的一部分又会流入国内的各大毛皮原料市场销售。

(一)毛皮原料及加工市场

我国毛皮原料批发、加工市场主要集中在河北省,其次为山东、辽宁、河北、黑龙江、浙江、广州等省市,其中大型毛皮原料交易、加工市场有留史、尚村、辛集、大营、崇福、惠州、北京大红门市场。

河北有四个传统的毛皮市场,这些市场加工品种齐全,各种档次均有,90%以上的国产毛皮都是从河北加工鞣制,然后再输出到其他的地方染色加工。留史皮毛市场是亚洲最大原料皮集散地,主要经营高档裘皮,有进口狐皮、貂皮等,其次为猪、马、牛、羊皮等。这里几乎控制了全国貂皮的数量,全国的貂皮都要经这里转到深加工单位以及日本、韩国、俄罗斯等市场;尚村皮毛市场是中国最大的生皮毛皮市场,以生皮集散地及毛皮硝染、毛皮深加工业为主导产业。主要经营獭兔皮和兔皮,其他品种还有蓝狐、银狐、白狐、水貂、乌苏里貉皮等。尚村和留史地区每年大约鞣制全国90%以上的国产水貂皮、85%的国产蓝狐皮、90%以上的獭兔皮、90%以上的貉子皮,是名副其实的国产毛皮原料的加工集散中心;辛集皮毛市场以皮革业、毛领、帽条深加工业为主项,是蓝狐、银狐、貂、貉子皮的主要销售市场,其皮革服装、毛领、帽条等深加工产品出口俄罗斯市场,那里还有规模较大的毛皮深加工企业;大营皮毛市场主要经营家兔皮,还有蓝狐皮、水貂皮、獭兔等。以深加工为主业,聚集貂皮服装厂、深加工褥子等为主项。大营皮毛市场的毛皮制品、编织制品远销日本、韩国、俄罗斯等国外市场。

江浙地区是进口、国产蓝狐、银狐、乌苏里貉皮等品种的主要销售市场，也是家兔、毛皮褥子的销售市场。加工以兔皮、蓝狐皮、貉皮的染色为主，有少量的鞣制。江浙的崇福、海宁传统主要加工杂皮，染兔皮、蓝狐皮、貉子皮，同时也是国内杂皮毛革的重要加工基地，原料以猾皮、绵羊羔皮和进口兔皮为主，也有本地出产的湖羊；主要是为江浙的服装厂配套，毛皮主要是用来做毛领、帽条。

广东地区主要以香港公司加工鞣制进口水貂和进口狐狸皮为主。从加工品种来看，广东地区主要以香港大企业为主，加工的品种主要以进口的水貂为主，其次是蓝狐皮，中国进口的毛皮90%以上是从这个渠道进入中国市场的。香港公司与欧美市场紧紧相随，水貂除鞣制外，还加工漂金、漂绒、吊染、吊漂、雕花、半剪以及各种方法的结合加工，为水貂成衣配套。进口狐狸皮也在这里加工，但主要以鞣制为主。广州郊区的惠州毛皮市场是我国毛皮交易市场的大门，近年来出口獭兔皮主要从这里集中收购和调运。惠州也是我国港澳台地区毛皮商进行交易的主要市场。

北京的大红门市场主要是进口蓝狐、水貂、国产狐皮、貉皮的销售市场，也是蓝狐、乌苏里貉皮毛领、帽条的专业批发市场，主要供应北京、天津深加工毛皮企业。

（二）毛皮成衣加工企业

世界各地都有制造毛皮成衣、毛革两用成衣及毛皮饰边成衣的工厂，而当中最重要的制造工厂设在加拿大、中国、香港、希腊、俄罗斯等地。此外还有法国、德国、意大利、韩国、日本、西班牙、土耳其、乌克兰及美国等国。

现在加拿大约有120多家制造公司，85%以上设在满地可，其余的大多位于多伦多地区。用海狸皮制作服装是加拿大最重要的毛皮成衣类别。近90%的毛皮成衣远销美国，其余出口欧洲、俄罗斯及亚洲等地，亚洲以日本居多。

香港一直是世界上数一数二的毛皮制造中心，硝皮和制造技术并驾齐驱。港商在中国内地设厂，厂房大多位于中国南方的广东和北方的一些省份。产品丰富，各具特色，迎合各大小市场的需要。香港95%的毛皮产品远销世界各地，如意大利、日本、韩国、俄罗斯、西班牙及美国等国家。

希腊是欧洲的主要生产中心，是一个传统的细皮毛皮服装和皮革服装生产国。上世纪70年代是顶峰时期，曾有4 000多家公司从事毛皮贸易，以后逐渐开始萎缩，现在主要生产水貂、水貂碎料服装，鞣制、染色皮张数量很少。

俄罗斯在上个世纪80年代末，占据了世界毛皮行业领头羊的地位，不仅是在产品种类还是在质量上都是如此。在那个时期，俄罗斯国内皮毛生产占世界市场35%的份额。目前俄罗斯皮毛产品生产只占世界市场的20%左右，同时俄罗斯市场上90%产品为进口商品。俄罗斯皮毛工业只有20家大型企业和150家小工厂，其开工率仅仅是30%～40%。毛皮加工中心位于莫斯科及邻近地区，小工厂和作坊各州均有。

中国是目前世界上最大的毛皮鞣制、染色加工地区。2007年国际市场毛皮鞣制、染色加工业进一步向中国转移，目前皮毛加工强国德国、意大利已经基本不在本国加工，西班牙等国家的毛皮鞣制、染色加工业也逐步向中国及其他发展中国家转移。

世界各地的毛皮服装加工厂不仅数量繁多，规模大小不一，一般可分为大型企业、中型企业和小型作坊三种类型。世界主要国家和地区对企业规模的界定标准都不一样，国际上习惯参照以下三个因素：实收资本、企业职工人数、一定时期（通常为一年）的经营额作为标准。大多数国家采用其中的两项作为参照标准。当前我国的毛皮及制品加工企业是以民营企业、小型企业为主，主要分布在毛皮批发交易市场的周边地区，主要集中在河北、山东、辽宁、河北、黑龙江、浙江、广州等等地。据统计，在规模以上毛皮及制品企业中，小型企业占97%，大中型企业仅占3%；民营企业数量占规模以上毛皮及制品企业总数量的42%，三资企业数量占35%，集体企业数量占16%，国有企业数量占7%。

据2008年统计，全国毛皮行业毛皮鞣制及制品加工规模以上企业（年主营业务收入500万元及以上的全部工业法人企业）404家，其中毛皮鞣制加工企业119家，毛皮服装加工企业115家，其他毛皮制品加工170家。而2003年规模以上企业总计则仅有260多家[1]。全国主要的毛皮深加工企业有河北华斯实业集团有限公司、河北省天龙皮草有限公司、肃宁县库氏皮草有限公司、大营增辉皮草有限公司、博赢毛皮有限公司、竞佳皮草公司、福尔派毛皮有限公司、桐乡市银杉皮草有限公司、浙江诺之服饰有限公司、浙江中辉皮草有限公司、浙江龙马皮业有限公司、桐乡市雪裘皮草制品有限公司、桐乡市大众裘皮制品有限公司、桐乡市正泰皮草有限公司、巴麦龙制衣、东明皮革等企业。

（三）毛皮服装销售市场

毛皮加工厂将毛皮服装制造出来后，再经贸易展销会、毛皮服装专业市场、百货公司、设计工作室和时装店等渠道进行销售。

世界各地的零售商每年都会参加在北京、法兰克福、香港、伊斯坦布尔、卡斯托里亚、马德里、米兰、满地可及莫斯科举行的展销会。即使本土小型毛皮商或时装店，也会在展销会上关注毛皮服装的最新潮流，购买时尚毛皮服饰在下一季进行零售。目前毛皮成衣与配饰都在毛皮专卖店、百货公司及时装店等各类零售店铺出售，消费者可轻易购得需要的毛皮产品。

国内专业毛皮服装市场主要有浙江海宁皮革城、崇福毛皮大世界、余姚中国裘皮城、北京雅宝路毛皮市场、辽宁佟兴皮装大市场等。海宁皮革城1994年建成开张，它既是当地2 000多家生产和经营皮革制品的企业展示自己品牌的橱窗，也是家门口的国际市场。皮毛经营量占世界皮毛经营总量的四分之一，皮毛服装及相关制品出口量居全国第一位；位于崇福毛皮市场中的皮草大世界商贸城是极具市场潜力和发展规模的专业毛皮服装市场。它与毛皮原料市场以及周遍的毛皮工业园形成了形成了从原料、产品加工到销售的一个完整产业链；余姚毛皮加工和批发市场是目前国内最大的水貂皮服装交易集散地，是中国最早生产毛皮服饰的地区之一。目前，汇集在余姚市朗霞街道的裘皮服装服饰企业及相关配套企业已达200多家，有从业人员5 000余人，并已形成了一条毛皮服装特色街；雅宝路毛皮市场主要针对俄罗斯毛皮市场，其主要经营种类是毛皮制品、编织制品、水貂皮服装、水貂皮等，那里主要由俄罗斯客商直接购买；辽宁佟二堡是全国三大皮装生产基地之一，全特区现有皮装企业1 000余家，毛皮加工企业150家，有长达1公里的皮装、毛皮经营一条街，毛皮经营业户达200余家。佟二堡皮装、毛皮服装不仅销往全国各地，还远销美国、俄罗斯、丹麦、韩国及港、澳、台等国家

1. 本统计数据由中国皮革协会提供——编者注

和地区(表2-1)。

表2-1 国内毛皮原料及服装加工市场汇总

位置	市场	主营业务	毛皮品种	周遍主要企业	特色
河北省	尚村皮毛市场	生皮 毛皮硝染 毛皮深加工	蓝狐、银狐、白狐、水貂、乌苏里貉皮、獭兔皮等	华斯集团 天龙公司 库氏皮草等	国内最大的生皮毛皮市场
	留史皮毛市场	各类原料皮	进口狐皮、貂皮,国产狐皮、貉皮、獭兔等	牛皮、羊皮、生皮货栈200余家	是亚洲最大原料皮集散地
	大营皮毛市场	毛皮深加工 毛皮制品 编织制品	家兔皮、貂皮、蓝狐、獭兔等	增辉皮草 博赢毛皮有限公司 竞佳皮草 福尔派毛皮有限公司等	
	辛集皮毛市场	皮革业 毛领、帽条 深加工	蓝狐、银狐、貉子皮等	大众公司、正泰公司、巴麦龙制衣、东明皮革等深加工企业。	中俄毛皮商的中国主要交易市场
浙江省	崇福毛皮市场	原料皮 毛皮服装	进口及国产蓝狐、银狐、乌苏里貉皮等品种,家兔、毛皮褥子		是中国最大的皮毛服饰生产基地
	海宁皮革城	皮革、毛皮制品	各类皮革、毛皮	银杉皮草 中辉皮草 雄鹰皮草等 皮草大世界商贸城	杂皮毛革重要加工基地
	余姚中国裘皮城	毛皮服装	水貂皮等	毛皮服装企业200多家	国内最大的水貂皮服装集散地
北京	北京大红门市场	毛皮深加工	进口蓝狐、水貂、国产狐狸、貉子皮、蓝狐等	全市有皮革皮件厂3 200余家	被誉为"皮衣之都"
	雅宝路毛皮市场	毛皮制品 编织制品 毛皮服装	水貂皮等	辐射北京、天津的,聚集着大批的毛皮皮革深加工企业	国内最大的貂皮专业市场
辽宁省	佟兴皮装大市场	皮革、毛皮服装	各类皮革、毛皮	裘皮经营业户200余家,皮装经营业近1 000余家。	全国三大皮装生产基地之一
	义县毛皮市场	毛皮、皮革原料皮,毛皮制品	各类皮革、毛皮		
安徽省	庙岔集原料皮市场	山羊皮集散地	牛、马、羊、猪、狗皮、水貂、狐、貉子等		全国十大山羊皮集散地之一
甘肃省	原料皮市场	以原料皮为主	狐、艾虎、旱獭、猸子、改良细毛羊、羔皮、猾子皮等		

我国的专业毛皮原料及服装加工市场分工有明确的不同,各具特色,在我国毛皮深加工业及贸易方面呈现个性突出、品种互补的态势。如浙江海宁、河北留史是全国最大的原料皮市场;河北尚村毛皮市场是生皮专业市场并建立了河北尚村毛皮拍卖公司;河北辛集皮革城和枣强县大营子毛皮市场是新兴的毛皮集散地,并且从事毛皮初加工和深加工(特别是碎料加工),产品

主要销往俄罗斯、韩国、日本等国;河北省阳原县是原料皮和制品加工的集散地,主要加工水貂、狐、松鼠、灰鼠、海狸鼠等三十多种规格型号的制品,以外销为主;辽宁省义县毛皮市场云集了来自全国各地的经营毛皮、皮革原料皮及其制品的单位和个人;河南省孟州市桑坡是最大的绵羊毛皮集散地和生产基地;安徽省临泉县庙岔集是全国十大山羊皮集散地之一;甘肃省张家川回族自治县原料皮市场具有悠久历史,上市品种有狐、艾虎、旱獭、绵羊、羔羊等,主要来自内蒙、西北及西南地区;北京雅宝路市场是我国最大的貂皮专业市场,我国80%的貂皮从这里销往国外。

这些皮毛市场虽然存在分工不同,但同时他们之间有内在的关联。就水貂而言,国产水貂主要是由全国养殖企业聚集到留史皮毛市场,由东口貂皮专业村辐射到大营皮毛市场,深加工成貂皮大衣。通过北京雅宝路市场,直接出口给俄罗斯客商或由黑河、绥芬河口岸销往俄罗斯市场(图2-6)。

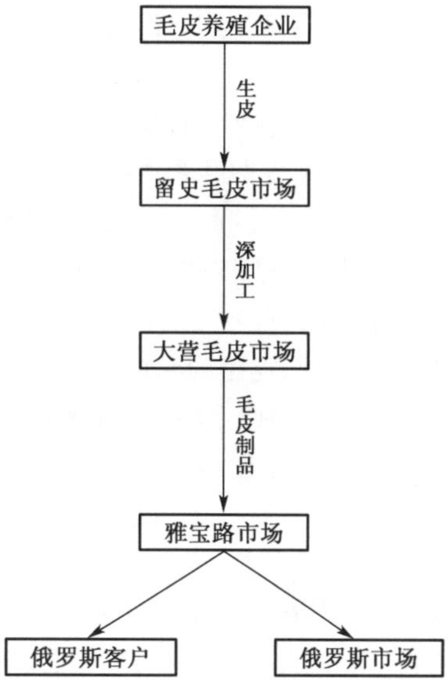

图2-6　各大毛皮市场关联示意图

第五节　毛皮服装的选购及保养

一、毛皮服装的选购知识

对于众多女性,毛皮柔软舒适的质感和华贵时尚的韵味如同珍贵的珠宝一样充满了诱惑。对于男性来说,毛皮野性阳刚的气质魅力如同豪车,也非同寻常。毫无疑问,毛皮和珠宝、名车一样是奢侈品。在购买毛皮服装的过程中都需要精挑细选,这一过程不仅令毛皮在衣橱中的地位陡增,更让时尚男女们乐在其中。以下的建议可以使你的购买更为理性。

1. 去哪里购买毛皮服装

毛皮服装的选择很多,从风格上的雍容华贵、端庄淑女到随意休闲,在色彩上从自然色调、经典色调到充满活力、明快亮丽的颜色。选择正确的毛皮服装可以个性化你的衣柜,释放出你的迷人魅力。因此最好在一个有信誉的毛皮零售商或毛皮专卖店购买毛皮服装,不仅能保证良好的售后服务,还有毛皮专家免费为您做专业的解答。选择这种方式,你可以有足够的思考时间在多种风格及价格范围中进行选择。

2. 如何鉴别毛皮的质量

但凡购买毛皮服装,都希望在心理价格范围内购买到最优质的毛皮。毛皮服装的成本由毛皮质量、类型、加工工艺、风格和设计师标签等因素决定,另外还包括毛皮服装的长度,尺寸大小和清洁方式等。尽管质量不是决定价格的唯一要素,但对消费者来说,它无疑是最重要的因素。如果两件同样品牌、同样产地、同样款式的貂皮大衣会标有不同的价格,这种差异就在于它们之间有着不同的品质。没有两块一模一样的毛皮，越好的毛皮自然就越昂贵。

最高品质的毛皮总是手感舒适柔软，毛色一致且无味，毛质浓密而富有光泽，顺滑温暖，重量较轻。当用手去触摸并轻拍毛皮，如果比较平板、粗糙、缺少立体感，显然就不是优质的毛皮。仔细观察毛皮服装是否存在配皮不良，等级毛性搭配不合理。毛被颜色统一与否；花纹搭配是否协调等。用这种方法去触摸检验，一般不会有什么差错。染色后的毛皮质量在一定的程度上会受到影响，毛皮的手感可能不是很软。但是现在染色工艺不断的进步，因此受到的影响是非常细微的。

3. 选择什么类型的毛皮

毛皮的种类繁多，除了不同动物的天然性情特征会对人心理产生影响外，其毛色花纹特征也会赋予毛皮服装不同的风格。如狐皮的成熟高贵；豹皮的野性、干练；貂皮的温顺、精美；貉子皮的张扬、粗放。购买前要仔细考虑选择什么类型的毛皮，并且一定要试穿。不同的毛皮服装不仅呈现的风格不同，而且重量感也不同，重量合适的服装穿在身上感觉非常舒适。如果您打算购买貂皮大衣，最好对雄貂和雌貂大衣之间的区别做个了解。雌水貂重量普遍较轻，比雄水貂更柔和，此外，雌水貂毛皮有较高的光泽度，非常柔滑松软，而且更具悬垂性。雄水貂是经常被用来制作品质优良的男装或风格化时装。剪过毛和未剪毛的毛皮保暖性能是一样的。因为毛皮中起保暖作用的是致密的绒毛，而针毛给予各种毛皮个性特征。剪过毛的毛皮服装虽然针毛已被剪切，但绒毛仍然存在，所以不会影响保暖效果。

4. 制作工艺的重要性

毛皮服饰的价格大部分来自于人工成本。一件品质高超、做工精巧、内外都臻于完美的毛皮服装需要很高的工艺水平。这样的毛皮服装，每块毛皮的缝合处平滑而坚固，不露手工痕迹，似天衣无缝。

如果一件毛皮服装看起来不够丰满，那是由于被绷得太紧的缘故，这是制造者用来节约毛皮的用量、降低成本的一种方法。毛皮被拉得太紧而超出其韧性范围，会使它们看上去不甚平坦，这样就降低了毛皮的牢度，耐穿性能和品质感受自然也会差很多。

无论什么毛皮，都应该注意纹路对称。如果皮是拼接而成的，如狐皮、貂皮、紫貂、青紫蓝的皮拼接之间会露出边缘而成为花纹的一部分。不论这块皮是菱形、方形或是椭圆形，都必须很巧妙、艺术地与其本身的纹样风格相吻合。

如果原始毛皮上的纹路比较花哨的话，更需要良好的制作工艺。十字狐或十字貂在肩、袖等立体部位的拼接需要完美的排列与谐调，这与用格子纹的布制作西装一样，肩袖部位的对条、对格具有相当的难度。

毛皮服装的衬里下摆松动，其目的是为了让选购者了解毛皮的品质和检查内部工艺。购买时可以从衬里下摆揭开，看看皮板的颜色，以了解这块毛皮的色泽是天然的还是经过染色的，还可以看看里面的绗缝，为了保证一块块毛皮拼接后纹路稳定，往往采用绗缝工艺。这些也都是十分重要的细节。

5. 如何处置过时的毛皮服装

一件已经使用了很多年的毛皮服装，如果一直受到妥善照顾（每年储存和清洁），有许多可供选择的处置方案。只要适当做些改动，可以变换成为一个更时尚的款式风格。它可以用来和其他织物服装搭配，如超细纤维，羊绒，皮革等。可以考虑使用毛皮作为对羊毛大衣，西装或毛衣的装饰。还可以把它变成毛皮枕头，为家庭添加豪华配件。

6. 如何回应毛皮相关问题

毛皮是一种自然的可再生资源，它丰厚柔软的触感，天然的色泽散发着迷人的魅力。穿着毛皮服装的时候一定会感觉满足、自信，有自豪感，因为毛皮是完全自然的可持续的资源，由来自一个负责任的，管理良好的产业所产生，它的特性是耐用持久，最终又能被生物所降解。人们应该欣赏品质优良的天然产品，如同其他天然面料：皮革，羊毛，丝绸一样。

二、毛皮服装的选购技巧

1. 阅读标签

有一个小窍门可以让你迅速对毛皮服装有个大致的了解，那就是阅读服装上面的标签。在一件毛皮服装上都会有两个标签，其一是品牌标签，其二是原产地与级数标签。毛皮的产地是判断毛皮质量和价格的重要因素。在毛皮拍卖会上，会按照不同的品质在毛皮上挂级数的标签，用这些优良品质的毛皮加工的服装会挂上相应的标签。如"SAGA Royal"（SAGA 皇冠级）及"SAGA"（世家级）等。

2. 挑选款式

现代的服装设计提供了从传统到流行的各种款式的毛皮。若要引人注目，设计新潮、风格前卫的毛皮是你的追求。多数女性向往那种"古典"一点的毛皮服装，她们希望令自己显得优雅迷人。在家中、在逛街或是在社交场合都可以穿着它，让自己觉得轻松自在。和成衣一样，毛皮服装也涉及到比例、外轮廓、分割、装饰等细节。即使有古典特色的毛皮也有着类似的设计元素。每个设计师都有自己的设计语言，也许方寸之间的变化会带给你完全不同的感受。

3. 与生活方式协调

你必须把购买毛皮的诱惑和生活方式相结合，这十分关键，因为毛皮不仅仅为你增光添彩，它和你的生活也密切相关。你准备在什么场合下穿毛皮服装，是休闲场合或是隆重的场合？你是否有丰富的社会活动，是否常常出入高级酒店？你的回答决定了你需要什么样的毛皮服装，才能使你看上去更完美，与周围环境更谐调。

如果你常在飞机或轿车上，那么一件短外套或夹克会使你的旅行舒服些。虽然长的皮革大衣更华丽。但旅途中它无疑会成为你的累赘。

如果你需要的毛皮服装是比较耐用的，可以选择海豹或毛与布的两面穿着的服装。如果你生活在高纬度的寒冷地区，长至膝盖的貂皮或狐皮就十分适合你。在四季分明的亚热带，也许一件毛皮饰边的夹克或短外套对你来说就足够了。

如果你工作场所的其他同事的着装十分朴素，那么天然色调的毛皮会使你既体会高贵又感觉谐调。如果你是威望十足的经理级人物，那么貂皮、紫貂、狐皮以及猞猁的毛皮服装无疑是首选。当然，这些并非一定之规，关键是自己感觉是否合适。对于着重个性的女士，款式会是她的第一考虑因素。

还有其他许多因素也制约了你需要什么样的毛皮服装。例如它能否符合你的性格并与像衣橱中的其他服装搭配，它是一般穿着还是在商业场合穿着等等。另外，个人需求和经济能力也决定了你的购买行为。

4. 试穿服装

经过漫长的挑选和比较，终于找到自己满意的一件毛皮服装，现在你需要的是将它穿在身上，再度检查：

（1）注意左右是否对称，纹样是否平衡；

（2）注意袖窿是否圆顺合体，是否便于活动，袖子的长度及合体程度怎样；

（3）长度是否与你的身高相配，能否满足你的需要；

（4）重量如何，在能够满足保暖需要的前提下，毛皮的分量越轻越好；

（5）注意门襟的叠合是否顺直，在行走时是否会分开形成难看的叉口。

三、毛皮服装的保养知识

毛皮的高贵品质使它比其他服饰更具生命力，而掌握一些普通的保养常识和护理技巧可以延长毛皮服装的使用寿命。首先要记住的是毛皮怕高温、化学品、摩擦和狭窄的空间。毛皮服装对存放的地点、方式等都有较高的要求，由于毛皮中含有蛋白质成分，所以要特别注意避免受潮、发霉、生虫。还特别要注意个人生活习惯，一些容易忽视的细节往往会对毛皮造成损伤。

1. 室内存放

（1）毛皮服装适合存放在光线较暗、温度及湿度较低且通风良好的干爽地方。不要将其暴露于强烈日光照射下，还要确保不会有热水管或蒸汽管在衣服存放处附近。这些都可引起毛皮的氧化和变颜色。

（2）毛皮服装不宜折叠，紧压在衣箱里，折叠久了皱纹痕迹就难以退去，毛皮还容易变形甚至脱落。毛皮服装适合挂在高颈宽肩的专业衣架上，不要使用细钢丝衣架。高颈的衣架可以使衣领不至于倒伏在肩部，宽肩则可以保持服装挺括的造型。

（3）毛皮服装需要相对大的空间去储藏，用一个宽大的无纺布衣套覆罩，保证了皮草良好的通风环境，让毛皮可以自由的呼吸。千万不要将皮草放在塑料袋里，空气不流通会使皮革干湿不均，光泽度和弹性都到影响。

（4）不要用其他化学制品污染毛皮服装。不要在皮草附近使用杀虫剂。衣柜内切忌放樟脑丸或防虫剂等化学物，以免引起革面化学反应而泛色。

（5）千万不要把毛皮大衣储藏在杉木做的衣橱中，虽然杉木可以驱虫，但木头气味会渗入皮革中。

（6）梅雨季节过后的夏天，必须将毛皮服装取出检查一下有无霉变、虫害、灰尘和污垢。如有霉点，要及时揩霉，当然最好将毛皮交给专业皮草店处理后放置于冷藏库中保存。家中有冷气房亦可，目的是避免高温潮湿皮革中的油份干涸，引起过早老化。

2. 户外保护

（1）冬天穿着毛皮服装时要远离热源，特别是暖气机，因为干热会吸走皮草中的油质，使皮毛变硬，容易脆断。

（2）去餐厅用餐时可以将毛皮服装仔细折好放在椅子上，并请服务员用大的衣套包一下，不要随便将它挂在钩子或架子上。

（3）如果长时间坐在车上或电影院里，还是脱下毛皮服装折叠好，在折叠的时候务必注意将毛的一面朝外，以免压坏。

（4）注意随身携带的配饰不要损坏到毛皮。尽量避免使用肩袋，因为不断的磨擦肩带会磨损毛皮，造成局部的掉毛秃毛。还要注意手表或手链上的金属是否会经常摩擦到皮草服装的袖口。

（5）戴上丝巾可以使皮肤上的油脂和化妆品不至于弄脏皮衣领口。如果你不小心将化妆品留在了毛皮上，擦除时务必小心，更好的办法是将毛皮交给专业人士处理。

（6）不要向毛皮上喷香水。香水中的酒精成份会使皮毛发硬变脆，其油质有时会散发出难闻的怪味。

（7）碰到雨雪天气如果毛皮服装表面被淋湿了，只要抓住毛皮服装抖动几下，将表面雨珠抖落，再将它挂在干燥阴凉处自然风干，千万不要使用吹风机加热烘烤，也不要用梳子给毛皮服装梳毛。如果毛皮服装全部湿透，毛出现不顺滑、卷曲、打结等情况，建议送到专业保养皮草的店里去熨烫和罩光。

四、毛皮服装的护理技巧

（1）毛皮服装应定期（一般一年一次）交往皮草店清洗，以保持光洁常新。毛皮看上去可能不肮脏，但尽管如此，它需要护理以消除上面的污垢粒子和化学品，并不断进行软化处理。清洗过程包括一个罩光的程序，可以提高了毛皮的光泽。

（2）如果毛皮服装拼接处的缝线脱落、拷钮缺失、拉链失灵、夹里破损等现象，应立即交给专业人士替你修补，千万不要自己割开、修补或是缝纫。

（3）如果皮革服装在穿着时沾上油污或脏物，可用干净棉布蘸上少许清水轻轻揩去表面灰尘，然后用绒布蘸上中性洗洁精或鸡蛋清轻轻揩擦，待污垢擦去后，再用清水擦净，挂在通风处吹干。如果毛皮沾染了难以去除的污迹，不要送到一般的干洗店，而应去专业的皮草店，只有皮草专家才更清楚如何去解决。

（4）如果毛皮特别是染色的毛皮开始褪色，这是氧化的作用。一般染色毛皮服装可以用上3~4年，但原色皮草就拥有相对更长的寿命。

（5）如果毛皮开始掉毛，这通常是由于保养不当造成的，并非毛皮本身的质量问题。最佳的保养环境温度为3~7℃，湿度为50%。另一个原因可能是皮板太干、脆。

（6）特殊的毛皮还有特殊的保养方法。例如：毛长的毛皮更易磨损，所以特别要注意经常摩擦的领、袖等处的保养，长毛的毛皮比那些短毛和卷毛的皮革更容易粘上灰尘，所以要尽可能经常清理它们，貂和狐的皮草服装不宜在十分潮湿的天气里穿着，它们更加需要呵护。不要认为毛皮服装娇嫩得难以伺候，只要护理得当，穿着毛皮的感觉总是十分的惬意。毛皮保养还有许多专业的知识，一般的消费者只需掌握一些基本常识即可，而在购买时就选择一家提供良好保养服务的专卖商店可以带来许多方便。

第三章 毛皮服装简史

毛皮是人类使用的最古老的服装材料之一，毛皮服装伴随着人类文明的进展经历了漫长的历史过程。每个时代人们的不断变化的审美要求，带来了毛皮服装色彩、风貌及制作技艺等的流行变化。纵观历史，最初人类在身上披裹毛皮的动机是防寒护体；在古代，毛皮是崇拜的图腾和权力的象征；中世纪，毛皮因其高贵华丽的外表又成为社会地位的标志；而近现代毛皮则成为人们追逐的时尚宠儿……在历史的舞台上，毛皮几经变迁，不变的是它华贵的品质以及与服装的天然联系。

在东西方不同的文化背景之下，赋予毛皮的内涵也是大相径庭。虽然现在的毛皮业是一个国际化的产业，西方先进的毛皮加工技术和时尚理念不断的引入，但是中国人与世界其他一些国家的人所不同的传统观念，认为毛皮服装是一种珍贵的服装，使用动物毛皮做服饰是天经地义是始终不变的。因此在这个章节里分别对西方和我国的毛皮服装发展历史做研究也就显得至关重要了。

第一节　毛皮服饰的起源

毛皮服饰的确切起源已无从考证，但动物毛皮是人类最古老的服装材料之一，则是无可争议的事实。《旧约圣经·创世纪》中记载了上帝将亚当与夏娃用毛皮蔽体驱逐出伊甸园的故事。史前人类为生存而狩猎，猎杀的动物食其肉，衣其皮，动物毛皮是当时人类最好的唯一衣料（图3-1）。当时的人类已掌握了一定程度的毛皮加工技巧，这在《旧约圣经·出埃及纪》中有关于这方面的描写。就目前可以找到的史料和出土文物而言，可以说中国人是世界上最早使用毛皮的民族之一。公元前一万八千年左右，周口店山顶洞人就使用骨针缝合兽皮。在旧石器时代晚期的世界各个地区，骨针、骨椎屡见不鲜，公元前一万四千年前的欧洲马格德林文化时期遗址，也发现有骨锥、象牙制锥和有眼骨针，还有做腰带的扣件，甚至还发现有纽扣，证明当时的人类已穿上了用兽皮缝制的裤子和袖子合适的上衣。史前人类很早就找到了一些使毛皮变柔软的方法，比如用嘴巴不停地嚼；使劲地揉、捏、搓；浸泡后再用木缒敲打，两个程序不断交替，将粘贴在兽皮上的肉刮擦掉。后来人类又发现比较先进的方法，是把毛皮浸泡在从橡树、桦木等树木中提取的单宁酸中，再将野兽的脑浆、骨髓和油脂涂在皮板上，通过太阳的照射，然后揉搓。通过这种方法，兽皮就会永久性的变软，并具有一定的防水功能。这一原始的技术一直沿用至今。

图3-1　石器时代的原始人使用毛皮来蔽体[1]

世界现存最古老的毛皮服装是前苏联考古学家于1969年在西伯利亚Tashtyk的古墓中发现的一件小孩服装，距今有两千多年历史，仍保存完好。它由羊皮制成，毛面朝里并有狼皮和貂皮镶边，目前存放于圣彼得堡的博物馆中。

第二节　西方毛皮服装的发展

一、古代毛皮服装

在古老的地中海文明中极其重视宗教礼仪，穿着毛皮在当时已成为特权阶层的象征。事实上炎热的古埃及是不需要毛皮的，因此这就成了用毛皮来象征财富和权力的最初的例子。古埃

1. HISTORIC COSTUME IN PICTURES. NEW YORK: Manufactured in the United States of America Dover Publications, Inc, 1975

及王国利用豹皮象征王位(图3-2～3),后来非洲的许多部落和王国也是如此。与古埃及同时发展起来的美索不达米亚文明发源地——两河流域南部的苏美尔,则展示了另一种穿戴毛皮服装的形象。早期的苏美尔人是游牧民族,后来进入两河平原,开始了农耕、畜牧生活,因此当地盛产羊毛和皮革制品。苏美尔人最基本的服装样式是“科纳克”裙(kaunakes),是由长毛型动物毛皮制成,主要采用绵羊毛,经处理后呈规则排列,制成可长可短的裙子(图3-4～5)。

图3-2 身披豹皮的古埃及国王

图3-3 公元前2590～2565年,尼菲尔迪亚贝特石碑上,古埃及公主身穿女祭司豹皮长裙。

图3-4 公元前2600～2330年,早苏美时期的钻孔浮雕中,国王穿着“科纳克”羊毛细绺裙。

图3-5 同时期的原始王朝三世埃比・伊尔总督像,身穿传统的羊毛裙“科纳克”坐在一只代表其身份的编织箱上。

到古希腊时代就已有毛皮商和毛皮加工业。罗马人用毛皮做床上用品、地毯等家居装饰品，据说这是来自东方异国的“情调”，罗马人对此非常珍重。但同时罗马人又反对把毛皮穿在身上，因为居住在帝国边境的未开化民族一般仍穿着原始的毛皮，罗马人非常蔑视他们，蔑称他们为“毛皮人”。所以在罗马毛皮被贴上了两种相反的标签，一种是落后于衣文化进步脚步的“野蛮”的标签；另一种则是非日常性的，表现一种特权性的“豪华”的标签。这两种标签并行，一直在毛皮上存在着。

蔑视“毛皮人”的罗马人，到了3世纪以后，其特权阶级居然又开始把毛皮穿在身上了（图3-6）。只是从那以后一直到中世纪，欧洲因战乱，“文化黑暗期”中的毛皮也较少了。

图3-6 古罗马时期，直接将整张野兽毛皮披挂在身上的日耳曼领袖

二、中世纪到16世纪毛皮服装

在中世纪，毛皮服饰出现了一种奇怪的现象：毛皮主要用于衬里和镶边，贴身穿着，毛皮的含义不是指服装，而是指毛皮坯料，它们被缝合成大块的规则形状，供裁缝制作服装衬里或派其他用途（图3-7）。而此前我们的祖先和此后现代人的毛皮服装，毛面大多是向外的。当时的人们，无论尊卑长幼，都穿着暖和的毛皮服装。在僧侣中甚至有专门的毛毛匠人，可见此时毛皮服饰主要还只是生活的必需品。

图3-7 12～13世纪，教会信徒的着装，以毛皮作为披风的里布和镶边

12～13世纪，手工业开始与农业分离，各种行会成立，工种分化更细，服饰业被细分为裁剪、缝制、做裘皮、染色、鞣制皮革等许多专业独立的作坊。海狸皮帽子开始流行，并成为一种疯狂时尚。而当时最引人注目的贸易之一就是毛皮贸易。进口品就意味着是高级品，从黑海沿岸到西伯利亚、中亚诸国交易来的毛皮在欧洲确立了高级衣料的地位，且毛皮的价钱也不断攀升。逐渐地，毛皮服饰拉开了穿着者的身份档次，绵羊皮、山羊皮、狼皮等是穷人的衣料，松鼠皮、紫貂皮、猞猁皮、鼠貂皮、狐皮等则是富贵人的选择。服装的式样上也产生了差别，穷人的服装实用，几乎没有什么造型，富人的服饰则更时装化。

14世纪，英国的爱德华三世，把貂皮定为皇族专用品，禁止一般人使用。当时在非常珍贵的纯白的貂皮上用黑色貂皮装饰上斑点，像是强调这种白色似的，这种貂皮斗篷和大袍子在欧洲王族的肖像画中经常可以看到。即使现在，在一些加冕式等重大仪式上仍可以看到这样的设计（图3-8）。这样，在众多的高级材料中，貂皮就成了特权中的特权，是一种最高的身份象征（图3-9～11）。但是，除了王族在仪式上穿用的斗篷或大袍子以外，当时一般的毛皮主要用来作帽子、披肩等小东西，或者作为衣服的缘饰、里子。当时人们普遍存在这种意识，毛皮朝外不是文明人的穿法，所以人们始终是部分地使用毛皮，或将其作为装饰品，显其“豪华”；而大面积的使用，就像是残留着一些“野蛮”的气味似的。到16世纪，西方国家又通过了几部限制性的法律，对不同阶层的人可以穿着何种毛皮作出严格规定，从而强化了毛皮服饰作为身份标志的地位。但这些法规都不能完全禁止民间的僭越行为。

图3-8　15世纪，英国亨利七世及公爵夫人身穿纯白色貂皮，上用黑色貂皮装饰上斑点

图3-9　15世纪上半叶，法国贵族服饰

图3-10　15世纪中叶，勃艮第公爵查理服饰

图3-11　15世纪初法国羊毛壁挂上的贵族服饰

三、16世纪到20世纪毛皮服装

毛皮服饰在伊丽莎白时代的16世纪上半叶达到了辉煌的顶峰。伊丽莎白时代有两项至今仍在流行的发明是毛皮围巾和毛皮手笼。毛皮围巾由毛皮衣领发展而来，宫廷流行的款式是用整个小动物毛皮做成，镶缀珠宝，十分华丽。有趣的是，它还有一个十分滑稽的名称——跳蚤领巾，因为当时即使是上流社会个人卫生状况也十分糟糕，而毛皮围巾的一个妙用是可以将跳蚤吸引到上面，然后很方便地抖落。第二项发明的毛皮手笼款式、大小、材质各异，但毛皮制作的手笼最具吸引力，其他材质的手笼也往往用毛皮做衬里。值得一提的还有海狸皮帽子，虽然早已有之，但在此时才走到时尚的前台（图3-12～14）。

图3-12　16世纪欧洲制造皮毛的作坊

图3-13　16世纪晚期德国显贵——帕拉丁选帝侯和夫人

图3-14　16世纪英国国王亨利八世和他的王后克拉夫斯的安

17世纪是毛皮贸易真正起飞的时期。为满足欧洲市场对毛皮的需求，寻求毛皮的俄罗斯向东推进，超越了乌拉尔到西伯利亚和太平洋地区。导致许多欧洲人与北美进行贸易，并与北美土著人交换毛皮和食物的工具。法国和英国的探险家、商人和政府之间产生激烈的竞争，为控制北美毛皮贸易甚至发生战争。

17世纪巴洛克式样大行其道，男装上车轮般的拉夫领（RUFF）变成了大翻领或披肩领，但女装仍保守着昔日的风习，不过整体服装造型往柔和发展。17世纪中叶，伊丽莎白时代僵化刻板的式样让位于轻柔、流畅、随意的织物服装的流行，低胸式样，花边围绕在裸露的肩头，肘部以下也没有遮掩。丝带、蝴蝶结、羽毛、皱花边、荷叶边随意点缀。毛皮除了延续上个世纪作为披风的衬里外，还被广泛用于领口和门襟的装饰。此时还出现了一款宽松的有毛皮衬里的男式户外外套。此外，毛皮还用于围巾、手笼和帽子（图3-15～18）。

18世纪是一个巨变的时代，其广度和深度超过以往任何个世纪。但直到18世纪晚期之前，工业革命、新的科技知识和发明创造对服饰时尚的影响仍没有明显的反映。披风、斗篷、大衣、外套等保暖服装仍以毛皮镶边衬里（图3-19～20）。毛皮手笼流行依旧，但变化成枕头般大小，女子将其拿在手中或用丝带悬于脖颈，男子将其挂于夹克或马甲腰际侧边的纽扣上

(图3-21,图3-22)。在18世纪中叶之前,披风的穿着者主要是高知阶层和年长者,而不是俊男靓女。后来款式宽松、长短不一的外套逐渐取代了它的位置。女式披风则更富于变化,并有不同的名称。从大量的肖像绘画作品上可以看出,当时显达人物所穿着的外衣都有毛皮镶边。

图3-15 16~17世纪之交的伦敦的贵妇们

图3-16 17世纪中叶,维也纳的贵妇们

图3-17 17世纪中叶查尔·德·韦尔威乐公爵夫妇大理石雕像

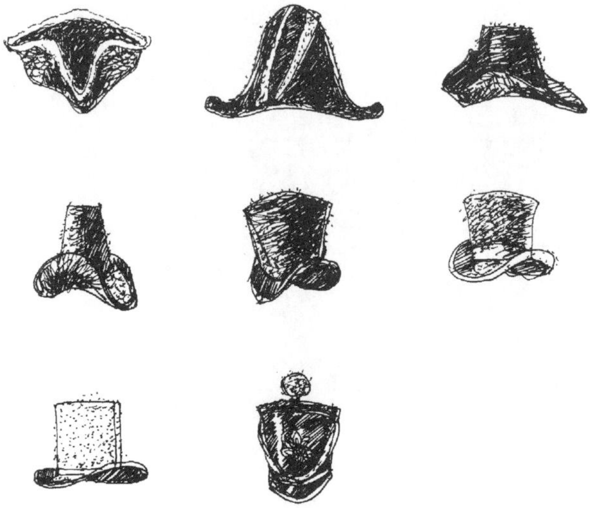

图3-18 17世纪各种款式的海狸皮帽子

图 3-19 17 世纪末 18 世纪初，巴伐利亚州的玛丽亚安娜

图 3-20 18 世纪初，法国国王路易十四身穿带有白鼬皮里子的双饰带花的礼服大衣的官方肖像画

图 3-21 17～18 世纪俄国贵族阶级的服饰

图 3-22 18 世纪，手里拿着巨大的毛皮手笼的和蒙夫人（油画作品）

图3-23 《李维尔小姐》安格尔画于19世纪，画中的李维尔小姐身披白色狐皮长围巾

图3-24 1827年，安东尼·约翰·克罗作品《庇的杰克·尔利亚伯爵》

19世纪初毛皮仍在传统领域大放异彩，或用作披风外套的衬里镶边或用作外出服的披巾，或用作马车服裙边的嵌条。此时户外装方面也有发展。从骑马服演变而来的女外套（Red ngote）风行一时，这是一款高腰长外套，有披肩，冬天穿着，常镶有毛皮。裙子逐渐变得宽大古典的强调轮廓线的样式逐渐让位于撑开的哥特式样式。外套尺码相应增大，多数仍用毛皮衬里，此时还偶尔出现了毛面向外的款式（图3-23～25）。到19世纪五六十年代，裙子撑开的幅度越来越大，发展成为克里诺林裙撑（crinoline），围巾、外套、披风是出行的标准装备，而名称却不断变化。

图3-25 19世纪初，拿破仑身穿毛皮里子的斗篷形外套，克罗德·拉美的雕塑作品

19世纪90年代，女装受到新艺术运动影响，整体外型变得纤细、优美、流畅的S形。用紧身胸衣把胸部托高，腰勒细；裙长及地，下摆呈喇叭状；羊腿袖在这个时期重又复活，袖子上半部分呈泡泡状或灯笼状，肘部以下为紧身窄袖。毛皮则被裁切成小块装饰到外套上任何需要的部位，如领口、袖口、肘关节、门襟、臀部、裙摆等处，更加突显S形服装的女性魅力。

四、20世纪毛皮服装

到19世纪末,整件衣服毛皮向外的夹克和大衣才开始登场。最先把毛皮朝外制作夹克的是巴黎的高级时装设计师捷克·杜赛(Jacques Doucet)(图3-26),1900年,毛皮开始定期出现在领导法国时装的设计师如简·帕康[1](Jeanne Paquin)(图3-27)和保罗·布瓦列特(Paul Poiret)(图3-28)(图3-29)的设计中。1900年的巴黎国际博览会也对毛皮服饰的流行起到了推波助澜的作用。帕康夫人是女性在时装界享有国际声誉的第一人,她在博览会上展示了一件由300块加拿大水貂皮制作的大衣。1911年出版作品集《帕康的扇子与毛皮》。她的毛皮服装很受欢迎,她根据不同的服用对象,在各种材料的衣服领子、袖口以及饰带、围脖和皮手笼上都使用各种富有个性的毛皮,特别是毛皮领被人们称为"帕康领"风靡一时。由巴黎国际博览会作媒,在时尚潮流的推动下,毛皮与高级时装设计师紧紧相拥了。此后,毛皮服饰就成了时装发布会上的常客,许多著名时装设计师纷纷采用毛皮材料制作外套、围脖、帽子、手套、鞋子、地毯、挂毯等等像是在宣称毛皮激发起了他们无穷的创造力。1918年,罗马出现了一家专为贵妇名媛与好莱坞影星设计皮草大衣的专卖店,它就是芬迪(Fendi)的前身。

图3-26 捷克·杜赛设计的女装,具有他的讲究上层社会品位的特点

图3-27 简·帕康设计的女装,在日本和服式样的袖口和裙摆都装饰了毛皮

1. 简·帕康 Jeanne Beckers(1869~1936年)出生在法国的圣但尼,学徒出生,1891年前后,她在巴黎和平路3号开了一家时装商店。她制作的18世纪式的花边晚服和皮毛边的服装使她名声大振。作为一个由经济头脑的女商人,她是第一个发掘广告表演者之一。她毫不迟疑在歌剧院口或大奖赛前,组织模特儿登台的新式服装表演。1896年,帕康和英国的合作伙伴,把服装店总部搬到英国多佛尔港39街,同时保留其在巴黎的分店。1912年,她在纽约第五大道398号开了一间毛皮服装店,不久之后,在马德里和布宜诺斯艾利斯两个新的分店成立。帕康在过时服装里提取灵感,同时她也会做出适应时代的变迁。她提出了度身订造的"地铁文明"的模型。还在第一次世界大战的前夕,创造了一种在女士西装与盛装之间的衣服。1917年至1919年在服装协会主席任满后,帕康1920年退休,1956年,因其财政上的困难,帕康公司倒闭。帕康也是首个获得过荣誉军团的勋章的服装设计师。——编者注

图 3-28　1910 年，一群穿着保罗·布瓦列特服装的模特

图 3-29　1912 年 Laferriere 设计的女装，深咖啡的貂皮作为镶料装饰在绣花真丝面料之上

20 世纪 20 年代的服饰流行是女性服装男性化的趋向，可以说一战后的二十年代是个“疯狂的时代”，消瘦苗条的体型，轻盈贴身的服装成为整个社会的风尚，即便是冬天大衣设计，也是贴身式，追求类似日本和服的造型。大衣上仅设计一颗大扣子，衣领很大，有时象围巾一样，上面往往采用毛皮装饰，毛越长越好。毛皮的使用已经变成主要以装饰为目的，无论是上层社会的妇女还是一般阶层的女子都希望能亲身感受毛皮的美妙与华贵。毛皮服饰及配件的材质和价位范围更加宽广也有专为儿童设计的小一号的服饰。[1]

20 世纪 30 年代出现了狐皮热潮，利用银狐作为装饰成了当时的流行时尚，与晚装配套的银狐披肩、长领圈，或是镶在裙子下摆、袖口、领口的小块毛皮都是妇女们显示品位和富有的标志（图 3-30）。毛皮与织物的水乳交融使得时装中毛皮的使用几乎成为必需。皮草成了富有的人四季必须的装饰品，波斯羊皮、水獭皮、卡拉库尔羊皮、海狸皮，相应地，白貂皮和狐皮的价格扶摇直上[1]。在 1936 年的电影《欲望》中，好莱坞著名影星玛琳迪特呈希（Marfene Diotmh）身披名贵狐皮披肩的形象及出色表演使得毛皮的流行达到了高潮。对此，毛皮商人和设计师均投入了巨大的热情。典型的外套式样是：布料上显眼地覆盖和镶嵌着毛皮，大开领，收腰身圆圆的前片，系在一起时衣边打破左右对称格局。衣领较高，甚至不成比例地延伸至腰际，漏斗形袖口有时干脆简约成毛皮衣袖（图 3-31～32）。

1. 王受之. 世界服装史. 北京：中国青年出版社，2002 年. 第一版，第 53 页

图 3-30　1930 年代的流行服饰，利用狐皮做领子，或用完整的狐皮制成围巾

图 3-31　20 世纪 30 年代的流行服装，貂皮长大衣

图 3-32　20 世纪 30 年代的流行服装，高领大袖斑点全毛皮披风

20 世纪 40 年代的大部分时间，由于第二次世界大战的缘故，欧洲各个国家时装业受到极大的影响。物资匮乏，面料紧缺，欧洲人用不起高档毛皮，德国妇女甚至被禁止使用皮草。小块的毛皮只能偶尔出现在帽子的装饰上。战后的 50 年代，包括克里斯汀·迪奥(Christian Dior)，雅克·法斯(Jacques Fath)和克里斯托瓦尔·巴伦夏加(Cristobal Balenciaga)等设计师开始进行试

1. 王受之. 世界服装史. 北京:中国青年出版社,2002 年. 第一版,第 71 页

验，探索新的技术和打破20世纪初传统的皮草大衣。在这个时期，斑点毛皮大受欢迎，出现了豹皮热（图3-33）。在艳光四射的好莱坞毛皮也是性感妩媚的影星玛丽莲·梦露的珍爱，其着装与举止影响了一代欧美妇女（图3-34）。

图3-33 20世纪60年代末，模特穿着流行的豹皮服装展示

图3-34 性感妩媚的影星玛丽莲·梦露身披蓝狐披肩

狂飙突进的20世纪60年代对于毛皮服饰时尚来说，也是一个突破传统、创造翻新的时代。在淑女的时装中，双面穿毛皮服装开始出现比如一面夹克一面外套，一面白色一面黑色，一面水貂皮一面狐皮。另一方面毛皮也逐渐丧失了她的神秘性，以往用于晚装礼服的华贵毛皮居然与简单活泼的运动装一拍即合，例如以水貂皮制作网球服的短裙。毛皮不再是王侯贵族的象征，也不是富裕阶层的身份证，只要稍努力一把，它就是人人都能买得起的时尚衣物。

有人评论说，20世纪70年代是改革和创新最为丰富的年代，毛皮由昔日象征身份的地位也开始改变，因为毛皮的生产开始农业化，从而推动了毛皮服装从预约定制到成衣化的进程。毛皮商人的目标市场定位更加精确。时装设计师们更是大胆创新、争奇斗艳，尝试毛皮与其他材质组合的所有可能，探索各种未曾用过的染色、工艺方法等（图3-35）。在技术方面，毛皮几乎变得和布料一样柔软，貂皮和卡拉库羔羊皮被加工成斑点纹、条纹和格子纹的效果，另外还有特殊的裁剪和缝制工艺如马赛克效果、砌砖效果、拼缝、绗缝、嵌块，其中嵌块

图3-35 1971—1972年 André Sauzaie的领子和袖子上装饰银狐毛的羔羊皮长外套

被设计师广泛使用，以体现技巧和个人风格。20 世纪 70 年代也是人们开始关注动物权利的年代。

20 世纪 80 年代，毛皮加工工艺有了新的发展，经过加工的毛皮有时甚至难以辨别毛皮原料的材质。80 年代初，有了拉毛技术以后相继有复合染色、大理石效果、彩色印花、色拼、半剪毛等工艺技术，这使得在毛皮的毛面和革面上都能印花，经过处理的毛皮也越来越像布料。技术的进步、材质的改良为设计师创造了更为广阔的天地。此后一般服饰和毛皮服饰的时尚再也难以区分，因为前者的款式与发展趋势在后者之上并有了充分的体现与反映（图 3-36）。

20 世纪 90 年代以来，高级时装和成衣之间的界限更加模糊，而毛皮时装界的创新和进步也受到了诸多因素的影响。只要社会在变化，毛皮的时尚也就会相应地不断变化。在历史的长河中，从茹毛饮血的蛮荒时代，到当今的信息时代，毛皮服装几经变迁，伴随着人类跋涉了数十万年。作为一种服用材料，毛皮在不同的时代有着不同的象征意义和审美功能。不变的是它华贵自然的品质以及和服装的永恒的联系（图 3-37）。

图 3-36　1987 年男女两用十字貂皮休闲夹克

图 3-37　1998年 John Galliano 为 DIOR 高级时装设计的优雅晚装

第三节　中国毛皮服装的发展

毛皮在中国被用于服饰的历史非常悠久,甲骨文已有表现“裘之制毛在外”的象形字。中国古代还有很多的俗语,也是源自这样的一种穿着习惯,比如“皮之不存,毛将焉附”。应该说毛皮服饰曾是中国最重要的服饰类别之一。毛皮服饰被列于中国历代礼仪服饰之中,由于北方少数民族更多地从事游牧骑猎活动,毛皮服饰往往带有更为浓厚的少数民族文化色彩。当然在中国的几代历史当中,包括:南北朝,元朝,西夏,金和清朝三百年间,是少数民族的政权,也是毛皮服装特别繁荣的时期。现在的毛皮业是一个非常国际化的产业,有很多外来的东西,但是中国人觉得人类使用动物毛皮做服饰是一个天经地义的事。这种观念与世界上其他一些国家的人是不一样的,毛皮服装在中国人民的心中始终是一种珍贵的服装,因此对我国毛皮服装发展历史方面的研究也就变的举足轻重了,这里主要以历史发展的时间为线索,从中国各朝各代的绘画作品、文学记载和出土文物中展开研究。

一、古代中国的毛皮服装

公元前大约两万年左右,周口店山顶洞人已经能够用兽皮一类的材料缝制衣服,这也揭开了服饰文化史上最早的篇章。《白虎通·号》中有记载说远古之时“民人但知其母,不知其父,……茹毛饮血,而衣皮革”,其中的“而衣皮革”指的就是把自然形态的兽皮披围到身上,聊以改善赤身露体的情况[1]。这说明旧石器时代的中期或更早时候原始人就开始使用动物毛皮了。山顶洞人所处的社会是母系氏族公社,渔猎经济是人们的衣食之源。猎取的对象主要是赤鹿、斑鹿、满洲麋鹿、野牛、野猪、羚羊、獾、狐狸、兔等大小野兽[2]。获得这些野兽的毛皮后再采用初级的鞣皮技术把整张兽皮做成披、围式“服装”。

动物毛皮在新石器时代不但具有防寒护体的功能还具备了一定的装饰作用。著名的舞蹈纹彩陶盆的内壁绘有舞蹈队纹饰三组,每组五人牵手横列舞蹈(图3-38)。关于人物所反映的装饰,专家们多认为是系辫发饰尾。而这种饰尾乐舞服饰,在云南石寨山出土的青铜滇人舞女中,表现得更为真实具体。并且有的是虎尾,有的是豹尾。披皮饰尾的服装起源于原始人为生活去追逐大动物时,至少须接近到弓箭射程之内,在发明弓箭以前,则需混迹于兽群之中或埋伏到非常接近的程度,才能有效的捕猎动物。故披兽皮留尾成为极端必要的伪装。这种伪装进行的捕猎活动,最富戏剧性情节,因而饰尾的服装多被保留在表演这种生活的舞蹈中,并影响着日常衣着。

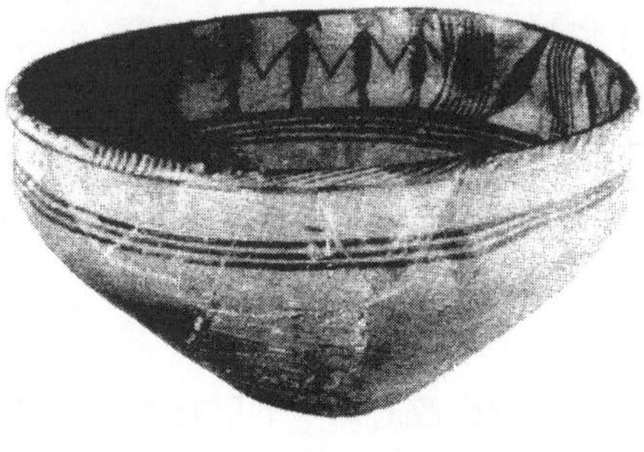

图3-38　马家窑文化辫发、饰尾人形舞蹈彩陶盆

商周时期人们已经掌握了制造熟皮的方法,可将兽皮制成柔软的裘服。周代礼服制度中对裘服的

1. 沈从文. 中国古代服饰研究. 上海:上海书店出版社,2005年. 第一版, 第4页
2. 沈从文. 中国古代服饰研究. 上海:上海书店出版社,2005年. 第一版, 第2页

穿着是根据皮质和颜色来划分等级的。天子的大裘用黑羔皮制成，与冕和上衣同色。一般裘服以狐裘为最贵重，其中天子穿狐白裘，是狐中最珍贵者。狐青裘、狐黄裘为诸侯、大夫、士所穿。天子狐裘和羔裘不用袖饰，而臣下的狐裘、鹿裘都有不同兽皮作袖饰。毛皮的色泽纯色的白、黑和银灰，以及丝光油亮的外观都是用上品的特征。用薰和染的方法，可以使毛皮获得理想的色泽，或以较低廉常见之物代替珍罕之品。古人还总结出一些毛皮服饰的保养方法。如《古今秘苑》记载了洗皮袄的方法："用好烧酒喷羊毛上，掺粞粉连皮搓，黄色者俱白，搓至如新为度。一说用小米粉。"这简直就是古代的干洗法。战国时期《慎子·告知》中有"粹白制裘盖非一狐之皮"的说法，后来又演化出"集腋成裘"这一成语，也反映了当时人们对拼缝兽皮成裘过程的认识和熟悉程度。

服饰材料史上的转折时期出现在先秦，史称唐尧时"冬日麂裘，夏日葛衣"（见《韩非子·五蠹》），说明了当时服装的穿着使用上已经形成了季节性分别。先秦文献对裘皮做了详细的分类，裘有大裘、良裘、功裘和亵裘之分。裘是翻毛服装，毛锋朝外，"虞人反裘而负薪"的典故说明社会下层人名也穿裘。"反裘"是毛锋朝里。在讲究礼仪的场合，裘不能只用作外套，裘外至少要罩一件衣服。既要起罩衫的作用，又要露出里面的裘皮。这种既要遮又露的衣服叫裼衣。裼衣多用丝绸做，其色彩质地要与裘的色泽相配。《礼记·玉藻》中有狐白裘裼锦衣，狐青裘裼玄绡衣，羔裘裼缁衣。类似先秦的裘，历代都有毛锋朝外的裘皮服装。《列帝图》不同本子中陈文帝披鹿皮裘或狐白裘（图3-39）。

图3-39　南朝帝王着菱角巾、披鹿皮裘、坐高榻（传唐阎立本绘《列帝图》）

西汉的通邑大都，一家商人每年有皮革1 000石（每石120斤），有狐貂皮1 000张，羔羊皮1 000石则算是大富商。可见当时皮革毛皮兴旺发达的程度。到了唐代，朝廷设有右尚书来管理马辔、甲胄及毛皮加工等。宋朝设有皮角场、元朝设有甸皮局。《演繁露》称宋代的反裘服装形制如道衣。反裘服装"毛不向外，故可不论皮毛之佳恶"，是类同丝絮棉花的保暖作用。这类服装与一般袍袄的款式相仿，常常不称裘而称皮袄、披褂或皮袍。从文献中具体可以得到"貂鼠皮袄儿"、"羊皮袄子"、"狐白皮袄"、"反裘马褂"等名目。这是裘皮常被拼缝成平直简单的形状，袖和衣身都做筒状，袖部用丝绸棉花等另做，另外配以纺织品面子。

在元代，政府对中下层官僚及平民衣着使用材料颜色都有严格的法令规定，而高层统治者穿着奢侈华丽，不受任何约束。除大量使用织金锦缎外，还崇尚毛皮中的银狐、猞猁、银鼠、紫貂，讲究的皮毛衣服价值千金（图3-40）。漠北苦寒，元本辽、金旧俗，利用毛皮时间较多。除衣服外许多用具上都使用到毛皮。居住北方部落每年纳贡，因此也常用貂皮作为一种计数折价单位。《元典章》卷三十八兵部五"皮货则例"上面就提及各种兽皮和貂皮折算比例。且分原来旧例和"利用监新例"，其中以虎皮折例最高，能折貂皮五十张。其次是金钱豹皮，折貂皮四十张。

狐皮最低，只折貂皮两张。“利用监新例”中，则花猫、香獐、青獭、竹狸、獾子、水獭等二十二种小兽皮，均只能折合貂皮一张。可知貂皮比价已日趋贵重。而当时行军大帐幕，能容千人，里面多用貂皮银鼠铺垫，外面还用织金锦缎覆盖，堂皇壮观，稀有少见[1]。

明朝时毛皮业已经相当发达，明代河北张家口的毛皮工人达到1 221名，并分成老羊行、细皮行、生皮行等，以后逐步发展为重要的毛皮集散地。

图3-40 《元世祖出猎图》—衣着紫貂缘领、银鼠裘贵族和几个亲信骑从在山野间打猎的情形。

明代流行的暖耳和披肩均是采用裘皮为原料。《名宫史》水集部“披肩”条有较详细记载：“披肩，貂鼠制一圆圈，高六七寸不等，大如帽。两旁各制貂鼠两长方，毛向里，至耳，即用钩带斜挂于官帽之后山子上。又有名“卧兔儿”的，如明万历时小说中常说的“貂鼠卧兔儿”、“海獭卧兔儿”。是当时流行的妇女额头上带的装饰物，实无御寒作用[2]。

清代皇族服制繁琐，为历史所仅见。冬朝服，是裘皮与其他材料以复杂方式拼合而成的，主要面料是锦缎刺绣或譁丝，大襟裳摆处用大面积的裘皮镶拼，所配皮领和箭袖也用毛锋朝外的毛皮。用裘种类、位置、多少以及配伍丝绸的种类、温阳、色彩等等都有具体规定，以区分皇帝、名公、侯伯等不同等级。此外顶子材料、翎子眼数、当胸补子和朝珠都不尽相同，等级区别严明，令人一望而知[3]。清朝的皇帝每天穿衣都有记载，叫做“穿戴档”，现保存于故宫的第二档案馆里，其中记载了在冬天的时候，哪一天，什么时间，皇帝开始穿小毛的衣服，再是细毛的衣服，然后到了隆冬腊月，要穿大毛的衣服，如狐狸毛的，非常厚重，保温性很好的衣服。里面把毛皮服装做了很细致的分类(图3-41～44)。

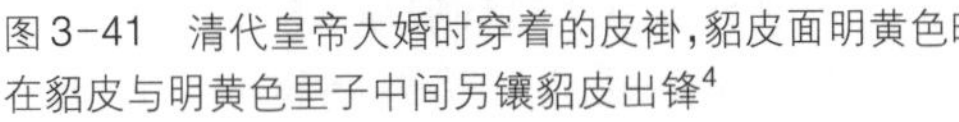

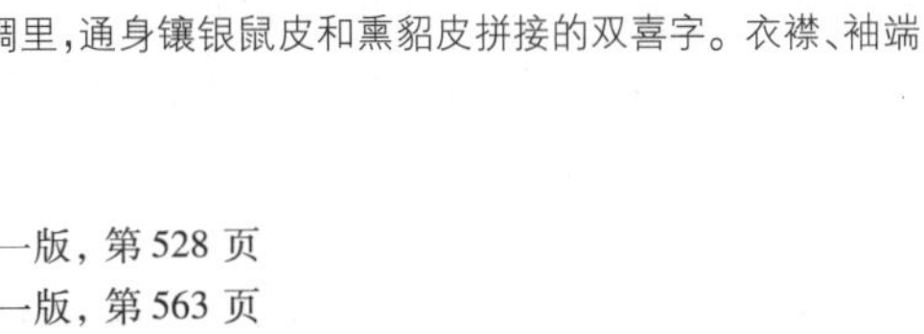

图3-41 清代皇帝大婚时穿着的皮褂，貂皮面明黄色暗团龙江绸里，通身镶银鼠皮和熏貂皮拼接的双喜字。衣襟、袖端在貂皮与明黄色里子中间另镶貂皮出锋[4]

1. 沈从文. 中国古代服饰研究. 上海：上海书店出版社，2005年第一版，第528页
2. 沈从文. 中国古代服饰研究. 上海：上海书店出版社，2005年第一版，第563页
3. 沈从文. 中国古代服饰研究. 上海：上海书店出版社，2005年第一版，第625页
4. 张琼. 清代宫廷服饰. 上海：科学技术出版社，2006年1月，第一版

图3-42 清雍正冬季行围打猎时的行裳，扫雪貂皮面，款式如围裙，由左右两幅组成

图3-43 清康熙后期，冬季祭祀大典时用朝服，披领及裳俱裱以紫貂皮，袖口裱薰貂皮，天马皮里

明清小说中也有相当写实的服饰描述，其中可以钩索出四荣、呢绒、丝绸和棉布做反裘服饰面料的例子。面子和皮筒可以做死，也可以做成可脱卸式的。除了袍褂以外，明清小说中还有“灰鼠裙儿”、“银鼠皮裙”、“银鼠披风”等名目，应该都是用皮毛作里子的服装。古代裘皮的作用也曾受到外国的影响。《天工开物》记载，明末“西戎尚獭皮，一铥领饰，襄黄之人，穷山越国，射取而远货，得重价焉”。至清初，京师已流行穿獭皮，不仅用于出口。又如清代流行的“洋灰鼠”，当是进口的裘皮品种。

图3-44 清康熙后期，冬季祭祀大典时用朝服，黄色缎面，貂皮里，披领及袖皆蓝色，片金加海龙缘

裘服曾是中国古代冠服中重要的一类。裘皮与丝绸同是贵重衣料的代表。裘皮服饰的发展相对丝绸而言显得迟缓，逐渐变成北方少数民族服饰的象征。裘皮服饰被视作“戎狄之服”，这无疑反映了大汉族主义的偏见。裘皮产地多在北方少数民族居住区，裘皮易得；同时也是一种生活必需。因为那里气候寒冷。历史上的少数民族政权制定章服制度时总是加入较多的裘皮服饰，裘皮的产量也高，使用也更为普遍。古代牵涉到少数民族和边塞题材的艺术作品以及少数民族人物形象总是与裘服联系在一起，如以昭君出塞、文姬归汉、射猎图为题材的绘画中所见。昭君套甚至成为裘皮服饰的一个品种名称。同时，在南北朝、五代、辽、金、元、清等各民族文化交流较多的时期，正如汉族人民更多地以丝绸服饰影响其他兄弟民族，北方少数名族则以裘皮服饰作为交流输出。

清初的赫哲族居住在我国东北，以渔猎为生，“夏以桦皮为帽，冬则貂帽狐裘”(图 3-45)。我国东北地方高寒，一年有七八个月冰封雪冻，多绵亘无尽大森林。自古以来即是生产贵重的紫貂、银狐、玄狐、猞猁、虎、豹著名于世界。历史上提及贵重衣裘，总数紫貂、白狐，价值千金。春秋、战国以来即常著于文献。清代还采用元代的毛皮贡赋制度，用貂皮作基数，但比价略有变更。并用法令规定，王公大臣、高级官吏非赏赐特许，不能用玄狐、紫貂。而这些贵重的毛皮，就完全是从赫哲族和东北邻近地区以狩猎为主的少数民族人民手中掠夺得来的。回族主要居住新疆、甘肃等地。男女皆戴红顶貂帽，男着金丝织锦衣，束锦带，穿嵌花革靴。妇女辫发双垂，约以红帛，缀珠为饰(图 3-46)。彝族衣着特征为“男子青布缠头，或戴斗笠，布衣长衫。妇女青布蒙首，布衣披羊皮，缠足着履”(图 3-47)。哈萨克族则为“头目等戴红白方高顶皮边帽，衣长袖锦衣”[1]。

图 3-45 清初赫哲族冬季貂帽狐裘(清乾隆时彩绘《皇清职贡图》)

图 3-46 清初回族男女带红顶貂皮沿边帽(清乾隆时彩绘《皇清职贡图》)

图 3-47 清初彝族妇女身披羊皮，缠足着履(清乾隆时彩绘《皇清职贡图》)

二、近代中国的毛皮服装

近代服饰是从辛亥革命到 1949 年的这段时间。时间虽然不足四十年，此阶段却是中国服饰向现代化发展的重要转型期，彻底打破了中国古代服饰的体系，逐步形成了中西并举的现象。

1911 年辛亥革命废除了帝制建立民国。民初风气开化，上衣下裙和上衣下裤成为女子的时兴装束。流行的女短上衣是取旗人之袍形制，去繁就简，衣领变矮，袍身缩短，删减镶滚装饰后制作而成[2]。二十年代中国是中西文化融会的时期，传统与时尚的交锋，给服饰带来了一种空前的兼收并蓄，变化多样的艳丽之美。留洋学生和本土教会学校女生穿着的“文明新装”被城市女性视为时髦，纷纷效仿。上衣多为腰身窄小的大襟袄，摆长不过臀，袖短露肘或露腕，呈现喇叭状，衣服下摆多为圆弧形，并在领、袖、襟等处缀有花边。女装多使用同色或相近色提花面料，有纱、绸、缎、织锦等，内衬丝、棉、皮、毛，尤为珍贵的要数紫貂毛、羊羔毛。深色的面料衬以浅色的各式毛皮内里，领口、斜门襟上颜色素雅的镶条和着精巧的盘扣点缀(图 3-48 ~ 50)。女装大衣在当时也很流行，春秋两季穿夹大衣，乍暖还寒时

1. 沈从文. 中国古代服饰研究. 上海：上海书店出版社，2005 年第一版，第 621 页
2. 黄强. 衣仪百年. 北京：文化艺术出版社，2008 年 6 月第一版，第 6 页

穿单大衣，冬季的时候就是皮大衣，如俄国灰背、美国紫貂、德国兔皮都是小姐太太们的宠物，价格非常昂贵，一件黄狼皮大衣当时时价银洋一万元[1]。毛皮在晚清民国的民间使用也很多，虽然非常贵，但在各大城市都有专门出售毛皮的商店非常的普遍。

图 3-48　二十世纪初女大襟袄，深色绸缎面料内衬各式羔羊皮，有珍珠羔皮、山羊滑子皮等[2]

图 3-49　二十世纪初女式大襟袄，斜门襟上颜色素雅的镶条和精巧的盘扣点缀，羔羊皮做里布

二、三十年代上海人就非常习惯使用狐狸皮，狐狸皮的围脖和用来暖手的手笼，以及在服装边缘的装饰，当时狐狸皮在欧洲也非常流行（图 3-51）。那个时候在中国的一些非常时髦的城市几乎和国际是同步的，流行衣服的造型非常纤长的，加上毛皮的装饰。这时候毛皮服饰慢慢地从晚清时期的皮袍子等衣服转变成具有很多西方风格的毛皮大衣，围脖等。在上海一些服装商店不仅使用中国传统的毛毛匠，也开始学国外的毛皮加工技术，这是一个毛皮服装的盛期。当时爱美女性还是喜欢将旗袍和西式服装搭配起来穿，在旗袍外穿西式外套、裘皮大衣、绒线衫、背心等，在脖子上系围巾，或戴上珍珠项链（图 3-52 ~ 53）。

图 3-50　二十世纪二十年代狸子皮大衣

1. 韩天雨. 张新安. 百年流行时尚. 北京：中国经济出版社，2000 年第一版，第 74 页
2. 图 3-46，3-47，3-48 均为上海纺织服装博物馆藏品

图 3-51　20 世纪三、四十年代身穿西式毛皮大衣和毛皮饰边披肩的月份牌女郎

图 3-52　20 世纪三十年代，中国南洋兄弟烟草股份有限公司广告月份牌[1]

图 3-53　英商卜内门洋碱有限公司广告月份牌

1. 图 3-52 ~ 53《老上海广告》1995 年 12 月

近代中国，在寒冷的北方和西南地区还长期居住着以动物毛皮为衣的许许多多少数民族。大小兴安岭的茫茫林海中的鄂伦春人擅于毛皮加工，衣服几乎都是用鹿皮、狍子皮做成的（图 3-54），品类有皮袍、皮袄、皮裤、皮靴、皮袜、皮手套、皮围裙、皮坎肩等。他们秋冬时穿用秋冬季捕获的狍皮，毛长而密，皮厚结实，防寒能力强；夏季则选用夏季捕获的狍皮制作服装，此时的狍皮毛质疏松短小[1]。至今还能在北京服装学院的服饰博物馆中看到 20 世纪早中期的内蒙鄂伦春族的鹿皮坎肩、狍头帽、鹿皮包等。同时期东北地区的赫哲族的服饰形式和鄂伦春人颇为相似（图 3-55）。此外，藏族和维吾尔族生活在日温差很大的西南和西北地区，穿用毛皮服饰也是他们的传统习惯，尤其是袍子、皮靴、皮帽更是生活中的必需品（图 3-56）。他们使用的毛皮种类也非常丰富，虎皮、水獭皮、鹿皮、狸子等等，把这些毛皮与其他面料镶拼，制作出及具民族特色的服装，如氆氇镶虎皮男狍，金花锦水獭皮女袍等。

图 3-54　身穿狍皮服饰的鄂伦春族男女

图 3-55　赫哲族男子的皮质冬装

三、现代中国的毛皮服装

从 1949 年到 1980 年这段时期对毛皮服饰来说也是一个比较特别的时期。虽然这段时间的衣服比较单一，但是毛皮服装比如羊皮、狗皮之类的服装使用得还是很多。当时的中国百姓非常注重毛皮的保暖性能，一件毛皮衣服往往由几代人传承。有时候从旧衣店里买到的旧毛皮衣服，拿到家里改一改，加一个新的布面子，穿在身上就成了一件非常暖和的“新衣服”。

二十世纪八十年代，我国毛皮工业主要以国有、集体企业为支撑点，进入九十年代，随着由计划经济向市场经济的转轨，个体和合资毛皮企业迅速崛起。我国毛皮生产区域结构、经济类型发生了较大变化，从大中城市走向中小城市及乡镇，从南方往北方推移，从大型国有企业发展成为私有、股份制企业。八十年代以后一些国外公司、国际组织的介入，对中国毛皮业形成一定的竞争威胁，然而也推动了中国毛皮业的迅速发展。这样，曾一度几乎销声匿迹的毛皮服装重又走上流行的前沿，成为年轻女性梦寐以求的奢侈品。这个时代的毛皮服装以全毛皮服装为主，款式也比较简洁大方，用狐皮、貂皮、狼皮、兔皮、狗皮加工

图 3-56　藏族和维吾尔族的皮帽样式

1. 杨阳. 中国少数民族服饰赏析. 北京：高等教育出版社，1994 年 7 月第一版，第 116 页

的翻领长大衣、中长大衣是主流。当然单调的款式慢慢已不能再满足广大爱美女性的需要,而北欧的丹麦、芬兰、挪威等国家的毛皮公司也预见到这个蕴藏的巨大商机,来到中国并带来了他们最新的毛皮时装。国人的眼界被打开,意识到彼此之间的差距,此后中国土畜产进出口总公司所属的很多企业和跨国集团频频合作,举办毛皮设计比赛,组织讲座,参观制造毛皮的工厂,有了和国际同行的接轨,以及毛皮业和商业界、设计院校、行业专家的链接,使中国的毛皮业开始立足中国放眼世界。

九十年代初,中国的第一批服装年轻设计师在毛皮行业的支持下到北欧世家皮草去学习,通过这样的方式培养出一批优秀的毛皮服装设计师。设计师们发现了毛皮的魅力,把它跟许多普通的面料:梭织的、机织的面料,革皮结合,开发创造出无数新款毛皮服装。可以说从1990年到2000年的十年,也是毛皮服装发展最迅猛的十年。

第四节　毛皮服装的现状

从茹毛饮血的洪荒年代到当今信息高速公路纵横的高科技社会在历史的长河中毛皮伴随着人类跋涉了数十万年。作为一种服用材料,毛皮在不同的时代有着不同的象征意义和审美功能。毛皮外观肌理丰富、高贵华丽,手感光滑细腻、蓬松柔软,视触觉上的特征与她的珍贵稀有,使之成为贵妇名媛们的珍爱。传统的毛皮服装总体风格较为保守,款式变化少,以全毛为主,多为大衣、短外套、披肩,配件也局限于包、手笼、帽、围巾等;其次色彩多,以自然色为主,如灰色、咖啡、驼色、黑色、白色等;再次,廓型简单,也少有流苏等对毛皮进行剪切装饰的工艺处理。因此,传统的毛皮服装虽风格端庄典雅,但搭配组合性能差,而且似乎只能在严冬季节才能展风姿。

而今,她那份极富感染力和表达力的质感,那份既独特又深邃的韵味,在社会观念的变迁与加工工艺的支持下被不断注入新的内涵。曾是富裕成熟女性专利的皮草,正进行她年轻化、时尚化和多样化的航程,并慢慢地融入到绚丽多姿、风云变幻的皮草新时代。从纽约、伦敦、米兰和巴黎的时装周表明,毛皮的使用是未来服装发展不变的流行趋势。

1. 年轻时尚

在二十一世纪初的时尚舞台上,毛皮成为特立独行、动感十足的年轻一代的新宠,他们追求个性的解放和人生的快乐。在他们的全新演绎下,毛皮服装的款式趋于年轻前卫,如短夹克、小背心、短裙等,毛皮饰物也是多种多样,如围巾、包袋、腰带、发带,甚至颈饰、手饰、胸花、手机套,以毛皮饰边的服饰因为更具时尚性、更能适应季节的变迁取代了全毛皮服饰而成为主流,毛皮不仅普通得让大多数人可以亲近拥有,更成为春秋季节街头活跃、跳动的小精灵(图3-57~58)。甚至在炎热的夏季,少女们的吊带背心上也可见到用毛皮做吊带。毛皮似乎已成为年轻时尚的信号。

图 3-57　08/09 年秋冬 Gucci 银狐皮饰边短夹克

图 3-58　06/07 年秋冬 Blugirl 白狐饰边套裙

2. 五彩缤纷

在新科技、新工艺的辅助下，毛皮的色彩也缤纷起来几乎无所不能。从橘黄、品红、樱红、中黄、紫罗兰、湖蓝、草绿等明艳动人的色彩与黑白灰和中性色的搭配，将毛皮服装完全地推向了时装化。毛皮工艺的推陈出新也为人们不断增添崭新的视、触觉感受，以往厚重的狐皮可以像羽毛样的轻灵，剪毛的貂皮可以有天鹅绒一般的质感。工艺师们可以像处理普通面料一样处理毛皮，毛皮材质在不断否定自我的过程中丰富和发展了自我。俏丽的毛皮服装一改其单一、呆板的传统形象，毛皮业也与时装业相携手，紧紧把握时尚脉搏(图 3-59 ~ 60)。

图 3-59　08/09 年秋冬 Pollini 染色狐皮马甲

图 3-60　08/09 年秋冬 Jean paul Gaultier 染色狐毛饰边套装

3. 百变千姿

昔日的毛皮似乎只与礼服相拥,展现其华贵典雅的美,而今天的毛皮则在与不同服装材质、款式的搭配中变幻莫测,演绎出多重的性格美。毛皮可以与帅气十足的牛仔面料相配,可以与透明轻薄的雪纺面料组合,可以与野性阳刚的皮革等多种面料相配合,甚至可以双面穿着,因此毛皮可以百变千姿,洋溢着青春的活力、狂野的风情、浪漫柔媚的性感、奔放不羁的豪迈。它可以是神秘妖冶的、嬉皮的、另类的;还可以是俏皮可爱、纯真无邪的。风姿绰约的成熟少妇,敏感理智的白领丽人,我行我素的新新人类,甜美可爱的邻家女孩都可以用毛皮来展现自己(图3-61~62)。

图3-61　08/09 秋冬 Todd Lynn 优雅干练的狐皮饰边小礼服

图3-62　04/05 秋冬 Gucci 透着性感柔媚的狐皮饰边礼服

4. 舒适惬意

与以往相比,今天的人们越来越注重自身的感受,衣食住行处处体现以人为本的理念。在着装上,人们在追求审美的同时再不愿以牺牲身体上的舒适为代价,毛皮服装改变了往日的臃肿、笨重和威严,而日趋轻盈、随意、变化万千。人们需要的是看似平常然而处处体现品质,与人体亲和却又能处处透出与众不同的感觉。另一方面,服装作为兼具实用与审美两重功能的领域,受到社会思潮的影响和作用越来越大。毛皮服装不再固守以往的尊贵风貌,设计大师们在天桥上的精心演绎也不再是人们穿着方式上的不二法则,毛皮已进入到舒适惬意的休闲领域(图3-63~64)。

图 3-63　06/07 秋冬 Hermes 灰色貂皮小夹克

图 3-64　06/07 秋冬 Blumarine 咖啡色貂皮饰边针织外套

5. 崭新天地

作为来自大自然的天然原料，毛皮适于服用的属性被发挥得淋漓尽致。在设计师的精巧构思和妙手剪裁下毛皮还走进了室内装饰的新天地。毛皮制作的靠垫、床罩、椅凳、地毯、餐具垫、书套或是玩具应有尽有，毛皮给舒适的居家环境带来了全新的感受。如今的毛皮已不仅仅应用在服装、配饰上，设计师让她在家居领域再放异彩，成为家居布置的崭新材料（图 3-65）。

在 2008 年刚结束的米兰国际家具博览会上，一个最大的看点就是某品牌使用毛皮作为传统家居产品材料的替代品，为家居产品提供了新鲜的设计血液。用貂皮、猞猁皮和狐皮结合真丝缎子、羊绒、麂皮制作靠垫；用貂皮、猞猁皮和软羊皮拼制的具有耀眼的色彩对比的地毯，被悬挂在墙上，像一幅抽象的当代挂毯。毛皮在服饰与家居之间无所不在、浑然一体，展示了设计师的独特创意和高超工艺。

图 3-65　毛皮给居家环境带来了全新的感受

第四章 毛皮服装生产

从毛皮动物的养殖、毛皮贸易到毛皮服装的生产、发布和推广要历经漫长的过程。首先从野生动物的捕猎和毛皮畜牧业开始,现在全球多达80%的毛皮都来自养殖农场,其余的则来自野生动物。农场饲养的毛皮动物以狐狸和水貂为主,这些动物已被人工饲养几十年,像其他家畜一样一代又一代。在现代科学的农场管理下,这些毛皮动物享受到国家颁布的动物福利法,受到精心的培育,产量有了保证,种群不断得到优化。

接着是对获得的毛皮进行分类拍卖。在世界各地,大部分毛皮将通过拍卖行销往全世界各地,因此很容易监测毛皮在市场上的种类及数量。这些拍卖通常由捕猎者和毛皮农民自己控制,这保证了生产者能为他们的毛皮获得公平的价格。在每一个季节的几个拍卖会,来自世界各地有经验的买家来仔细评估毛皮颜色和质量,给出每手毛皮的价格,他们的任务是预测哪些类型的毛皮在未来的季节将受到顶级设计师和消费者的青睐。这个充满竞争的招投标制决定毛皮每年的价格。

毛皮离开拍卖会后,就被送往制革厂或硝染厂软化、整饰和保存,再发送到毛皮加工厂经过从设计、定料、制版、制样到裁皮、缝制、整修、质检的复杂、繁琐的生产流程,最终制作成服装、服饰和家居产品。毛皮服装的设计和制造越来越受到重视。一些国家还成立了毛皮设计网络,此类网络能建立时装设计师和毛皮制造商之间的工作联系,使设计师和毛皮贸易之间的联系更紧密。

毛皮服装成品经过质检后,包装存放一段时间。厂家则针对品牌的特点做相关的广告宣传,并在适当的时间召开订货会或发布会,把毛皮服装产品向广大客户进行推广。获得订单后,再发送到零售商手上。

第一节 毛皮动物养殖

一、毛皮养殖业历史

毛皮所具有的自然属性使它成为人类有史以来第一件贸易商品。早期的毛皮业是以猎杀自然界动物为主,人们也通过狩猎保证衣食。然而随着社会的变迁,原始的捕杀及加工手段为毛皮工业的发展带来了一系列的问题:

1. 供求矛盾

毛皮的超凡魅力、经久耐用等独一无二的品质使毛皮衣料珍如拱璧,而原野所能提供的毛皮已远远不能满足人们的需求。

2. 生态危机

大规模的捕杀使有些毛皮动物的生物种群迅速减少,有的甚至濒临灭绝,同样,另外一些动物的大量繁殖也导致生态不平衡。还有些毛皮动物因为人类活动范围的扩大而失去了原有的生存环境。这些生存危机都使毛皮动物的繁衍受到阻碍,无法获得品种优良的毛皮。

3. 质量欠缺

野生动物在自然界的捕食和被捕食的过程中难免伤痕累累,饥饿与惊恐都会使毛皮色泽灰暗,所以获得无瑕疵的野生动物的毛皮是非常困难的。而原始的加工手段也会在美化毛皮的同时降低其牢度,达不到所需的柔软和光泽度。这些问题使得为众多毛皮动物开辟新的生存空间变得愈加重要。

早期的毛皮业为近现代的毛皮工业提供了经验,也为当代的毛皮动物养殖业提供了发展空间。比起其他形式的畜牧业,毛皮养殖业已有相当的历史,人工饲养的水貂和狐狸已繁殖了150多年。1860年美国人菲利普(T. D. Philips)和伍德科克(W. Woodcock)在纽约北部的Lake Casadacka开设了首座水貂养殖场,他们被视为水貂养殖业的先驱。而后来世界各国人工饲养的均为美洲水貂后裔,美洲水貂主要分布在北美洲的阿拉斯加到墨西哥湾、拉布拉达到加里福尼亚以及西伯利亚等地区。但是一般认为现代毛皮养殖业在1895年出现,那年有三位加拿大人在爱德华王子岛的圣罗伦斯开始饲养银狐。随后,毛皮养殖业迅速发展至欧洲,其中以北欧国家发展最快。其实根据记录,早在1827年,已经有一间公司捕捉两只狐狸后,在瑞典的斯德哥尔摩(Stockholm)的郊外开设狐狸养殖场。

毛皮养殖业正式在北欧国家发展始于1914年,第一对银狐从加拿大运送到挪威,挪威因而成为北欧毛皮养殖业的先驱。此后狐皮产量迅速增加,两年后银狐相继运抵芬兰,14年后丹麦也输入了银狐。二十世纪初期,水貂饲养业只集中在美国、加拿大和俄罗斯,但很快就传遍了整个北半球;二十年代,北欧开设了首家水貂养殖场,到了四十年代中期,貂皮生产日益重要,以美国的产量最为庞大。第二次世界大战后,欧洲迅速跃升为最重要的貂皮生产地,当中以北欧国家最具规模,主要集中于北欧四国(丹麦、芬兰、挪威和瑞典)。但这四个国家的发展各有不同,丹麦和芬兰的产量增加,而到二十世纪七十年代瑞典和挪威则有明显下降的趋势。这是由于丹麦和芬兰在饲料提供和成本控制方面有显著优势,瑞典则相对较弱而挪威更甚。

丹麦的毛皮饲养业开始于1928年,首批银狐运入丹麦后,在头十年狐狸养殖都占据着领导地位。但在二十世纪三十年代末至四十年代初期,许多农民开始饲养水貂,使得水貂的数量开始增加,此后,水貂养殖业就成为了丹麦主要的毛皮农业,养殖量几乎占世界的六成左右。时至今日，丹麦已成为最大的貂皮生产商。芬兰于1930年开始养殖水貂，并且进行雪貂的繁殖实验。到了二十世纪八十年代，芬兰的毛皮养殖业迅速发展，尤其是当一位农民在狐皮拍卖会上取得了较高的收益。因而自那时起，芬兰加速了狐狸的饲养，其西部瓦萨区的发展最为蓬勃。除了水貂外，芬兰是目前世界最大的狐狸养殖国和狐皮出口国，狐皮质量上乘，养殖量几乎占世界总量的七至八成。

今天，北美各地有1 000多个饲养毛皮动物的家庭农场。在加拿大大约有一半的毛皮（和全球超过80%的毛皮）来自家庭农场。现在所使用的毛丝鼠、特殊的绵羊品种，如卡拉库尔或波斯羔羊和家兔毛皮也在农场被培育出来的。

二、现代毛皮养殖业

（一）西方现代毛皮养殖业

目前全球毛皮养殖业主要分布在北半球纬度比较高的一些国家和地区。人工饲养貂和狐的最大产区在北欧，主要是丹麦、芬兰、挪威和瑞典四国，北欧四国的貂皮产量约占全球总产量的60%，狐皮产量所占比例更高达80%。这些地方的毛皮养殖业之所以得到蓬勃发展的主要原因是具备了毛皮动物生长的优越条件。这里有得天独厚的寒冷天然环境，毛皮动物在这样的环境下会长出丰厚柔软的绒毛；周边沿海地区的渔业，加上肉类及家禽加工厂，或奶制品生产的副产物都为毛皮动物养殖提供了丰富的食物来源；为获得品质优良的毛皮，养殖协会不懈的研究，养殖者更是不断引入科学的养殖方法，并严格遵从国家法律制订的有关动物福利的相关规定。确保每一个农场所饲养的毛皮牲畜都有优良的生活环境。北欧皮草已成为世界上高品质毛皮的象征。

除了北欧养殖中心斯堪的纳维亚半岛（丹麦、芬兰、挪威、瑞典）外，北美（美国和加拿大）则是世界第二大毛皮供应地，北欧产区的貂皮和狐皮为皮草中的极品，美国出产的貂皮也具有上乘的品质。其余的毛皮动物养殖业则分布在荷兰、波罗的海沿岸国家、乌克兰、俄罗斯和中国（图4-1）。

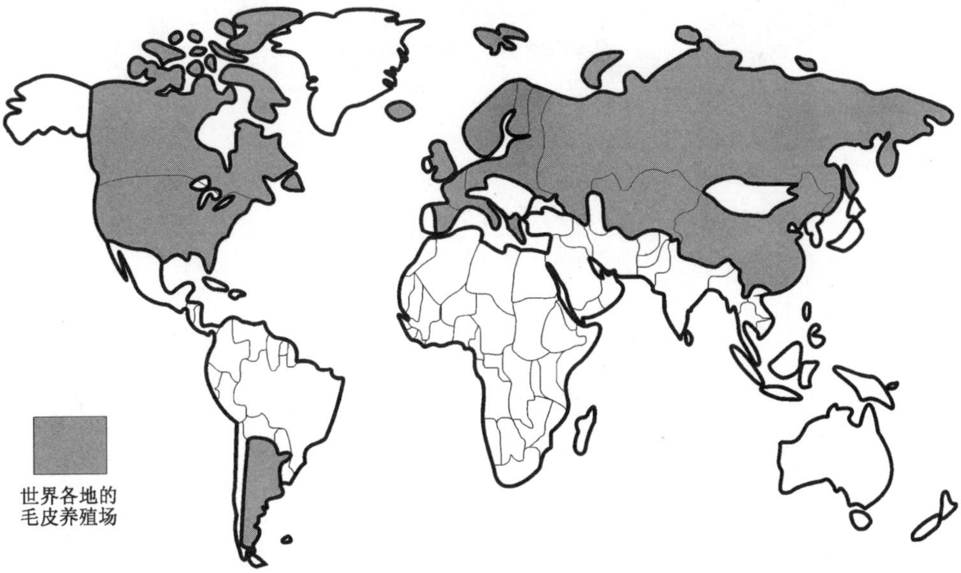

图4-1　世界各地毛皮养殖场分布图

可以说，生产高品质毛皮的前提是现代化的农场管理。现代化农场管理包含了毛皮动物的住宿、食物、环境质量、健康和疾病的控制、活貂运输、安乐死。可以精心饲养和培育毛皮动物使之得到最全面的照顾和最科学的养育，毛皮动物处处受到照顾，减低受疾病侵害的机会。便能得到针长绒足、色彩鲜亮、光泽感极佳的优质毛皮。

1. 笼舍方面

科学的饲养毛皮动物首先是考虑到动物的健康，因为不健康的动物，毛皮质量不佳就直接影响到利润。野生动物生活在地面上，往往被感染蠕虫病毒和其他有害寄生虫。饲养农场则为毛皮动物提供专用的远离地面的箱笼，以保护它们免受气候和环境可能造成的心理压力以及其他动物的滋扰，每只水貂和狐狸在笼里均有充足的空间走动，并可和同类交往。

虽然毛皮动物在寒冷的气候生长迅速，但它们不喜欢长时间受阳光直接照射，也不喜欢下雨或下雪。基于这个原因，毛皮农场的箱笼被放置在有顶的笼舍里。有顶笼舍为箱笼和产卵箱提供了额外的保护。（图 4-2）

图 4-2　北欧毛皮动物养殖农场

2. 饲料供应

在农业产业链中，毛皮动物养殖发挥了重要作用，消耗了大量的从生产人类的食物产品中产生的副产物。根据饲养毛皮动物地区的不同，选择的菜单也不相同。在沿海区域，食物以鱼类为主，在其他地方，毛皮农民则依靠从肉类及家禽加工厂，或奶制品生产者的副产物。在野外的狐狸是一种食肉兽，吃兔子，老鼠和昆虫，以及坚果，浆果和水果。它们吃各种食物，其中蛋白质是必须的营养物质，过期的蛋类和奶酪是不能人用的，还有在运送过程中损坏的食物都可为毛皮动物提供了必要的补充营养。（图 4-3）

图 4-3　新鲜的饲料供应

图 4-4　科学的毛皮动物养殖

3. 繁殖研究

毛皮动物繁殖研究是现代毛皮养殖业的技术支持。如同驯养的其他家畜宠物，人工养殖的毛皮动物也是精心繁殖的成果。与野生同类存在着显著差别，它们一律经过精挑细选、累代繁殖，再配合以丰富饲料、兽医护理和安全居所，才可培育出一只只健壮而温驯的动物来。野生环境下，动物幼仔很难活过第一年，而这里饲养专家对动物的行为和健康状况做跟踪研究，围绕动物自然生殖周期选择最佳的配种、生长发育、毛皮收获时间。目前，生态学是毛皮动物研究的主要科目。(图 4-4)

4. 毛皮育种

毛皮育种是毛皮业和伦理的一个基石。毛皮育种是由国家法律、国际法律和准则规管，毛皮农场严格按照保护动物福利的国家标准和国际标准进行毛皮育种。欧洲的动物福利、毛皮育种是管理良好的全国性的法律和准则，并由欧洲理事会法规监测。现在的水貂，狐狸和浣熊是家养动物，是完全适应该农场的生活。毛皮育种坚持高标准的护理服务，住宿，卫生和动物福利。

5. 人道安乐死

饲养农场负责照顾毛皮动物的出生到死亡。照顾动物的标准和农场管理是包括农民和兽医在内的专家多年来工作的结果。对于毛皮动物的安乐死，农民严格遵守兽医医学会的建议，核定的唯一安乐死方法是使用瓶装煤气，可以是单纯的一氧化碳或二氧化碳。收获毛皮的时候，饲养农场会使用一种特制的铁笼，这种移动的铁笼里设计了一个特别的可以预置煤气的密闭容器。动物置于内会立即昏迷，迅速和人道死亡。

6. 优异奖认证

美国的毛皮贸易行业推行优质奖励计划(Merit Award)。奖励计划涵盖以人道原则养殖毛皮动物的指定标准,经独立审查有关养殖场符合该标准,方可获得认可。这是美国首项正式的人文保护认证制度之一,着重以下几个方面:时刻注意营养需求;清洁卫生,安全和适当的饲养环境;快捷的兽医护理服务;考虑动物的情绪变化和照顾其生殖的需要;消除外界的压力。美国大多数的水貂农场都参与了这个优异奖的认证计划。这个优质奖励是颁发给严格符合这些标准的成员。此外,美国农户还可以通过行业的通讯和由毛皮业赞助举办的课程获得有关动物福利、营养及养殖的最新研究资讯。

7. 研究机构

各国的饲养协会均设立专门研究饲料、配种、生产资料的部门,以保证所出产的毛皮品质。其他研究项目还包括人类与动物之间的关系和心理因素、适合毛皮动物全年使用的箱笼、代用笼子系统、笼内的活动条件以及动物的本能挖掘等。所有的研究成果都应用于毛皮养殖业内,这些深入而细致的研究工作使得毛皮养殖业更为科学合理。过去近五十年来,饲养毛皮动物一向是国际生物研究的一个项目。研究工作按年递增,时至今日,科学家对近乎所有毛皮动物的生态特质都了如指掌。欧洲毛皮业工程与有关国家的科学家紧密合作,研究结果中受益毛皮动物养殖,不断适应如房屋,疾病预防,营养,畜牧,育种和选种的领域。实施过程中进一步改进是研究和毛皮饲养一个持续不断的共同责任。这些研究工作无疑会进一步改善毛皮动物的生活环境。

(二) 我国现代毛皮养殖业

我国毛皮动物的养殖至今已有近五十多年的历史。在我国,毛皮动物养殖产业发展很快,从无到有、由小到大,饲养种类不断增多,数量逐年增大,逐渐发展形成了一项重要产业。目前我国狐、貂、貉的总量创历史新高,已进入毛皮动物养殖大国行列。另外,如毛丝鼠、艾鼬、臭黄鼬、花面狸等也步入试养阶段并逐步扩大饲养规模。在我国毛皮货源中,野生动物皮占25%~30%,人工养殖的毛皮动物皮占70%~75%。山东是全国毛皮动物养殖第一大省,狐、貂及貉的饲养量将达2 000万只以上,占全国饲养总量的50%以上,水貂的饲养量占全国的80%以上。

为了促进毛皮动物养殖业的发展,中国野生动物保护协会养殖委员会自20世纪90年代初成立以来,多次举行全国野生动物养殖技术信息经验交流大会、产品展示会、养殖技术扶贫大会等,在正确引导全国养殖业、促进健康发展、传播推广新技术等方面发挥了一定作用。近年来,我国陆续建立了毛皮交易市场。

我国毛皮动物养殖业取得了较大的成就,但与国际毛皮养殖业还存在较大的差距。原因主要在于:

1. 饲料质量差,营养不平衡

我国大多数毛皮动物饲养场中的饲料品种单一,蛋白质、脂肪等含量低,不能满足毛皮动物生长、繁殖及换毛等营养需要,所养的貂、狐体型逐代缩小,被毛粗糙无光,机体免疫力下降,抗病力降低,疾病增多,死亡率增加。相应的毛皮动物配合饲料及其添加剂研究也远远落后于毛皮动物养殖业发展的需要。

2. 科技意识差,饲养水平落后

在养狐业发达的芬兰、加拿大,蓝狐皮、银狐皮等甲级皮占80%以上,几乎没有90厘米以下的狐皮。而在我国,狐皮绝大多数只有70~90厘米,毛绒密度与光泽度也远不及芬兰狐皮,无法参与国际裘皮市场竞争。

3. 不注重毛皮动物的育种工作

我国不注重选种、选配，在场际之间和个体之间差别很大，所得经济效益较为低下。应大力推广人工授精技术，对我国地产狐进行杂交改良，以改善我国毛皮动物产品质量，提高竞争力。

4. 养殖经营方式落后，效益低

我国毛皮动物养殖场多为小规模分散饲养，单独经营，人员素质参差不齐，种兽质量差别很大，场内建设不规范，饲养方式原始落后，机械化程度很低，生产定额与劳动效率低。这样增大了工资成本，经受不了国内外毛皮市场变化的冲击。

随着经济的发展，对毛皮的需求与日俱增，毛皮市场非常活跃，但波动较大。目前，我国毛皮动物养殖业发展迅速，从业人员在不断努力改善我国毛皮动物饲养的质量，并且已经取得了一定的成就，提高了竞争力。国外毛皮服装商已把目光转向了中国市场，中国将会成为世界上最大的毛皮生产和毛皮服装消费地之一。因而毛皮经济动物的养殖前景是广阔的、是美好的。毛皮动物生产经营者只要加强管理，提高质量，科学经营，就会创造更大的经济效益。

三、人工饲养的优势

1. 产量保证

由于科学的饲养方式使毛皮动物的生存环境非常优越，毛皮生长状态良好且不受损伤。精心的繁殖可以使毛皮动物得以良性再生，从而保证市场的供求关系平衡。平衡的供求关系能有效地控制毛皮的价格，专业化的人工饲养更使毛皮的价格有所降低，让越来越多的人能拥有自己的毛皮服装。

2. 优化种群

许多张动物毛皮的拼接才能成为一件漂亮的毛皮服装，而每件服装无论在色彩上或是在花纹上都须尽可能地完美协调。在农场饲养的过程中，有经验的专家会让有着相似毛色的动物群养，这样这些毛皮动物繁殖的后代的毛色更纯、更接近并更完美。在拍卖会上毛皮商们总是把质量相近的毛皮配成一把后再进行出售，这就对毛皮动物配种提出了更高的要求。有时，在毛皮养殖业内，动物经常会因繁殖而产生新色泽的毛皮，这种现象相当普遍。毛色不同的动物交配后，就可培育出新色泽的毛皮，所以挑选出良种进行交配可以控制毛皮的质量、底绒的厚度以及毛皮的光泽。不同颜色毛皮的受欢迎程度会随着潮流的改变而有所不同，人工饲养还可按需要自由控制毛皮的厚度和光泽，例如水貂在4月间和10月间毛的长度是不一样的，人工饲养可以清楚观察掌握规律。

3. 饲料精良

毛皮动物的饲料由毛皮养殖者共同经营的合作社饲料厂炼制，整个过程均须遵守《动物饲料法》的规定。饲料受到常规监察，由供应商负责产品的质量。饲料样本在认可的毛皮动物化验室进行分析，分析结果每月向有关当局汇报，并在毛皮养殖业协会的杂志上刊登。饲料规划工作利用电脑软件辅助进行，每次炼制时均混和不同成分，务求饲料确切配合动物不同发育阶段的需要。要保持动物身体健康，有赖于专业的饲料规划、政府的严格管制和努力不懈的研究工作，这样动物才可更好地成长和繁殖产出优质的毛皮。来自农场的毛皮动物比野生的毛皮动物更具经济价值。用它们制作的毛皮服饰更为完美，同时维护了生态平衡，体现了人与自然的和谐统一。

4. 再生利用

环保机构与毛皮动物养殖者携手合作，共同编制一套指导规则，借以改善毛皮养殖场的环保水平。根据一些国家现行的水质保护条例，所有新建成的毛皮养殖场只可坐落于符合环保要求的妥善地点，甚至规定草地上不得遗留垃圾，而动物粪便必须转化成堆肥，经储存后循环再用。环保条例中还规定，毛皮动物的尸体必须回收处理，确保没有遗留任何废料。毛皮动物的肉存在很重的气味，大部分人不喜欢，因此不能用来食用，但仍然有其他用途。可以做宠物食品、有机肥料，还可以做生产各类产品的原材料，比如轮胎，油漆，甚至化妆品。从水貂厚厚的皮下提取的一层脂肪——水貂油是生产低过敏性面部油脂和化妆品的原材料。所有这些努力在人与毛皮动物之间建立了一个合理的构架，将农场的毛皮养殖业纳入一个理性生产的轨道，使我们周围的环境形成良性的循环。

四、野生毛皮的利用

一直以来人们对猎杀和利用野生毛皮制造服装存在很大的分歧。毛皮是一种天然的、可再生资源，野生毛皮贸易是一个很好的可持续利用和可再生资源的例子。每个国家和地区的自然资源部门支持并规管毛皮的俘获与采收，联邦法律和国际法律也都制订了相关的对濒危和受到威胁的野生物种保护，负责管理和保护野生动物及它们的自然栖息地。在毛皮贸易中濒危物种不会被打猎或使用。在被收获的毛皮品种方面，每个地区对这些物种数量的监控也会做很巨大的努力，一旦物种种群数量严重下降，有关部门就会做出积极的应对。

在加拿大捕猎是被严格控制和高度管制的。1997 年 7 月加拿大签署国际人道捕猎标准新协议，确保收获方法鉴于目前的技术尽可能的人道，这在改善动物福利方面被看作是关键的一步。协议中规定，防止过度猎杀，限制陷阱的类型和使用规模，并经常检查捕猎的时间和地点，规定只能在秋季和冬季进行捕猎，以避免捕猎母亲、动物新生儿和动物幼儿。且不是任何人都可以参加捕猎活动。捕猎前申请人必须完成一个全面教育课程才能签发给许可证。在加拿大亚伯达省(Alberta)捕猎者的收成会受到环境保护监察人员的审查。捕猎者自己必须遵守严格的规章制度，并接受省政府登记的野生动物收获的配额管理。在萨斯喀彻温省(Saskatchewan)捕猎者必须定期提交调查资料，并有义务协助野生动物管理人员评估野生毛皮动物的丰富与否。捕猎是在丰富的野生动物和收获毛皮以它们的地位不构成危险的前提下进行的。

全社会都从管理良好的捕猎中直接或间接地获得好处。这些活动有利于保持野生动物种群的稳定和健康，保证不会发生动物数量增多、过分拥挤造成的饥饿、疾病和生态的破坏；为野生动物的管理和养护计划提供资金，为社会提供重要的补充收入；捕猎也有助于减少野生动物损害人类的财产，提供人类使用的有用产品，并提供就业机会。捕猎在偏远地区往往是至关重要的生存方式，加拿大的许多捕猎者，大多数是原住民的后裔，捕猎对于他们来说，具有重要的传统文化价值观。

五、国际公约和国内法规

1822年，世界上第一部与动物福利有关的法律在英国出台，爱尔兰政治家马丁说服英国议院通过了禁止残酷对待家畜的“马丁法案”，它是动物保护运动史上的一座里程碑。此后，法国、美国相继通过了这方面的法律。目前，全世界100多个国家已有了动物福利法。

为保护自然资源和物种的多样性，使许多动植物免于濒临物种灭绝的危险境地，人们还制定了《濒危野生动植物国际贸易公约》(CITES)，以检测和控制一些动植物产品的国际贸易。科学家和环保人士每两年召开一次会议，开列出可能因无制约的贸易而陷入危机的物种清单，对这些物种产品的国际贸易进行控制。尽管世界各地物种陷入危机，甚至灭绝的噩耗不绝于耳，但由于大量的人工养殖，加之国际毛皮业协会与CITES的密切合作，CITES的规定在国际毛皮贸易方面得到了很好的遵循。国际毛皮业协会与自然资源保护国际联盟(IUCN)也有很好的合作关系。

现代毛皮养殖所遵循的规律既对动物及其生存环境加以保护，同时也保护了人类赖以生存的环境。欧盟国家对饲养毛皮动物的福利与饲养环境都制定了很高的要求，不仅设有议会，还颁发专门的法令。丹麦与芬兰制定的《动物保护法》根据科学知识和所积累的经验而制定，旨在保护动物，同时也反映社会的道德观念。该保护法关于毛皮动物的规定内容主要是笼子尺码等养殖场的整体环境。除了关于保护动物的全国性法律外，毛皮养殖业同时亦遵守欧洲议会常务委员会就保护饲养动物编制的一般欧洲标准，即《关于毛皮动物的建议》(1990年10月19日颁布)建议内容包含动物管理、住宿、繁殖、屠宰和笼子尺码的规则。毛皮养殖者也根据欧洲议会的建议致力发展养殖业。欧洲毛皮饲养业协会展开一项计划，为欧洲整个毛皮养殖业制定系列国际规则称为《执行守则》。参与这项工作的还有国际毛皮业协会及专门研究毛皮动物行为的科学家。中国现在毛皮的产量越来越大，关于毛皮动物养殖的大量研究一直在进行着，这也维护了消费者对毛皮的信心。

第二节　毛皮分等系统

一、北欧毛皮分级系统

全世界闻名的斯堪的纳维亚分级方式是由挪威奥斯陆毛皮拍卖公司开始实施的。各地的养殖场生产的毛皮经过有效的检验，按照斯堪的纳维亚等级划分后，有了一个准确及统一的标准。这种独特的分级方式是由长期的经验，结合国际毛皮贸易的要求而产生与发展，应用于整个北欧的狐皮和貂皮的交易活动中。目前主要有貂皮分级系统与狐皮分级系统。从仓库取出的毛皮在行家的专业眼光和丰富老到的手感经验中，按照种类和性别、尺寸大小、色泽评级、质量鉴定、色泽清晰度以及针毛和底绒的长短这些程序逐次分级。将分级后的毛皮打捆、编目成册后，标明供货者和原产地等资料，最后送进拍卖行给世界各地买家竞投拍卖。

(一) 种类和性别

根据图4-5～6所列出的要求和步骤，即可将貂皮和狐皮进行快速分类。任何不正确的毛皮种类、性别的划分都将被发现，并可按表中所列分级的程序重新调整，正确处置。

WAREHOUSE ARRIVAL 仓库

↓ TYPES&SEX 种类及性别

SCANBLACK	MAHOGANY	SCANBROW	SCANGLOW	PASTEL	SILYER BLUE	VIOLET	SAPPHIRE	BLACK CROSS	PALOMINO	PEARL	WHITE
黑色	樟黑	深咖啡	红咖啡	浅咖啡	银蓝	紫罗兰	蓝宝石	黑十字	米黄	珍珠色	白色
♂ ♀	♂ ♀	♂ ♀	♂ ♀	♂ ♀	♂ ♀	♂ ♀	♂ ♀	♂ ♀	♂ ♀	♂ ♀	♂ ♀

↓ SIZE 尺寸

30	20	0	1	2	3	4	5
89~95cm	83~89cm	77~83cm	71~77cm	65~71cm	59~65cm	53~59cm	47~53cm

↓ COLOUR GRADING 色泽评级

BLACK 黑色			MAHOGANY 棕黑				SCANBROW 深咖啡			SCANGLOW 红咖啡					
BLACK 纯黑	XXD 2加褐	XD 1加褐	XXD 2加褐	XD 1加褐	D 褐	M 中褐	XXD 2加褐	XD 1加褐	D 褐	M 中褐	P 浅	XP 浅1	XXP 浅2	XXXP 浅3	XXXXP 浅4

↓ QUALITY 质量

A		B		QUALITY3 次等							
SAGA ROYAL 皇冠	SAGA 精选	QUALITY1 1级	QUALITY2 2级	MATIED 结毛	WEAK BELLY 腹毛薄	HIPPERS 臀部薄弱	DAMAGED 破损	BITED 咬坏	SHEDDERS 脱毛	WHITE WOOL 白绒	SUMMER SKINS 破至皮

↓ CLARITY 色泽清晰度

1(BLUE) 最清晰(带蓝)	2 非常清晰	3(BROWN) 清晰(带棕色)	4 清晰	5(RED) 清晰(带红)

↓ FINAL GRADING 针毛/底绒的长短

SILKY 柔软顺滑	SHORT GUARD HAIR 短针毛	LONG GUARD HAIR 长针毛	METALUC 瓦光	WEAK BELLY 腹毛薄	SILVERY 银白	SPOT 白点	SPRINKLERS 白毛

↓ BUNDLE&CATALOGE 打捆及编目造册

图4-5 北欧貂皮的分级系统

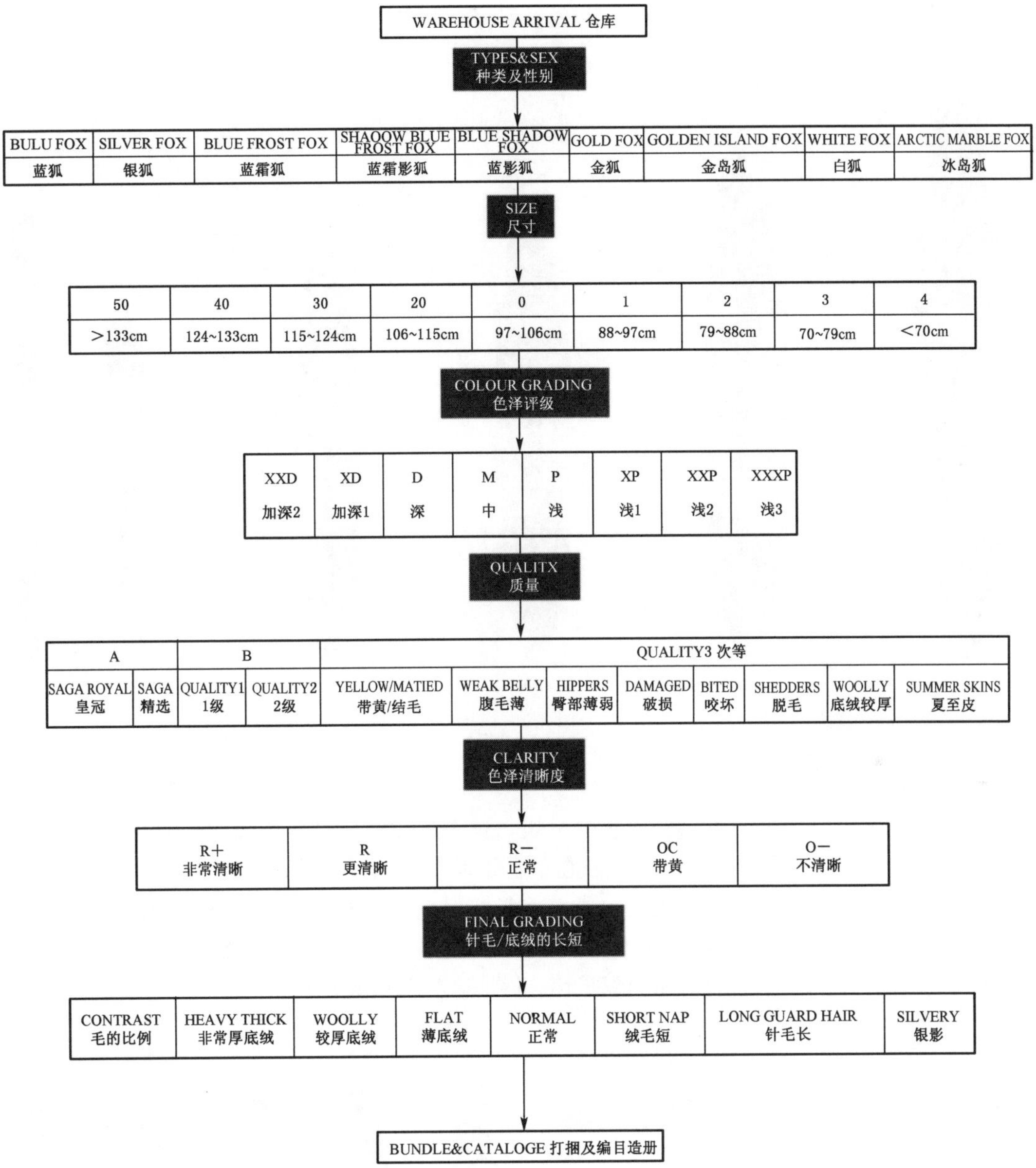

图 4-6　北欧狐皮的分级系统

(二) 尺寸的大小

测量毛皮的长度是从毛皮的尾根部点测到鼻子顶端点,宽度则一般因其长度的比例而变化不会太大。国际化毛皮的标准尺寸大小是统一规定的:貂皮的长度尺寸以每 6 厘米为一个划分段,比如“size 30”是从 89 厘米至 95 厘米,“size 20”是从 83 厘米至 89 厘米;而狐皮是以每 9 厘米为一个划分段,“size 40”是从 124 厘米至 133 厘米长度,“size 30”是从 115 厘米至 124 厘米。

这一国际标准除俄罗斯以外,各国是通用的。在丹麦的毛皮销售中心,机器化毛皮测量仪

器的使用，不仅使测量尺寸更加准确，而且较之手工测量速度更快捷。（图4-7，见彩图47）

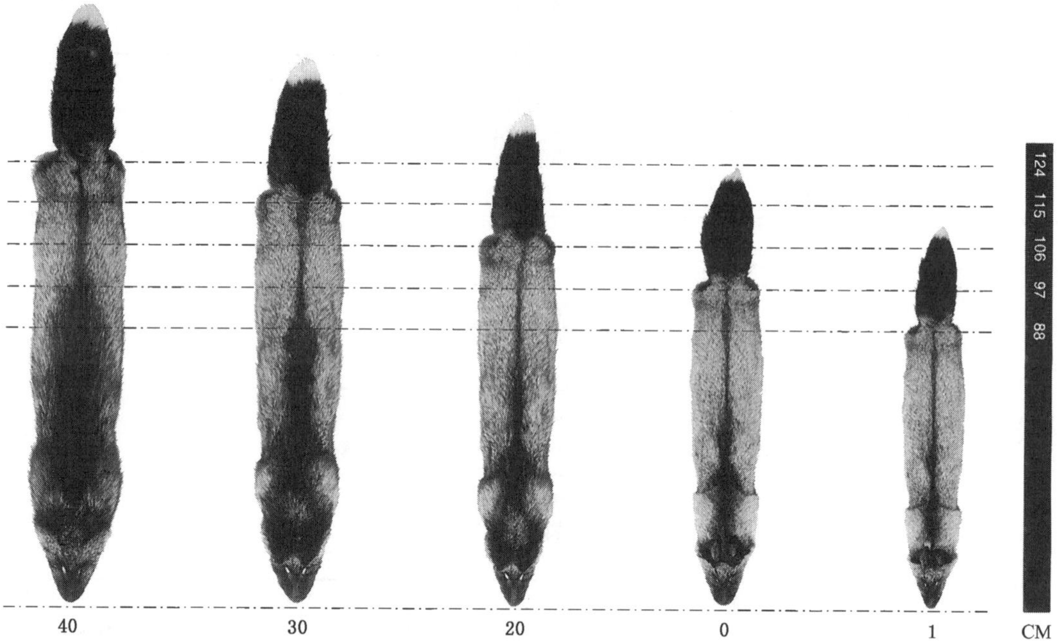

图4-7 狐皮的尺寸规格

（三）颜色的分级

按照尺寸的大小分类后，即进行颜色的分级。这个工作需要经历过长期专业化训练的、有资格上岗工作的分级员来完成。它是第一道专业分级程序，是在确定了尺寸后的同等种类、同等颜色的前提下，根据色度进行的毛皮分类。首先要保留两张最深色度的毛皮，再挑出其余的皮张进行颜色的分级。根据测试皮板发现毛皮的不同色度。凡毛皮腹部泛有白色毛边或有白色细软绒毛囊皮的，均被视为不合格而被拿掉。（图4-8，见彩图48）

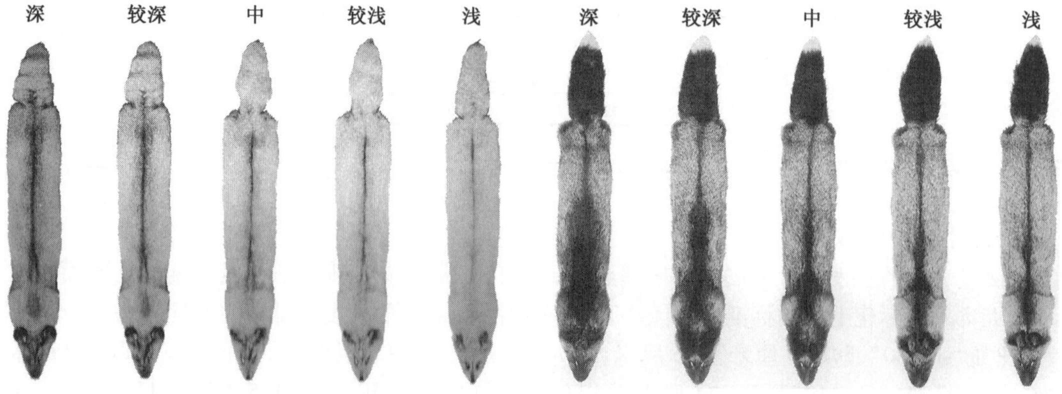

图4-8 蓝狐（左）和银狐（右）皮的颜色分级

(四) 质量的鉴定

紧随颜色分级后的是质量分级,它是真正意义上的皮质分级。此工作须由高水平的分级员来完成。在判断毛皮质量方面必须注意:根据毛绒的长度、密度及韧性,进行符合技术标准要求的质量测评,找出各皮张毛绒间的微妙区别,并给这些毛皮编码。

质量鉴定工作需分两个阶段完成,第一阶段:将毛皮分成 A 组和 B 组。A 组为优等品质的毛皮,B 组为良好品质的毛皮。把那些分在 B 组的产品再进行质量的细分。第二阶段:将其他形形色色的受损毛皮,诸如:上有叮咬点,撕破皮以及腹部上有白色囊边和毛皮上碜疵的白色细软绒毛等低级毛皮均清理出局。(图 4-9,见彩图 49)

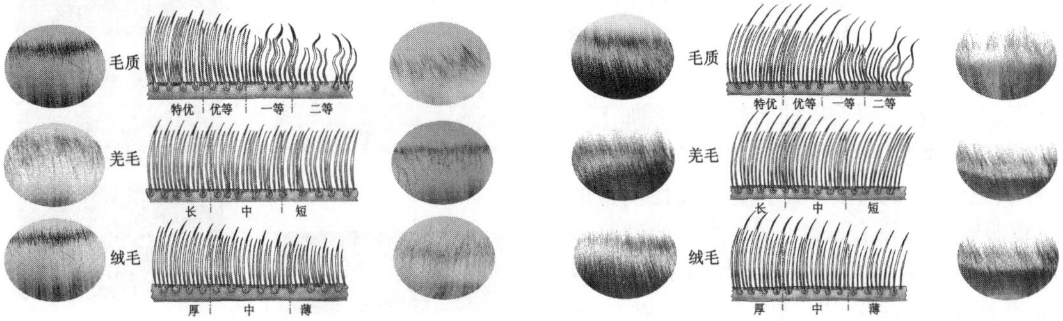

图 4-9 蓝狐(左)和银狐(右)皮的质量分级

(五) 花色清晰度

毛皮花色的清晰度分级,对毛皮的使用是十分重要的。毛皮是根据花色的清晰程度和附加等级进行分级的。一般围绕着毛皮脊背斑纹花色进行分级。附加等级是指天然毛皮所带有的明显特征,例如:丝一般的枪毛,或者毛皮带有显著的腹毛等。(图 4-10,见彩图 50)

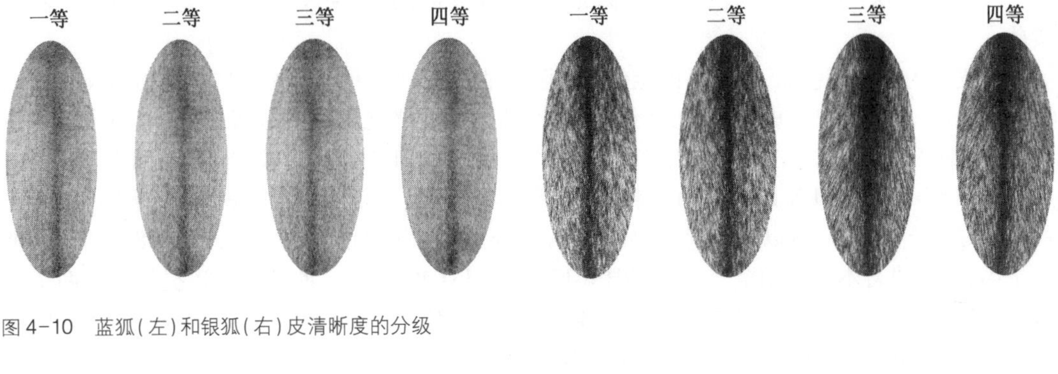

图 4-10 蓝狐(左)和银狐(右)皮清晰度的分级

(六) 低级毛类型

尽管低级毛皮与正规毛皮的等级分级有所不同,但即便是在低级的毛皮类型中,毛皮的分级也是非常细致的。例如,毛皮被损缺陷的部位、区域、面积大小及被损程度,这些都是用于细分等级的依据。

综合上述,北欧的毛皮分级工作规范而严谨。无论是针对 100 张皮,还是 10 万张皮,在严格的分级制里，分级工作程序是完全不变的。只有在通过了这些严格的分级系统后，毛皮才被允许进行打捆、编目成册，并标明供货者和原产地等资料，最后送往毛皮拍卖行供世界各地的买家竞投拍卖。如此，以确保只有品质优良的貂皮和狐皮，才能附有代表着高品质的标签。而消费者在购买貂皮或狐皮产品时，也只要认明这样的标签，就可获得优良品质的保证。

二、质量标签

为了确保和规范毛皮服装的等级价格，国际毛皮生产联合会于1952年发起了专门的行动，制定了“毛皮质量商标法”（FUR LABELING ACT），要求出售的毛皮必须示以标签。上面要注明毛皮的名称、产地、加工工艺（剪毛、染色等）、部位（整块、碎皮、侧身、脚爪、尾巴、耳部等）。二手皮货或使用过的毛皮服装也必须有标签。如：斯堪的纳维亚的商标“SAGA”，美国的商标“ENBA”，俄罗斯的商标“NORKA”。以北欧世家皮草“SAGA”出品的毛皮为例，其对毛皮的等级有着严格的规定，符合这些标准的毛皮就被附上“SAGA MINK”、“SAGA FOX”及“SAGA FURS”的标签，它也是优质貂皮和狐皮以及其他毛皮的象征和保证（图4-11）。

图4-11 北欧世家皮草SAGA标签

“SAGA MINK”意味着：貂皮没有破损，外形美观，绒毛浓密柔软，枪毛带有光泽，富有弹性，色泽均匀，整体的绒毛和枪毛比例恰当。

“SAGA FOX”意味着：狐皮整体匀称完美，没有破损，绒毛密度浓厚，枪毛色泽均匀，鲜明柔软。

毛皮作为一种奢侈品，其产品的定位也要随着消费者对于奢侈品拉开层次的强烈要求加以区分。为此，哥本哈根毛皮公司对其所拍卖的产品进行了严格细致的分级，并用不同颜色的商标代表四个质量等级。在公司每年的总供应量中只有不到1%的产品被授予终极商标“哥本哈根紫色”（KOPENHAGEN PURPLE），获此独家标签以证明其高超的质量。每个“哥本哈根紫色”的标签是独立编号，并可以追溯到出产日期、等级分类和分等级的有关人员；不到18%的产品被赋予第二等级“哥本哈根铂金”（KOPENHAGEN PLATINUM）商标。此外公司还提供另外两个等级的尊贵毛皮——“哥本哈根酒红”和“哥本哈根象牙白”，它们在价位上更容易为消费者所接受，但品质上跟世界其他地区出产的最好毛皮旗鼓相当。

第三节　毛皮原料拍卖

毛皮贸易主要是通过拍卖的形式进行。委托的毛皮根据严格的等级评定体系予以定级后，再通过公开拍卖或者私下协商的形式进行销售。参加拍卖会的买家来自世界各地，主要是来自毛皮制造业和销售业。有来自于大的联营商店和大型公司中的购买者，又有中等的毛皮批发商和毛皮制造工厂，还有很多不同规模的皮货商和零售商，有些是让中间商或者代理人作为代表参加拍卖会。

一、拍卖形式

毛皮拍卖在国际上已有300多年的历史，最早的毛皮拍卖是1672年在伦敦的一间咖啡馆举行的。早先的毛皮销售是在一种竞争激烈的环境下完成的，最初是在完全封闭的环境中进行竞标，后来就在英国伦敦出现了公开拍卖的形式。参加拍卖的购买者紧盯着拍卖人的目光、举手或摇晃铅笔出价，拍卖在一定的价位上起步，价位不断上涨。当最后的拍卖给予出价最高的投标商时，拍卖人便敲击一下拍卖桌表示成交(图4-12)。这种形式之所以能一直延续到今天，主要是与毛皮数量大、价值高所分不开的。拍卖会集中了世界各国的毛皮制造商和销售商，皮张的售价在竞投中也得以提高，毛皮拍卖会不但为服装厂提供了方便，也有利生产厂家之间的公平、公正的商业竞争，切实体现优质优价的市场原则。更主要的还保障了饲养者的利益，并为饲养者提供了长期、稳定和直接的销售渠道。

图4-12　毛皮拍卖会

拍卖行大都接近主要的毛皮生产地区。北欧的第一个毛皮拍卖会于1934年在挪威奥斯陆举行。1949年，由于不断扩大的北美消费市场，哈德逊湾公司在蒙特利尔的多尔切斯特街上开始了它的第一所加拿大毛皮拍卖业务。1992年10月，更名为北美毛皮生产者营销公司，以“北美裘皮拍卖行”作为商号开展拍卖活动。

拍卖销售的形式对买卖双方均有可取之处，不仅在时间安排上经过周密计划，还可保证充足的货源和公正的市场价格，给购买者以更多的选择机会。

1. 时间的考虑

所有西方大型的国际拍卖活动，在时间安排上都经过了周密的计划。在每年初夏时节，各大毛皮拍卖公司会聚集在一起，在其共同的利益方面，拟定使越来越多的国际毛皮贸易能够参与的计划，并预见和筹划下一季度的拍卖时间表。该时间表对于国际毛皮贸易是非常重要的，它既使得众多拍卖会的协调操作成为可能，又保证了大多数购买者因事先有所准备而不会在时间计划上有所冲突。如此，购买者可依计划，用最短的时间从一个拍卖市场到另一个拍卖市场进行贸易活动。通常，拍卖会的日期一经确定，各个拍卖公司的市场部工作人员就开始向欧洲、北美和东亚的客户进行宣传，同时了解市场动向、客户需求、流行趋势以及价格等多方面的信息。

2. 充足的货源

在拍卖会期间，由于集中了相当数量的毛皮上市，便可以保证充足的货源以给购买者更多的选择机会。事实上，当毛皮货物运到拍卖公司的时候，在每张毛皮上都已标明供货者以及毛皮的原产地等。然后，根据毛皮的种类、尺寸、色彩和质量进行系统分类，一旦分类和登记的工作进行完毕，拍卖公司就会给世界各地的客户发送应季拍卖的销售项目单。购买者不仅可以按需要来挑选毛皮的种类和质量，而且可以获得足够多的、具有相同外观的毛皮。

3. 便捷的服务

专业的拍卖行一般都建设了专门的销售网站，为所有的网络用户提供价格信息和完整的目录，并配备各种语言版本，包含芬兰语、瑞典语、英语、俄语和中文等。全世界任何国家的顾客可以用他们的用户名和密码数据登录，然后在线购买毛皮，还可以通过网络渠道了解毛皮价格、毛皮育种到交付。

拍卖公司还会为客户提供一个一站式购物的理念，为客户提供：所需原料，包括辅助购买相关的服务，产品创新，并有机会作出国际合作伙伴网络。

4. 独特的分级

为使客户能够找到最合适的毛皮，事先需要对毛皮材料进行精确的质量等级分类。这样顾客即使没有看到毛皮，也可以从一个到另一个拍卖上根据买家目录上的规格作出补充采购，获得色彩和清晰度不变的同等质量的毛皮。将相同尺码、性别、颜色、等级、毛长、色头的同类毛皮用尼龙绳穿在一起，扎紧，挂在指定支架上，待编目录号。其程序可分为上皮点数、做样把皮、剪标签、穿把、扎把上车架等。

目录是买卖双方的成交依据，是整个货物的数量和质量情况的综合。在完成目录编写之后，按不同类型、性别、尺码、颜色、等级，分门别类地统计数量及所占比例，汇总统计。配货工作是编写拍卖目录的基础。编写目录是举办拍卖会的重要依据，没有目录，拍卖会无法进行。

5. 公正的市场价格

可以说，拍卖是饲养商出售毛皮链的一部分，正是由于毛皮的拍卖特点，在买卖双方中形成了浓郁的兴奋氛围，即使是最有经验的毛皮买家，也经常发现他们获得的价格有时会比预期的低，有时则会比预期的高。采取拍卖销售的形式，使得毛皮销售变得不可预测，同时也确保了购买者所接受的毛皮价格是公正的市场价格。

二、拍卖机构

1949 年国际毛皮业协会（INTERNATIONAL FUR TRADE FEDERATION）作为一个独立的国际毛皮行业协会正式成立，被业内人士称为世界毛皮业的联合国，目前有 31 个成员，分布于 26 个国家和地区。中国内地和香港地区都是它的成员。其宗旨是协助成员宣传、发展和保护毛皮工业;同时也积极开展与环保组织的合作,保持野生毛皮动物的数量,保护它们赖以生存的栖息地;国际毛皮业协会还鼓励研究,以提高人工养殖的毛皮动物的福利,并提供资金支持。

目前属于国际毛皮协会会员的主要毛皮拍卖行有七家,分别是:欧洲的哥本哈根拍卖中心(Copenhagen Center)(丹麦),赫尔辛基拍卖行(Finnish Fur Sales)(芬兰),奥斯陆毛皮拍卖(Oslo Fur Auctions)(挪威)和俄罗斯联合皮草拍卖会(圣彼得堡);北美的美国传奇毛皮拍卖行(西雅图),北美裘皮拍卖行(NAFA)(加拿大多伦多);亚洲的中国裘皮拍卖行(香港)。另外还有北美的裘皮拍卖公司(安大略省),北美裘皮拍卖(安大略省)和加拿大西部裘皮拍卖有限公司(温哥华)。

赫尔辛基拍卖行创建于 1938 年,总部位于芬兰万塔,是拍卖行中最具规模和领导地位的一家,同时也是唯一一家上市的毛皮拍卖公司,每年都举行五、六次国际性毛皮拍卖会。服务范围涵盖整个毛皮生产和销售过程,不仅包括取皮和按国际标准将毛皮评级,还包括提供财务、保险及最新市场信息等服务。该拍卖行销售的毛皮由 2 000 多家养殖场提供,主要拍卖狐皮、貂皮和羔羊皮,也是提供优质蓝狐的最大供应商,在狐皮出售方面,占全世界狐皮产量的 80%。除此以外,该公司销售的毛皮品种多样化,有银狐、金岛狐、芬兰貉子、紫貂、艾虎皮等。每年平均的成交额有 3 亿美元,买家有 2 000 多家,来自世界不同的国家。把农场主的毛皮收过来,在毛皮工业上走第一道循环。供货的农场主来自北欧、西欧、东欧的一些国家。卖的毛皮都是带有世家(SAGA)毛皮标签,在北京和香港都有办事处。

哥本哈根毛皮拍卖中心成立于 1946 年,是世界上销售量最大的毛皮拍卖行。哥本哈根毛皮中心设施先进完善,旗下养殖场会员 2 800 多家。该拍卖行每年出售大约 1 300 万张毛皮,其中水貂占 90% 以上,拍卖量占世界水貂年产量的一半。该拍卖行在 2001 年的成交额高达 3 亿美元,其中 95% 为出口贸易。此外,哥本哈根毛皮拍卖中心还负责挪威奥斯陆毛皮拍卖有限公司的毛皮销售。奥斯陆毛皮拍卖有限公司是一家供应高品质银狐皮著称的毛皮拍卖公司。在北欧农场生产的貂皮和狐皮,主要是通过芬兰毛皮拍卖行和哥本哈根毛皮中心拍卖,所以农场饲养的水貂和狐狸是丹麦和芬兰农业部出口的支柱产业。每年来自 26 个世界各地的买家都会集中在哥本哈根毛皮中心及芬兰赫尔辛基毛皮拍卖行购买毛皮原料。

北美毛皮拍卖行是北美最大的毛皮拍卖行,也是世界最古老的毛皮拍卖行和第三大的毛皮拍卖公司。主营业务是拍卖生皮,是世界上野生皮张供货最多的拍卖行。饲养毛皮动物的农场主和狩猎野生动物的猎户们委托 NAFA 将他们获得的生皮拍卖给来自世界各地的毛皮服装生产厂家和毛皮经销商们。委托的毛皮分成不同的等级后,通过公开拍卖或者私下协商的形式进行销售。拍卖会每年在加拿大多伦多市举行四至五次。参加拍卖会的买家来自世界各地,有来自北美主要毛皮市场的纽约,蒙特利尔和多伦多,欧洲的主要客户则来自英国,意大利,德国和希腊,以及俄罗斯和波罗的海地区的国家,还有中国,韩国和日本的亚洲市场。客户主要是来自毛皮制造业和销售业,他们有些是让中间商或者代理人作为代表参加拍卖会。公司目前大约销售 230 万张北美农场貂皮;100 万只欧洲农场貂皮;北美农场狐狸皮;人工饲养的南美栗鼠皮和加拿大、美国所有品种的野生毛皮,包括海狸、浣熊、紫貂、麝鼠、野生貂、水獭、红狐和狼。

俄罗斯联合皮草拍卖会建于 1931 年,已经有 70 多年的历史,是俄罗斯唯一举行毛皮拍卖的公司,总公司在莫斯科,在圣彼得堡设有分公司,并在中国设有代表处。毛皮拍卖在圣彼得堡的毛皮宫举行,这个宫殿建于 1939 年,它拥有拍卖大厅、保存厅、筛选厅和检查厅,符合国际毛皮拍卖的标准。在圣彼得堡拍卖行可以获得各种各样的养兽业和狩猎业的毛皮,按着传统最有价值的是俄罗斯的紫貂皮。俄罗斯联合拍卖会已成功的举行了172届，并且由2004年以前的每年二次到每年三次直至现在的每年四次，已逐步恢复成为最具影响力的国际毛皮拍卖会之一，因为在前苏联时代，它是世界最大的皮毛拍卖会。

第四节 毛皮原料加工

毛皮加工是个复杂的物理与化学过程，从生皮到成品皮中间要经过几十甚至上百道工序，涉及到近百种的化工材料和十几种机器设备。为了生产和技术管理方便，习惯上把毛皮加工过程分为鞣前准备、鞣制、整饰三大工段，其中的整饰工序又可分为湿整饰——染色，和干整理——毛层处理(图4-13)。

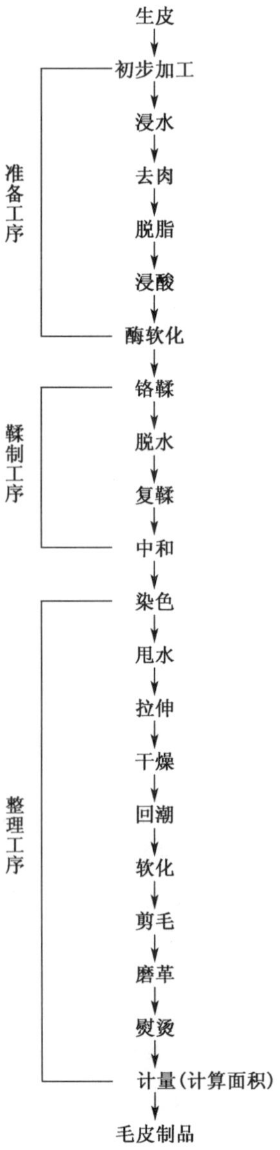

图4-13 毛皮加工过程简图

一、准备工序

鞣前准备工序包括初步加工、浸水、去肉、脱脂、浸酸与酶软化等过程。准备阶段的主要目的是为鞣制创造条件，具体有以下几个方面：

1. 初步加工

毛皮原料皮的种类繁多，产地广，个性之间的差异很大。有的原料皮上带有头、四肢和尾是没用的，比如兔皮，在投产前先要将其除去；蓝狐皮的耳朵也是没有用的，在鞣制前要割去；另有一些原料皮的头、四肢和尾有一定的使用价值，如黄鼠狼的尾巴，则需仔细取下另行加工。还有些原料皮的头、腿和尾哪怕是一根胡须对成品皮都至关重要，比如需要加工成完整皮张的水貂皮和银狐皮等，则在加工过程中需要小心保护。另外还要对筒状皮类毛皮进行开皮处理，从毛皮动物的腹部中心位置切割开，使其成为片状皮。以便于接下来的浸水、去肉脱脂等步骤的操作。

2. 浸水

原料皮在防腐储存过程中会损失掉一部分水分，使皮板变薄、变硬、不耐折。通过浸水过程使皮板充分充水和回软，皮板内水分的含量及皮纤维的结构基本恢复到鲜皮状态。在这个过程中原料皮上的防腐物和污物被洗去，皮下组织和真皮的联系削弱，为下一步的去肉创造了条件。

3. 去肉削匀

去肉的目的是为了除出原料皮的皮下组织，使整张毛皮各个部位的皮板厚度均匀，同时在去肉过程中的机械拉伸作用，可以把皮纤维拉活，使皮板柔软。去肉有机械去肉和手工铲皮两种。去肉过程以不损坏皮板、毛囊，不污染毛被为原则，对嫩皮板、老皮板和陈皮板采用不同的工艺和强度去肉。

4. 洗皮脱脂

皮板和毛被上的脂肪组织对毛皮加工有害无益，油脂会严重阻碍化工材料向皮内渗透，造成鞣制不良，皮板厚重，染色不匀和色彩不鲜亮。而洗皮的目的就是洗去毛被上的油脂、污物，以提高毛被的光泽、松散性，除去皮板上的部分油脂。常使用纯碱、洗衣粉、洗涤剂、渗透剂等。脱脂的主要目的是除去皮板中的油脂，同时也起洗皮作用。

5. 浸酸和酶软化

浸酸和酶软化作用对皮板的延伸性、柔软性和可塑性有直接的影响。这个过程不仅除去皮板中的纤维间质，分解了皮内的脂肪组织，调节皮板纤维的 pH 值，把 pH 值最终控制在 3.5 左右，为鞣剂的渗透创造了条件。

二、鞣制工序

原料皮经过准备阶段的一系列处理后，生皮中的对加工毛皮没有用的组织和成分已被基本除去，这时纤维结构变的非常疏松，皮的稳定性变的很低，而鞣制就是加强皮板结构稳定性的过程。在鞣制的过程中，毛皮从厚硬、死板的生皮变成舒适、柔和的状态，也就是通常所说的——熟皮。这个将皮革由生皮加工至熟皮的过程也称为硝制。

鞣制是毛皮加工的最主要工序，鞣制使生皮的性质发生了根本的改变。这个过程不仅提高了皮板的耐水耐热性能，而且还提高了皮板的耐微生物、耐化学试剂，使皮板在湿热条件下不容易腐烂，在化学试剂作用下不容易被破坏；还使皮板在干燥后，可以用机械的方法使其柔软、耐曲折、不容易断裂；皮板的成型性提高；皮板的透气性等卫生性能提高。

毛皮的鞣制技术在行业内属于高度机密，化学药品的细微差别、专业技师对鞣制时间的掌握以及其他特殊技术技巧的应用等等，都会对毛皮的最终鞣制效果产生天壤之别的影响。这其中技师的经验至关重要。一块鞣制好的毛皮手感爽滑、质地柔软轻盈、毛色如缎，是制作成衣的上乘之选；相反若鞣皮技术不过关，即使是相同级别的原料，却也可能发生手感不滑、皮板重的现象。

这里对毛皮的鞣制方法做个简单介绍。根据毛皮鞣制时的鞣剂不同，将毛皮鞣制方法分为铬鞣、铝鞣、甲醛鞣、戊二醛鞣、油鞣及几种鞣剂的结合鞣法等。

1. 铬鞣

是采用铬盐来处理生皮使之成为熟皮。自从 19 世纪发现铬盐能够鞣皮以来，铬盐就成为皮革的最主要的鞣制材料。铬鞣工艺成熟，操作简单，加工成本适中，适用性广泛，经铬鞣后的毛皮皮板丰满、柔软、有弹性、耐湿热稳定性高、防腐性能好等。

2. 铝鞣

铝鞣是古老的鞣制方法之一，早在铬鞣之前就普遍使用铝鞣。铝鞣毛皮颜色纯白、轻、薄、柔软、细致、出裁率高，而且铝鞣对环境的污染小，所以铝鞣至今仍然是毛皮的主要鞣法之一，被广泛用于细皮的鞣制和结合鞣法中。

3. 甲醛鞣

原始人采用涂油、烟熏等方法处理动物皮时已包含醛鞣的作用。百余年来醛鞣一直伴随着近代皮革工业的兴起而不断发展。甲醛鞣制成本低廉，操作简单易控制。同铬鞣和植物鞣剂等其他鞣法相比，甲醛鞣制的皮板洁白、柔软、轻薄、延伸性大、得皮率高，且耐水洗、耐汗、耐氧化、耐碱性优良。甲醛鞣在毛皮鞣制中曾经占有重要地位。

4. 戊二醛鞣

戊二醛鞣的刺激性和气味比甲醛小，鞣制的皮板收缩温度高，更丰满柔软，并且可以长期保持其柔软性。另外戊二醛鞣很容易与其他鞣剂配伍使用。缺点是成本较高，鞣制后的毛皮泛淡淡的黄色。

5. 油鞣

油鞣是古老的鞣制方法。一些细皮如水貂皮、狐狸皮、黄狼皮、各类鼠皮等都沿用油鞣。油鞣皮的特点是皮板孔隙度大，密度小，柔软度高，丰满性和延伸性好，具有良好的卫生性能，所以非常适合鞣制珍贵毛皮。但油鞣消耗的化工材料成本高，要求有专用设备，生产周期长，工艺比较繁琐。

6. 结合鞣法

结合鞣法是指用两种或两种以上的鞣剂鞣制的方法。目的是使用不同的鞣制方法优势互补，产生协同效应，获得单一鞣法无法得到的性能。在毛皮鞣制中最常用的结合鞣法是铝-铬结合鞣、醛-铬结合鞣、铝-醛结合鞣、铝-油结合鞣、醛-油结合鞣等。

三、整饰工序

毛皮经过鞣制成为熟皮后，便可用来制作成衣。虽然原色的天然毛皮具有永恒的地位，但原色毛皮颜色较为单调，大多数以黑色及各种不同深浅的褐色、咖啡色为主，且相同类型毛皮的毛长外观变化不大，远远不能满足挑剔善变的消费者。随着现代国际流行时尚的发展，传统古老的毛皮变幻出特有的平、立面色彩效果和丰富的肌理图案。

毛皮整饰工序包括染色和毛层处理两方面，它的发展总体上受两方面的影响，一是流行、时尚发展的要求，二是把高科技、新技术运用在毛皮加工中，不同行业的相互渗透，不断开发出自然、个性、潮流的毛皮产品。现代毛皮染色工艺包括浸染、刷染、吊染、扎染、印染、漂金、漂白和喷脊等，目前比较流行的花色主要有单色、草上霜、一毛双色、一毛多色、仿青紫蓝类产品、渐变色、扎染、染花、幻彩效果等；皮板的染色包括浸染、喷染、辊染、扎染、印花、磨花等。通过物理手段在毛被上制造立体图案效果的工艺有剪花、蚀花、激光刻花等。

（一）染色

一般人认为真正完美的毛皮是极少染色的，只有存在质量问题的毛皮才会以染色掩盖它的瑕疵。这种说法在现代人们求新求变、追求个性的时尚中早已成为明日黄花。如今毛皮染色主要出于设计的考虑，为满足消费者的不同需求，用最优质的毛皮来染色的并不鲜见。特别是那些娇嫩鲜艳的染色对毛皮质量的要求更高。当然确实有些情况下仍然需要通过染色来遮掩瑕疵，这种情况多将毛皮染成较深颜色如黑色、深咖啡等。毛皮染色离不开染料，不同的染色方法对染料的要求不同，制作工艺与技巧也不同。这里就针对常用的几种染色方法及工艺原理作个介绍。

1. 毛皮染色

（1）单色浸染

毛皮的染色是用化学染料的方法来改变其原色，使毛皮具有更加多变的外表。比如蓝狐很适合染成各种不同的颜色，用于各种皮衣、羊绒衣的饰边。又如白色兔毛、滩羊毛染成各种浅粉、浅蓝的娇嫩色彩用于制作背心、围巾等款式。除单色的原色毛皮外，有些动物的毛皮本身带花纹或针毛、绒毛的颜色深浅不同，如银狐、浣熊、青紫蓝等；又如十字狐和十字貂，在颈部位置上会有黑色的枪毛或咖啡色的枪毛如十字型贯穿于其头颈和背部之间。对这类毛皮进行单色漂染，可使其原来的底绒浅色部分改变颜色，而针毛部分仍然保留原来的色彩(彩图51)。

(2) 扎染

毛皮扎染工艺是借鉴于纺织面料的扎染工艺，先将待染的毛皮按一定的形状扎起来，然后进行浸染，被扎住的部分不能上色，从而形成比较随意的图案。这种染色工艺基本要求是图案要有层次感，同一色调要有深浅过度，如外层的颜色是深棕色，内层的颜色为浅棕色。不同色调即内外层色调要求不一，如外层的颜色是深棕色，内层有时要求是黄色，有时是红色，有时是蓝色。根据不同染色需要选择配伍性的染料和助剂才会达到理想的效果(彩图52)。

(3) 漂白

天然的动物毛皮中很难找到没有任何瑕疵的纯白色的毛皮，一般都会带有些黄色或色泽不均。为得到纯白色的毛皮，一般采用漂白工艺进行处理，漂白可以使颜色均匀，让白色或米色的毛皮更自然无瑕。深色的毛皮也可以漂白，褪掉底绒的颜色，使之变成非常浅淡的颜色或白色，再染成需要的颜色或仿制珍贵毛皮。当然不同深浅的毛色，褪色后的色彩感觉也会不样，这需要专业技师来调整和处理。

(4) 渐变漂染

随着时尚流行的不断变化，毛皮专家也特意注入创新理念令厚重平实的毛皮演绎出丰富的变化。貂皮的渐变漂染就是其中一个成功地创意。通过精湛的技术控制，将貂皮表面漂染成从自然浅至深的渐变色彩。用这种貂皮制作的服装自然和谐，细腻流畅，富有动感，令人产生一份新鲜感。这项工艺对技术的要求非常高，如果掌握不好，很容易染成颜色的断层缺乏美感(彩图53)。

(5) 喷脊子

天然的毛皮在脊背的位置都会有点深色的背纹，但不够明显，为了增加变化，在背纹上用喷染的方法使背纹更加浓厚，呈现明显的纹理，打破了天然的平淡，营造出悦目的视觉效果(彩图54)。现在一种与喷脊子相反的工艺又被创造出来，该工艺是在脊背的位置进行漂白处理，在脊背的两侧进行喷染。因为喷染的面积更大创作空间也随之加大，也就更加变化莫测(彩图55)。

(6) 草上霜

草上霜是毛被立体染色的基础，其他立体染色基本上都是在此基础上进行的。在染色后的毛皮的毛尖部位褪色变白做出雪霜的效果，达到柔和自然的一毛双色效果。这种效果的毛皮在走动的时候会若隐若现地露出底绒的颜色，令毛皮平添姿彩，营造出悦目的视觉效果。草上霜工艺要求毛皮的毛比较长，因此较多用在狐皮上面，目前在羊皮和獭兔皮上都有使用。草上霜染色工艺分两个阶段：染色和拔白。先用草上霜染料染色，使毛皮的针绒着色一致、降低色差。然后再对针毛毛尖进行拔白，拔白过程中染料被还原，拔色剂被氧化，有色的染料被还原变为白色(彩图56)。

(7) 幻彩

毛皮表面的幻彩效果，是通过喷染技术达到一毛多色效果的一种技术。首先将毛皮整张染成一个基础颜色，如蓝色、绿色、红色等等。再用两种以上的附属色在基础色上进行喷染。

喷色过程只染到毛皮的毛尖，而不渗透毛根。其效果是各个颜色之间和谐过渡，若隐若现，如烟似雾，形成迷幻的色彩感觉。浪漫的颜色特别适合搭配不同色调的衣料做成饰边时装。幻彩工艺完全由手工完成，对技术的要求非常高，难以形成大规模的生产。也有利用套版技术多次套版印刷，获得一毛多色的效果(彩图57)。

(8) 印花

印花是通过丝网印刷将图案印在毛皮面上，可印多种不同的颜色，一般情况是先染色再印图案。在毛皮上印豹纹、虎纹，或其他几何纹，从而增强其装饰效果。印花时，染料只作用于毛皮的表层，不会向下渗透到毛皮的底层及皮板当中，这一工艺多用于短毛皮或剪毛毛皮(彩图58)。

此外还有平面立体结合染色，是通过毛被表面修饰和延毛长度方向修饰产生平面、立体的修饰效果，这种方法能够充分展示毛皮面料所特有的平立面二重性的特点，效果真实自然，加工技术要求高，难度大，附加值高。有青紫蓝类产品；三色毛剪花、蚀花；双色毛印花；毛尖同色底色幻彩等。

2. 皮板染色

毛革两用产品特别需要对皮板进行染色，为使毛和皮两面呈现不同的色彩效果，通常采用分开染色的工艺手法。皮板染色所使用的染料不同于毛皮，但工艺手法比较相似，包括浸染、喷染、辊染、扎染、印花等(彩图59)。

浸染是把整张毛皮浸泡在染板专用染料中，使其均匀上色，同时不污染毛被。天然毛皮的皮板通常呈本白色，因此不会对染色效果产生很大的影响。皮板喷染是将配制好的染液，通过喷枪均匀地喷在皮板表面，使之着色，再用蒸汽高温固色。而辊染是一种通过式的染色形式，和浸染、喷染一样，都能使皮板均匀染上统一的颜色。皮板的扎染和印花工艺则能得到一个五彩斑斓的色彩变化效果，传统印花多印于毛皮的毛面，然而近年的技术改进令毛皮的皮革面可以印出各式各样的花样图案，而且手感柔软，让设计师可以充分发挥双面的服装设计。一般的方法是皮革面作磨面或光皮的效果然后再染色。

(二) 修饰

1. 毛层处理

(1) 拔针

拔针是使用手工或机器将动物毛皮中的枪毛连根拔掉，比如拔掉貉子皮粗糙散乱的大针毛，或将貂皮的针毛拔去，只保留底绒，其效果与剪毛相似，只是底绒保留了其自然的长度，虽然表面不如剪毛的毛头齐整，但经拔毛处理后，减轻了重量，其手感比天鹅绒更柔软顺滑，在感官上少了一些奢华，多了一些含蓄和优雅。目前，这种质感重塑的修饰方法普遍使用于家兔皮。家兔皮的针毛剪去，改善手感和外观，能使毛皮减少掉毛，还便于印染、编织。

(2) 剪毛

多用于家兔和山羊皮上，也用于水貂皮的处理。剪毛是用专门的机器将水貂的底绒及枪毛剪去7～11mm长，毛皮表面成齐刷刷的平面。经过剪毛的水貂没有了带枪毛时的光泽绸缎感，外观与拔毛相同，但由于枪毛的毛根还保留着，手感就不如拔毛般光滑(彩图60)。

(3) 剪花

剪花使用的范围非常广，可以用于任何一种毛皮的表面。通常通过两种方式得到：一种是用专业剪花机器，有选择地将毛皮表面剪成形状、高低不一的图案；另一种是采用化学的方法，首先用设计好的丝网控制图案形状再用特定的化学试剂在镂空部位进行处理,得到凹凸不平的立体花纹(彩图61)。

(4) 蚀花

蚀花一种是利用强还原剂或强碱将毛纤维腐蚀掉留下痕迹而形成图案,这种加工方法叫化学蚀花,其化学原理就是用碱、还原剂脱毛;另一种是利用激光将一部分毛烧掉留下痕迹而形成图案,这种方法叫激光镭射蚀花(彩图62)。

2. 皮板修饰

皮板一侧的修饰有磨花、压花和激光刻花等工艺。磨花是在经过染色后的皮板表面磨出不同的视觉效果,还可以根据不同的设计图案进行磨花。压花是在毛皮皮板面增加类似褶裥、折痕等立体效果的新技术。而皮板的激光刻花是采用激光的方法把任何需要的图案雕刻在毛皮的皮板面(彩图63)。

以上还仅只是毛皮成衣制作之前的工艺处理。在成衣制作过程中毛皮工艺师及设计师们将会对毛皮进行二度改造,使之呈现更加丰富多变的状态,有的甚至会面目全非。现代人的生活追求多元化的模式,而这恰好迎合了时尚人士多变的需求。

第五节　毛皮服装生产工具

一、毛皮加工机械设备

毛皮加工机械设备主要包括鞣制、染色、剪烫、梳整四大类。鞣制、染色的机械设备有划槽,划池,抛干机,干燥机,转鼓,转笼,削匀机,去肉机,喷涂机,拔色机,踢皮机,撑宽机,拉长机,翻皮机,脱脂机,拉软机等;剪烫、梳整类的设备有剪毛机,梳毛机,烫毛机,除尘机,磨革机,抛光机,皮革打光机,压花机等;裁制设备有切条机,压衬机,毛皮缝纫机,钉皮枪,电动剪等;其他还有量革机等设备。

1. 划槽

是制革和毛皮湿加工的重要设备,毛皮加工使用更多。主要用于浸水、脱脂、酶鞣、鞣制、染色等工序。钢制划槽呈半圆形,带有搅拌桨叶、电机正反转驱动,用以搅拌操作液和搅动皮张以及加速加工进程。附设蒸汽管和水管,便于加温和注水。有的上面有活盖,可防止液体外溅或冷却;槽下有排液口,排放操作废液。毛皮在划槽中染色均匀、效率高,还可以随时观察染色情况。(图4-14)

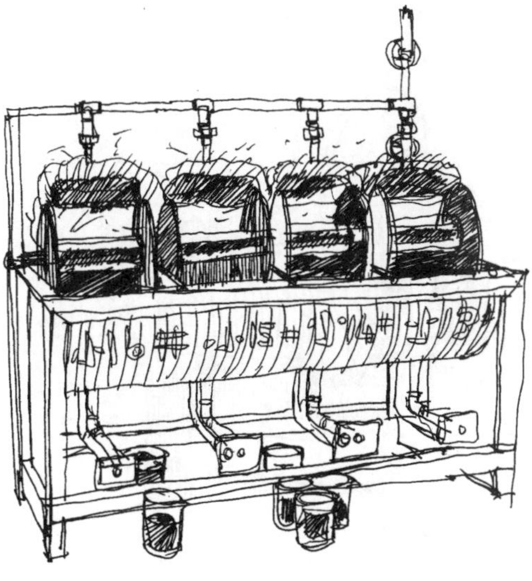

图4-14　划槽

2. 抛干机

利用电机带动甩干桶高速旋转，产生离心力把在划槽中经过染色处理后的毛皮中的水分甩掉。（图 4-15）

3. 干燥机

全称为毛皮滚转干燥机，用于对经甩干处理后的毛皮的进一步干燥处理。（图 4-16）

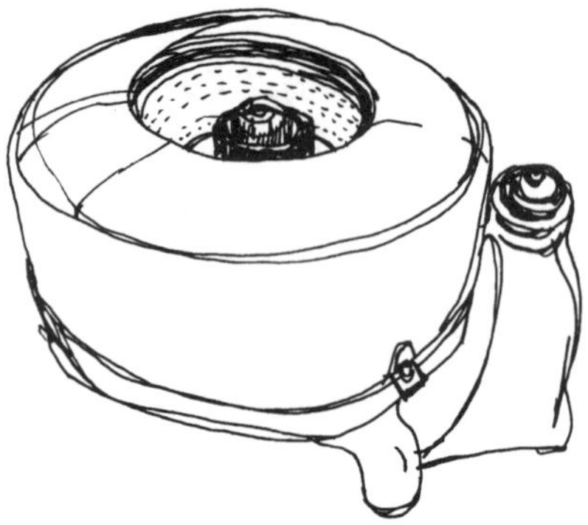

图 4-15　抛干机

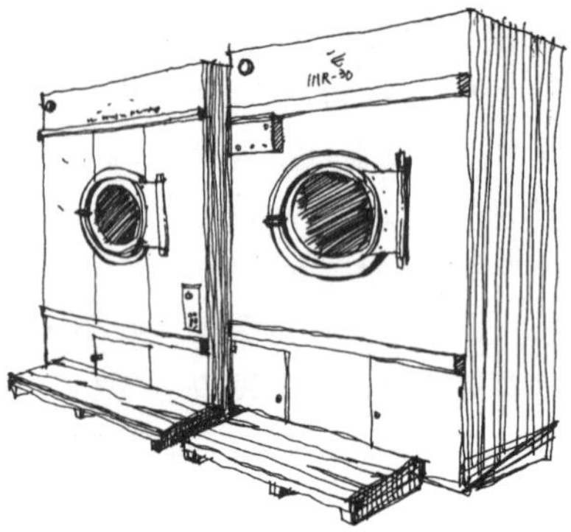

图 4-16　干燥机

4. 转鼓

俗称滚桶，是制革厂普遍使用的重要设备。转鼓是内装凸桩或升皮板的木质圆桶，皮革可在鼓内批量操作。当齿轮带动转鼓转动时，鼓内的皮张受到不断的弯曲、伸展、摔捣、搅拌等机械作用，加快化学反应过程及改变皮革的物理性能。转鼓的应用范围覆盖制革大部分湿加工工序及干态摔软、起绒等。洗皮转鼓用于洗皮，将皮板朝外放进装有半湿木糠的转鼓内，转几分钟后，将皮取出，翻转皮筒，使毛朝外再放入转鼓内洗毛被。刚染好的毛皮无光泽感，经过这个步骤后，毛皮变得光滑有亮泽（图 4-17）。染色转鼓主要用于短毛皮的染色，染色均匀、迅速、省工、省时又省料（图 4-18）。

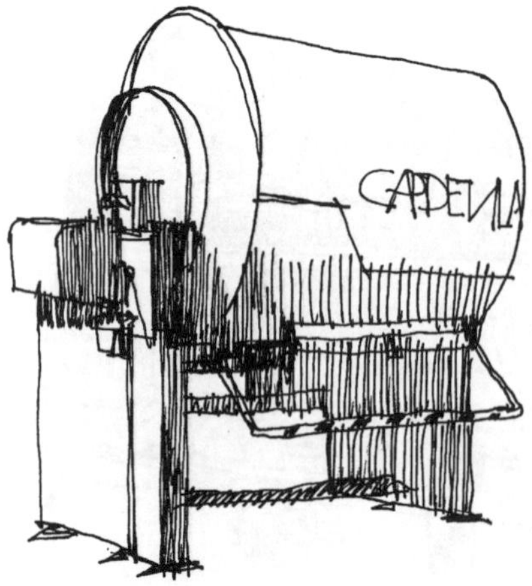

图 4-17　普通转鼓

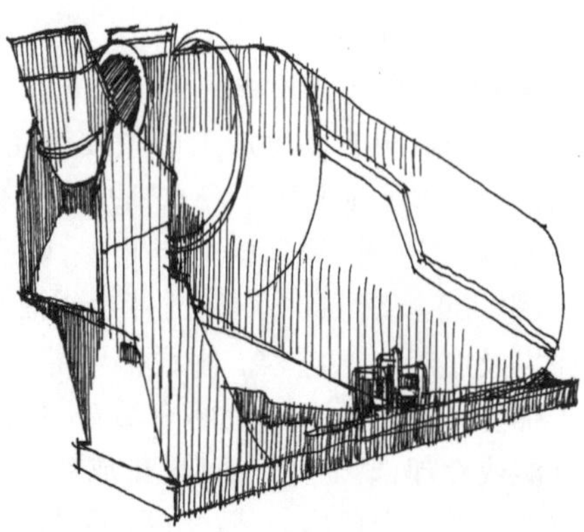

图 4-18　倾斜染色转鼓

5. 转笼

俗称铁丝笼，是用铁丝构成的巨型网状铁笼。从转鼓中取出的毛皮，毛中仍会含杂不少木糠，在转笼中要经过反复多次的匀速旋转，将木糠清除干净(图4-19)。

6. 去肉机

也叫削匀机，皮革加工机械。工作原理是利用高速运转的砂轮除去毛皮皮板面残留的皮下脂肪，使皮板变的厚薄均匀(图4-20)。

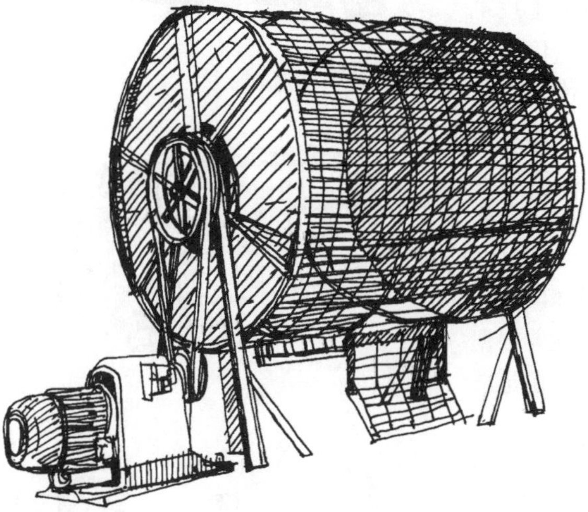

图4-19 转笼

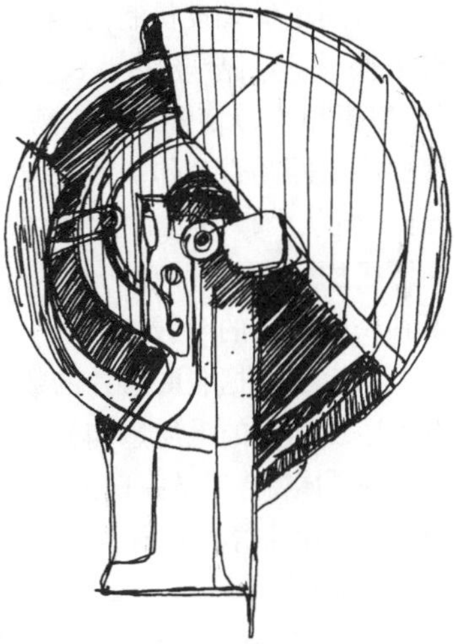

图4-20 去肉机

7. 踢皮机

通过踢皮机的机械作用，使油脂向皮纤维深处渗透，均匀分布。

8. 翻皮机

用于对貂皮等小毛细皮皮筒的翻制，是毛皮拉伸定型的前道工序。

9. 撑宽机

毛皮的拉宽用剪式撑宽机，通过撑宽，松散纤维，增大纤维间隙，为加脂工序创造条件。重点是脖头部位。

10. 拉长机

用于对小毛细皮和杂毛皮的拉伸定型加工，增加皮张的使用面积，节约成本。

11. 脱脂机

是皮革加工过程中洗涤脱脂的专业设备，适用于小毛细皮和大毛细皮类毛皮。经脱脂洗涤处理后的毛皮，具有手感柔软、富有光泽、杀菌、去腥臭、不易虫蛀等特点。

12. 拉软机

用于毛皮生产流程中对皮张进行伸展和拉软作业，是皮毛一体加工中的重要和必要设备。内包含一个装有多排刷子和可调导角的叶片的辊子，液力驱动的传送带。皮张在传送带上的压力、面积伸展量以及运送速度均可根据需要进行设定。

13. 烫毛机

是对毛皮的毛面进行熨烫定型的专业设备。采用电子调控器控制温度，液压系统操控装在专用支架上的毡套传送速度，对毛皮作用在烫辊上的压力、角度和接触面积进行调节，以达到最佳的烫毛定型效果（图4-21）。

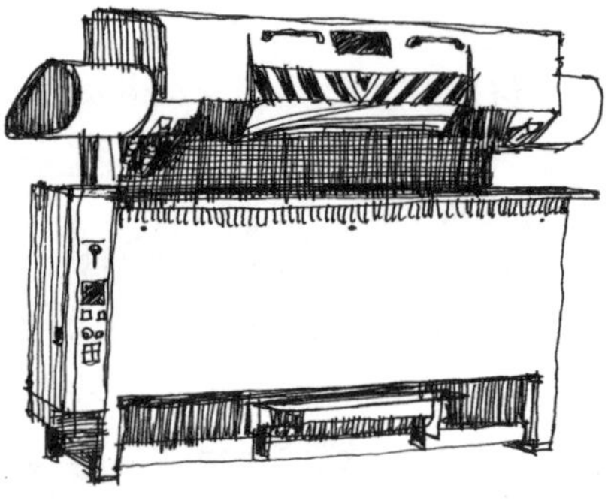

图4-21 烫毛机

14. 剪毛机

常用于低档皮仿制高档皮的加工，剪毛后的毛皮毛被平整，并达到要求的毛长。剪毛机由动力机、传动部分、剪头和磨刀装置组成。剪毛时，动力通过传动部分使剪头上的动刀片作弧线往复摆动，利用动刀片与定刀片（即梳状底板）的剪切作用把毛剪断。剪头上还设有加压机构，用来调节动刀片对定刀片施加的压力，由此得到长短一致的毛绒。

剪毛机根据装配刀片的数量分为精剪机和粗剪机，由于毛皮动物的毛质感和价值都存在差异，因此要根据毛皮的具体特点来选择四刀片或八刀片的粗剪机，还是选择十六刀片的精剪机(图4-22)。

图4-22 剪毛机

15. 梳毛机

梳毛机上的主要分梳机件之一是工作辊。工作辊的表面都包覆不同类型和规格的针布，以满足梳理的要求。经过鞣制和染色后的毛皮不可避免的会造成毛的纠结，经过梳理，除去毛皮中的杂质和疵点，伸直毛纤维，使其具有方向性。山羊毛较长，在染色后，毛绒打结卷曲比较严重，这就必须经过反复多次的梳毛处理，使毛绒打开变直（图4-23）。

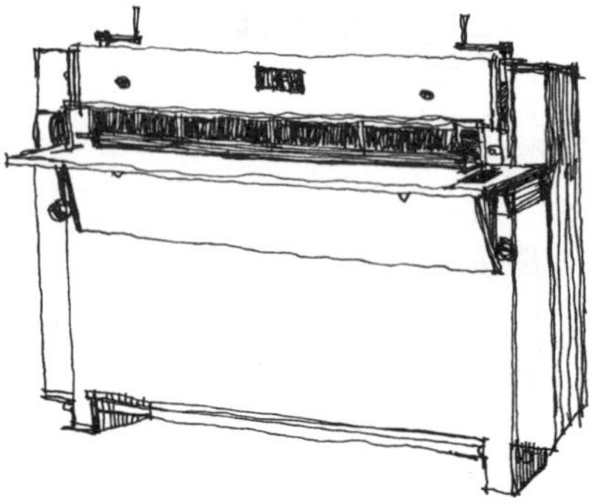

图4-23 梳毛机

16. 剪花机

图案剪花机是将数字化与自动化有效结合，实现对毛皮的剪平及剪花作业，有规则与无规则两大类花型及百余种图案，还能根据客户的要求制作花版图案，在毛皮表面剪出各种时髦流行的花型（图4-24）。

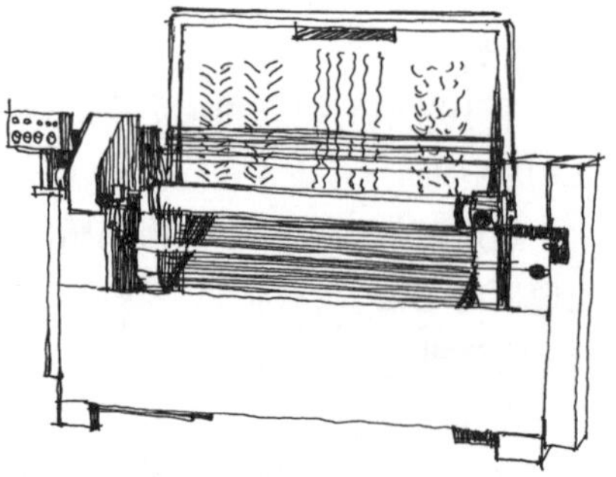

图4-24 图案剪花机

17. 喷涂机、拔色机

毛皮染色机器，主要用于大批量毛皮的喷染及拔色的流水作业。毛皮在机器中经喷染后，由输送带传送，再做高温固色处理，最后烘干，一条龙完成。

18. 电子量革机

是测量皮革和毛皮的平方面积的全自动高效率机器。皮张经过机器上的128/256个电眼扫描，数据同步显示在电脑显示屏上，打印机头再把平方面积的数据打印在皮张的皮板面上，为裁制工段提供依据（图4-25）。

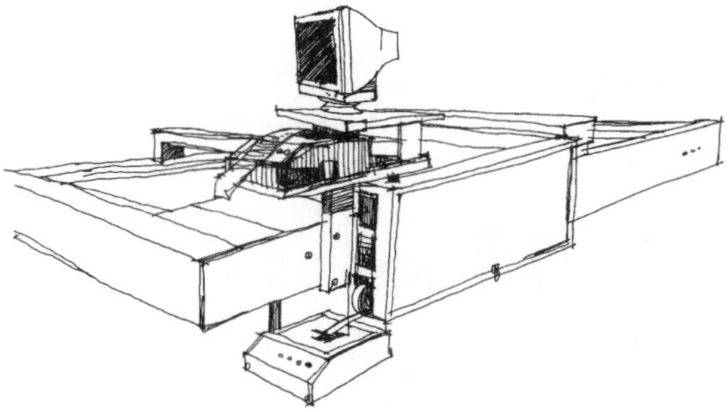

图4-25 电子量革机

19. 切条机

是把整张毛皮裁切成细毛条的机器，用于抽刀类特定条状的裁剪上，依据特定的方向进行裁皮切条，能裁切从0.3到0.75厘米固定宽度的毛条（图4-26）。

图4-26 切条机

20. 压衬机

是通过热压作用在毛皮皮板面加烫粘合衬的机器。多使用毛皮碎料拼接的毛皮褥子上，毛皮褥子在加工成服装前，需要在皮板面烫上一层薄衬，起加固作用（图4-27）。

二、毛皮服装生产机械设备及工具

1. 钉皮板

也叫楦板，用于原料皮剥取加工过程中的定型。一般用红松、白松或泡桐木制成，楦板是根据不同种类原料皮的特点制订长宽、厚度规格和开槽位置。因此加工过程要根据原料皮来使用标准楦板，并按统一规定的皮形上楦（图4-28）。

原料皮在按规格要求的定型过程中会因收缩和折皱造成干燥不均、压褶、掉毛和裂痕等现象。因此将原料皮涂湿后，将其固定在板上自然阴干，就能得到平展的需要的规格尺寸毛皮。

2. 钉皮钳子、起子

是原料皮定型过程中的辅助工具，用于将皮张钉在钉皮板上，皮张经过自然风干，干燥定形后，再使用起子起钉（图4-29）。

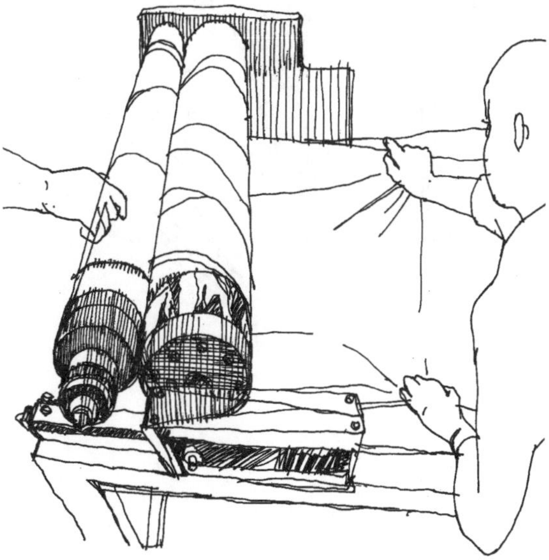

图4-27 压衬机

3. 裁皮刀

也叫毛皮切割器，是特制的裁剪毛皮的工具，用于整皮或宽皮条的裁剪，也可以依照确定的随意形状切割修剪毛皮。使用裁皮刀从毛皮的皮板面进行叼裁，不会损伤到毛绒层（图4-30）。

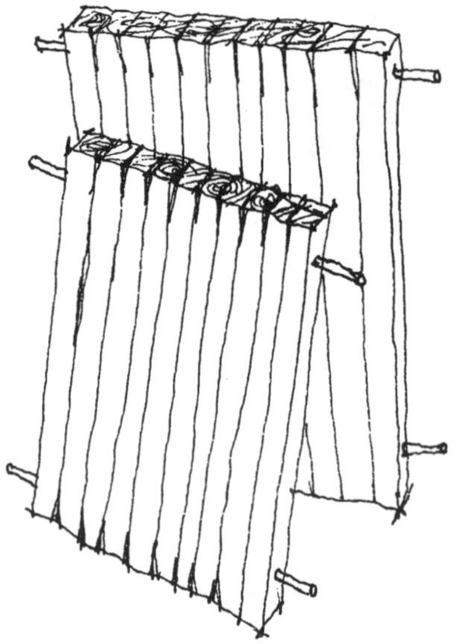

图 4-28 钉皮板

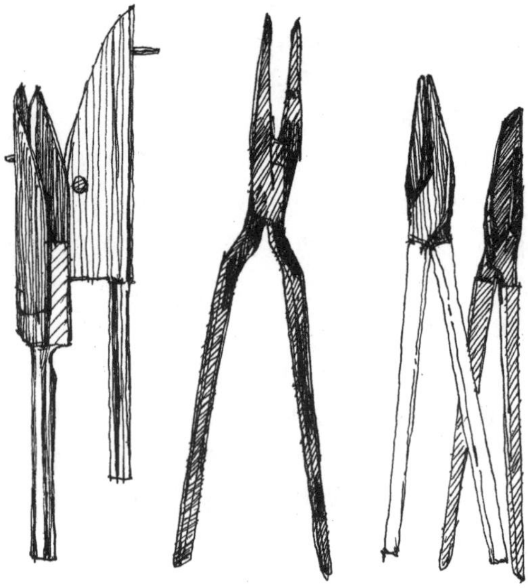

图 4-29 钉皮钳子和起子

图 4-30 裁皮刀

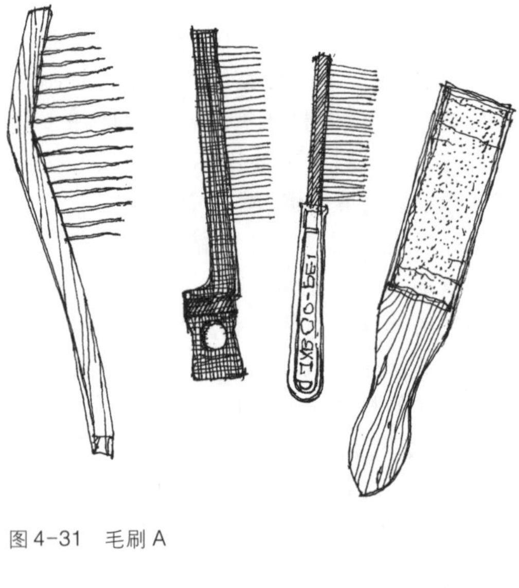

图 4-31 毛刷 A

4. 毛刷毛剪

在毛皮服装制作的过程中会使用到多种类型的毛刷。毛刷 A 主要用于直毛类毛皮的顺水，是用毛刷沾水顺着毛的走向刷毛，使戗倒歪斜的毛被顺直（图 4-31）。毛刷 B（图 4-32）的使用贯穿毛皮服装制作的整个过程：在每块毛皮裁剪好拼合前均需要用毛刷 B 理匀毛绒，以检查核对毛长、毛色及毛向是否相符；在服装缝制成型后，对缝头部位的整理过程也需要使用。毛刷 C 和毛剪的作用在于对毛皮服装成品做整修时，局部毛长不匀或过厚，要使用毛剪和特型梳子将过厚的杂乱的毛做修剪和梳理,使毛花长短一致(图 4-33)。

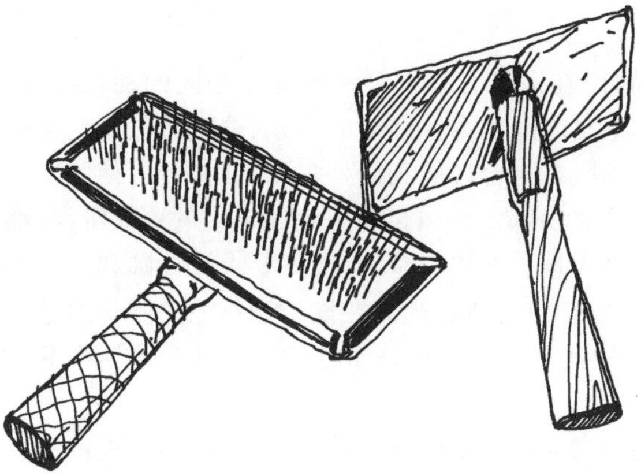

图 4-32 毛刷 B

图 4-33 毛刷 C 和毛剪

5. 工业缝纫机

在毛皮服装的制作中,工业缝纫机经常用于缝制皮板比较薄脆一类的毛皮,如山羊滑子、兔皮等。皮革两用服装的制作中,在袖山、门襟、袋口等受力部位也运用工缝机平缝的方法进行缝制,以增强牢度。一种是毛革双面重叠压线法,它的制作对毛面和革面具有同样良好的压缝效果,革面自然显露出边毛,而毛面只需挑出被压缝的毛即可。另一种平缝工艺如同普通服装的缝制方法一样进行缝合,缝合前需对缝头部位的毛先做剃除处理,缝制后的革面才会呈现轻薄牢实的效果。

6. 毛皮缝纫机

也叫单线锁缝机,俗称裘皮机(图 4-34),其中又分水貂皮专用缝纫机和杂毛缝纫机两种。与工业缝纫机的最大区别在于机针被横向设置在两个齿盘的上方,两块毛皮毛面相向从左侧放入两齿盘中,在电动踏板的控制下,针杆挑线、勾针勾线、齿盘送料,毛皮向右侧移动的同时针带着线将两层毛皮锁缝在一起。用毛皮缝纫机加工只需要留 0.2 厘米的做缝,缝制完成的毛皮皮板朝上平铺在台面上,用镊子尾部轻刮缝线处,即能得到平整服贴的毛张。

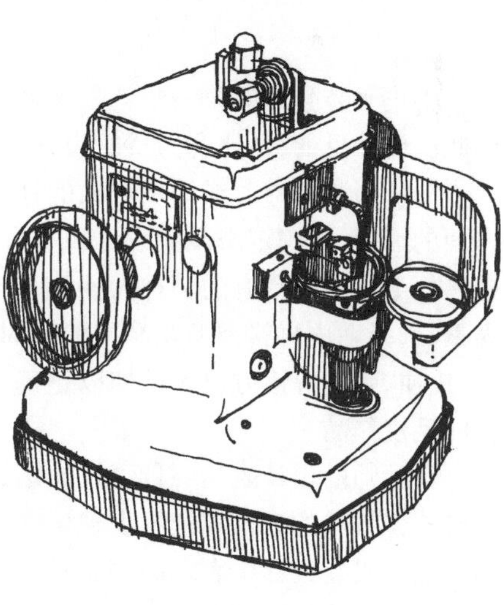

图 4-34 毛皮缝纫机

第六节　毛皮服装生产流程

天然毛皮最珍贵之处就是它独一无二的特性，在世界上找不到两张完全相同的动物毛皮，即便是经过严格专业的等分系统进行分类后的毛皮之间仍存在细微的差别，这也必然给毛皮服装的制作加工带来一定的难度。如何在制作毛皮服装时合理的利用好每张动物毛皮，使服装的每个局部和细节的毛长、毛色、纹样都成合理对称的分布。可以说每只动物毛皮的不同特点，都需要经过专业的技术处理以及独特的工艺方法来表现。毛皮服装的设计，要求设计师和工艺师在发挥创造力的同时，更要对毛皮原料及加工工艺特点有所认知。在设计制作毛皮服装的过程中，要像对待一件艺术作品一样的煞费苦心，因材制宜，只有如此，才能够游刃有余地创作毛皮服装，务求使每件毛皮服装能够成为精品和极品。

毛皮服装的制作工艺过程非常复杂。不同毛皮动物外观的显著差异，对整体的毛皮设计及视觉效果产生着完全不同的影响。有经验的毛皮设计师懂得如何去选用毛皮或组合毛皮来创造新的视觉效果。但一般没有经验的设计者，都是闭门绘制设计图，以主观的想像效果占据设计的主导地位。一件高品质的毛皮服装加工过程需要设计师、板型师和工艺师们的默契的配合，大约经过十几道工序，四十小时以上的熟练工作才能完成，其生产过程中的每道工序都是相互连贯、相互作用的。生产时既要考虑到前后的衔接关系，又要及时进行合理的调配。毛皮服装的高贵所在，无疑与这些高超复杂的制作工艺分不开。

一、设计

毛皮服装生产的第一步就是设计，在纸上画出设计方案。对于毛皮服装设计师来说：要明确此次设计目的，是比赛为目的设计，是发布会毛皮服装设计还是实用毛皮服装的设计，然后进一步分析服装的穿着或消费对象的社会地位、经济水平以及性格、爱好、修养和心理特征等诸多方面的因素，以确定服装的设计风格。还需要明确各种动物毛皮天然具有的鲜明个性，领会并把握好毛皮服装特有的精神内涵和设计思路。因此设计师在设计毛皮服装时要综合各方面的因素，选择毛皮材料类型及品质的同时，还需要根据国内外的时尚流行趋势，对毛皮的毛色、纹理、皮质、张幅等诸方面条件加以正确利用和提炼，深入考虑如何融入到流行中去，设计创作出新的毛皮作品。

设计师的设计表达要包含设计图、款式图及工艺细节图。设计师通过时装设计图及款式图的形式把自己的想像和构思表现出来，再用工艺细节图把毛皮的拼合方式表达清晰。工艺细节图是毛皮服装设计中表现的一个重点，因为毛皮拼合方式是毛皮服装设计中特有的，是区别于其他服装设计的不同点。

二、定料

针对不同的设计个案，首先要选取适合的毛皮品种，需要考虑以下几个方面的问题：选择什么种类的动物毛皮；是使用一种还是几种毛皮搭配使用；被挑选出的动物毛皮在张幅、毛长、纹理、毛色等诸多方面，该如何合理搭配；设计的搭配方式能否使服装整体协调。

这个环节将涉及毛皮原料的组合安排以及适当的服装部位定格、定形问题，也就是说要确定毛皮服装主次部位分别采用什么样的毛皮,这一步至关重要。因为不同毛皮用料的外观效果是截然不同的,加之即使是同一张毛皮,不同的部位之间,其毛份的大小也是有着明显差别的。如:银狐颈部的毛较长,较松软,较飘逸,而臀部的毛却较短,较厚实,有结毛。因此需根据服装穿着效果要求,选用不同的动物毛皮。如:表现松软飘逸的效果无疑以选用银狐为最佳,表现密实丰厚的效果则选蓝狐为上乘,表现斯文柔美的效果选用水貂或青紫蓝最合适,表现狂野不驯的效果当选貉子而不让。确定毛皮的用料,还为下一步纸样的制作提供了依据。

三、制板

就是纸样设计,是根据服装设计的款式,按照毛皮材料的天然皮张大小条件而进行的服装纸样的设计;是在设置了整体服装合理尺寸的基础上,通过在纸面上的平面绘图,将服装的外形及结构分割进行具体的描绘,由此而产生衣片的纸样。

值得注意的是:最初的纸样与其他服装纸样一样,需留出1厘米做缝,以便制作白坯样衣供检验纸样使用。而经过反复修改后最终确定的毛皮服装纸样,由于毛皮服装的单线锁缝工艺是不需要留出1厘米的缝头的。

此外,全毛皮服装的纸样设计要考虑到毛皮材质的厚度,不同的厚度预留的松量尺寸也不尽相同。一般来说,使用的毛皮原料毛越长,制板过程中人体关键部位的松量预留也相应多些;毛越短,纸样上的松量预留也可以少些。例如:狐狸、貉子类长毛品种与貂皮、兔皮等短毛类在制板过程中的放量是完全不同的。否则成品将和纸样上的尺寸有很大的出入,造成重大的损失。

四、制样

制作布样的生产环节,是提供给毛皮服装设计师对该款服装的造型特点、结构线进行检验的重要步骤。选用白坯布依据纸样进行剪裁和缝制的过程必须严格依据纸样缝份的要求进行。至于样衣制作,还可将毛皮服装上的毛皮条纹走向做出划分,以便下一步试样时能够立体直观地检查出毛向是否合适。众所周知,毛皮因其原料的昂贵而分毫不弃,因此绝不可直接用其剪裁试样。

五、试样

将缝制好的白坯布样,在合适的标准人台或人体上进行试穿,用直观的三维立体穿着形式,展现出服装逐个局部及整体的处理总况。而毛皮服装设计师就其服装的穿着效果、尺寸的合适度及各局部的结构表现等问题,提出具体的肯定或修改意见,为板型师下一步的修板工作提供依据。

六、修板

这个环节是根据立体试样的结果以及毛皮服装设计师的修改意见,由板型师对其纸样再做逐条的平面修改。以上的试样、修板工作,有时在一件毛皮服装样衣上要经过几个回合,如此反复地修改推敲,是为了确保存在的问题得到真正的解决,直至制成可用于生产的最终样板。

七、算料

算料环节对于毛皮服装的耗材成本以及市场的价格定位起着至关重要的作用。它是依据所选择的毛皮品种以及对裁剪成相应衣片的各类毛皮用料进行合理的统计、控制与计算。一个经验丰富的毛皮技师，可以在完成一件毛皮服装制作的同时，既保证穿着效果的完美性，又节约当可观的毛皮原料。相反，一个没有经验者，则会忽略毛皮原料的使用数量，无意中造成毛皮原料的浪费而提高成本。

八、预处理

材料预处理是指在剪裁之前，对毛皮材料进行多道工序的处理，它包括选料、配皮、吹缝、机缝水缝、靠活、钉皮等工序。为了尽可能生产出优质的毛皮服装，对毛皮材料进行预处理是毛皮服装成衣生产过程中至关重要的一环，由毛皮这一特殊材料的自身特点决定预处理方法。

选料即鉴定原料皮，使其质量符合产品的质量要求，经过区分皮的种类、等级、毛色、毛长，挑出残次皮，估算使用量。对张幅较小而不宜靠走刀方式拼接扩幅的毛皮，适当进行放量。配皮的目的就是要使制作出的服装达到谐调一致的效果。确定哪些皮做服装的主要部位，哪些皮做服装的次要部位，按照服装样板预测出皮率。配料时需要根据毛质、毛色、毛绒、厚薄、面积等确定的思路自首至尾顺序排列配制，经过上下衔接，左右克毛，四周边缘和中部皮相克相逐，巧妙掩盖缺陷，设计花纹图形（图 4-35）。吹缝是把原料皮的边缘缺陷及伤残理破为整，安排毛被的强弱位置，确定需对齐和挖补的位置。吹缝时将毛峰抖起，折叠皮张，逆毛由上至下弧形辗转吹缝，口吹目测毛被，将发现的残疵剪掉，修齐破损处的边缘，如毛被上有油毛，需用热土粉洗净。机缝水缝是将吹缝工序剪出的剪口和拼接挖补的部分，采用手针或缝皮机缝合。缝合时，毛被正面相叠并将露在反面的绒毛归拨入毛被，针穿透真皮而整齐的缝合，厚皮要针码紧密，薄皮针码均匀。靠活是质量把关工序，负责裁剪前的定质、定量、定位的工作，使毛被布局合理，上下衔接，绒毛相克，颜色相逐，从而鉴定配料的好坏，确定抨皮和裁制方法，决定撤皮、添皮、换皮、调数量等。各种毛皮裁制前都要钉皮，因为机缝等工序，皮板难免有皱缩、弯曲、折叠，抨皮后可使皮板平展，达到合适的出皮率。钉皮具体步骤是：①将毛皮的皮板喷湿后平铺在钉皮的木板上；②找准毛皮的脊背中线进行固定；③将毛皮向四周拉伸延展至几乎无弹性状态；④用小型铁钉沿毛皮边缘钉牢；⑤待风干后取下钉子，毛皮保持被钉时的形状；如此，便可获得一张平整、规则的长形皮张（图 4-36）。

图 4-35　配皮

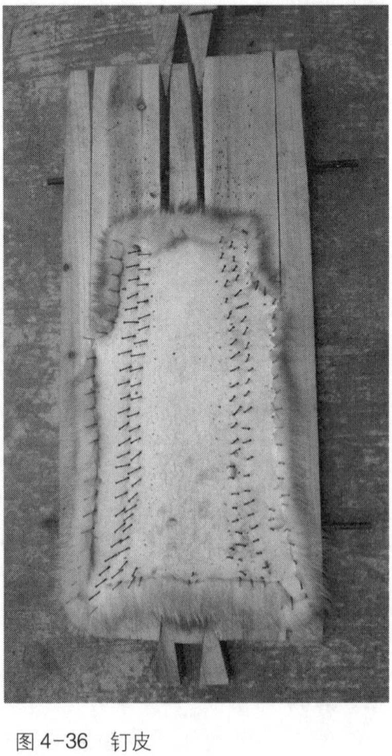

图 4-36　钉皮

九、裁皮

毛皮的裁剪不同于普通衣料的裁剪，必须采用特制的裁皮刀或专门的毛皮切割器在皮板面进行单面的叼割，这样才能够在裁皮时，只切割开毛皮的皮板而不损伤或破坏其毛绒。而且即使是使用了特制的裁皮刀，在切割毛皮时也要格外地小心谨慎，尽量避免绒毛的脱落。

裁皮技巧在于根据毛被自然生长的刀路，确定正确的走刀方法、走刀深度、走线区别、进刀上刀的尺寸，不仅通过走刀来改变皮张的形状，而且要改善毛皮毛被的外观，增加花色。毛皮服装的裁制比较特殊，因其品种而异，即使是同一品种的毛被也因毛色、毛长、毛向等多种因素而异。只有既保留毛被的天然花色，又使毛被的外观一致，才能提高毛皮服装的价值。选择恰当的裁制方法，既可以节约材料，弥补原料皮的缺陷，又能改善毛皮的外观（图4-37）。

图4-37 裁皮

十、缝制

缝制前，先要对裁片进行印活。印活是裁制后按上、中、下顺序检查毛被、皮板的合格程度，修改存在的毛病，如毛被不克毛、绒毛不匀、颜色不逐、刀口不齐、走刀不适、秃绒等疵点。使毛被的外观及尺寸达到标准。

缝制是将按样板裁制好的衣片沿净粉线缝合的过程。可分为两个阶段：拼缝皮条和清缝。拼缝皮条是将皮条的毛被相对，用针别住缝合处的相对位置（使上下层衣片不错位），在毛皮机上，边缝边将倒伏的毛挑入正面毛被，避免拴毛、窝毛。厚皮的针距为9针/厘米，薄皮的针距为3～5针/厘米，缝合后敲实线迹使之稳定。清缝是根据服装样板靠活的位置，把拼缝好的裁片，在其肩部、侧缝、袖底缝、袖窿等处用手针缝牢。靠活时主要以毛质、颜色相逐为准，因而缝成的衣片的边缘会参差不齐，修剪后，再经机缝即可成为成品衣服。

图4-38 缝制

此外，缝制过程中还需注意：缝针的粗细选择；缝线的拉力选择；线迹的长度选择；同色的缝线选择。选择的缝线颜色与毛皮底绒色及革面色彩越接近越好。其中前三点，均需根据毛皮的厚薄情况进行调节。毛皮材料的缝纫，需要高水平的缝制技师来完成（图4-38）。

十一、定活

定活是将车缝过程中，毛皮衣片上出现的不平服部位进行加工固定的方法，一般是在皮板潮湿的状态下进行。将皮板平铺在钉皮板上,喷少量20~30℃的水,待皮湿润后,根据样板曲线、皮板厚薄、毛向。先钉两端,再钉两边,厚皮钉密,薄皮钉稀,使横竖线缝钉得正、直,四周边缘整齐,然后在通风处晾干,待皮干透后起钉,皮板的形状即可固定。

在做这一步时,毛皮定形师必须格外细心,既不能过分牵抻、拉展毛皮,更要照顾到左右毛皮衣片对称等问题,特别是衣片边缘的接口处。因为倘若在此次钉皮时不加考虑这些问题,会使衣片对称的花纹因此而走样,造成下一步工序处理中的技术难度。完成了以上程序,接下来便是待毛皮衣片风干之后进行的毛皮衣片边缘的修整裁剪。此后,从钉皮板上取下的便是与裁片完全相符合的平整标准的毛皮衣片了。

十二、制衣

制衣工序是指按照纸样将已修剔整齐定形后的所有毛皮衣片进行整合缝制,形成完整的毛皮服装衣壳的过程。在制作毛皮服装衣壳的过程中,一些关键部位需加嵌条或衬料,使之坚固、稳定而不变形,这些部位包括前门襟、肩斜处、袋口和袖口等处。

十三、缝里

缝里是将毛皮服装衣壳与里布进行组合的加工工序。它是采用精致细密的里布,完成毛皮服装里布的组装缝制的过程。一般来说,需要在毛皮衣壳的边缘位置缝合丝带或衬料后与里布直接缝合,也可以通过将毛皮直接用平缝车重叠压缝于里布上,而后挑出被缝压住的毛来完成。将里布与毛皮衣壳进行缝合的过程,是以手工和机器设备兼顾使用完成的。倘若毛皮服装是毛与布料双面穿着的,则此步骤就是缝合另一面的衣料了。

十四、手缝

毛皮服装生产的手缝阶段,分四个步骤进行:①逐个将毛皮衣壳的边缘与里布的肩点、领口、袖口、袋布、下摆等部位的牵条固定处理,以确保里外平服;②给毛皮服装钉缝纽扣和其他装饰附件;③做毛皮服装整饰毛发的特殊处理,特别是对钉皮或缝纫后出现的毛绒歪曲现象部位,可采用专门的刷子,沾水后顺毛的走向进行刷毛整理;④对于一些动物固有的瑕疵杂毛,则需要用手工镊子拔净。

十五、熨烫

毛皮服装的熨烫可分为手工熨烫和大烫两个步骤。手工熨烫是缝里完成后,对里布进行的局部定型整理;大烫是毛皮服装制作过程中,毛皮工艺师所做的最后一道工序。通过用蒸汽熨烫的整理程序,毛皮技师要再次确认毛的大小是否均匀,毛的颜色是否有差别,并解决在缝皮和钉皮的过程中毛被挤压的恢复问题。

十六、整修

整修是对成品的进一步检查整理。毛被整理后平顺灵活,光洁美观;皮板整理后柔软无疵。整理的方法有多种,视毛皮的特点而选用,常见的方法有:找补、溜毛、旋边、除灰、顺水、剪毛、刀毛、打水、灌浆、赶花、滑钩、顺色、烫皮等方法。最后将整件毛皮服装放置在特制的有孔滚筒中进行干洗处理，目的是清理制衣过程中因切割、缝制、梳理所造成断毛的浮毛，并使毛皮变得更加柔软，更加蓬松。至此一件完整的毛皮服装就制成了。

十七、质检

毛皮服装最后的质量检查，以确保该服装是否符合规定型号尺寸，尤其是对胸围、肩宽、袖长、衣长等部位的尺寸测量后与工艺单上的尺寸进行核对。并确保毛皮服装的对称，所有拼缝都自然平服，匹配的毛皮是否十全十美等等。质检后没有任何瑕疵，新的毛皮服装就已经准备好可以发送到零售商和其最终的消费者手上了。

十八、包装

毛皮服装打上吊牌后，再根据其款式和尺寸的特点，对每件进行平展方式的单独包装。平放毛皮服装，折叠袖子，并用硬纸板隔开袖子和衣片，以防止过度挤压造成毛皮的变形与损伤。再以十件一个单位装入定制的纸箱。

十九、存放

毛皮服装包装好在发送到零售商手中之前，可能会在工厂里存放一段时间，需把服装暂时保存在阴凉，通风良好，没有阳光直射的仓库里。

以上只是毛皮服装制作的一般性步骤，而对于不同的设计，则很多程序还需要灵活调整。当消费者了解了所有制作程序之后，便能够体会出毛皮服装之高贵绝非空穴来风，确是物有所值，进而懂得如何去挑选、鉴赏毛皮服装。

第七节　毛皮服装的发布

毛皮服装的穿着和购买行为具有明显的季节性，一般集中在每年的十月份到次年的二月份。毛皮服装在这个时间周期里必须根据自身的品牌定位和风格选择相应的媒体进行推广活动，使品牌信息能够最有效最大化的传达到消费者那里，能实现毛皮服装厂商预期的目标。

一、订货会

订货会是服装、服饰等产品普遍采用的一种发布形式，毛皮服装订货会是毛皮服装公司面向品牌加盟商、品牌代理商、百货商、批发商等专业客户开放，来争取产品订单，以实现销售渠道扩张与分化提前计划生产所带来的库存风险。

确认本季度主打款式与主打毛皮，让服务于订货会的工作人员都详细了解整体产品开发计划，流行趋势、主打款式卖点等，重点推介；可以起到集中下单作用。下单数量：也就是一个模拟销售计划的过程；以单店销售业绩作为依据，来确认下单商品数量，其中结合产品开发特点与上市计划，来指导客户下单。

1. 意向性订货会

毛皮服装品牌在意向性订货会上得到的往往是客户的意向性订单，而非实际订货单。客户不需要预交订金，只需要填写订货意向即可，举办者的主要目的是请专业客户对自己即将推出的产品作一个专业坚定，便于根据结果调整产品结构和计划。

2. 实质性订货会

实质性订货会一般要求客户下正式订单并交付订金，毛皮服装加工厂必须按订货合同及时供货。

3. 单独订货会

由毛皮服装公司或加工厂自行组织的独立的产品订货会。参加单独订货会的目标客户比较集中，一般为常年客户或有订货意向的新客户，因此单独订货会的成交率较高。缺点是组织成本比较高，需要投入大量人力物力在策展和组织活动上。

4. 联合订货会

由一个组织机构承办的，类似国际或国内毛皮、皮革服装展览会，广交会等性质的订货会，这类的订货会相对规模比较大，客流量大，产品信息多。参展联合订货会的毛皮服装公司有做内销市场也有做外销市场，观展者来自世界各地，人流量极大，也是同行相互学习、竞争的机会。缺点是目标客户不够集中，实际订货情况可能不如单独订货会好。

二、发布会

毛皮服装发布会是服装公司以动态的服装表演形式把设计好的毛皮服装新产品向新闻媒体、品牌加盟商、代理商、百货商、批发商等专业客户开放的服装推广形式。时装展演和发布会作为服装特有的宣传手段，又是十分常见且卓有成效的。它除了外观性和功能性的示范展示以外，更多的是能体现毛皮服装的文化精神理念和风格内涵，因而在发布会上展示的毛皮服装通常较之订货会上的更具创意性和前卫性。毛皮服装发布会不仅是服装设计师成果的一个展示，还是广告策划人、设计师、服装模特等团队共同去实施的一个浩大工程。

1. 室内发布

室内发布是毛皮服装常见的发布形式，非常符合毛皮服装的高贵品质，观摩条件舒适，专业性强，不受天气条件限制，适合面对专业客户开放，场租费较贵。

2. 室外发布

室外发布会是近几年兴起的发布会形式，气氛自然，形式多样，专业性较差，一般适合非专业人氏观赏。

3. 单独发布

单独发布是指一个发布场地上仅有一个品牌的产品发布，这类发布会效果集中，目标观众明确。

4. 联合发布

联合发布会是指由数家毛皮服装品牌公司共同在一个发布会场地和集中时间内共同举办的发布会。此类发布会一般在服装节等大型活动期间举行。

第五章 毛皮拼接及制作工艺

高科技的发展，使人们生活的环境越来越舒适，冬季取暖条件得到根本改善，加之全球的日趋变暖，毛皮服装已不再是单纯地用来保暖，人们更注重其舒适性和装饰功能。加之新世纪年轻人已经成为了服装消费的主体。毛皮服装雍容华贵的传统特质已经不再是人们追逐的目标，毛皮服装的时尚化、年轻化、平民化已成为设计要点，软、薄、暖是人们新的追求目标，同时也成为其价值所在。毛皮服装的制作工艺朝什么方向发展？工艺的精良靠什么保持？正如其他服装的制作工艺的发展轨迹一样，制作技术的发展必须围绕人们着装观念的变化而变化，因此毛皮服装的工艺技术也顺应时尚潮流，不断地推陈出新。毛皮向着纺织工艺技术方面发展，被织成各种毛皮线、花边等，装饰服装的边缘。“毛皮编织工艺”、“毛革两用”“质感重塑工艺”、“镶嵌工艺”等都是近年来流行的亮点。

第一节　常用裁制及拼接制作工艺

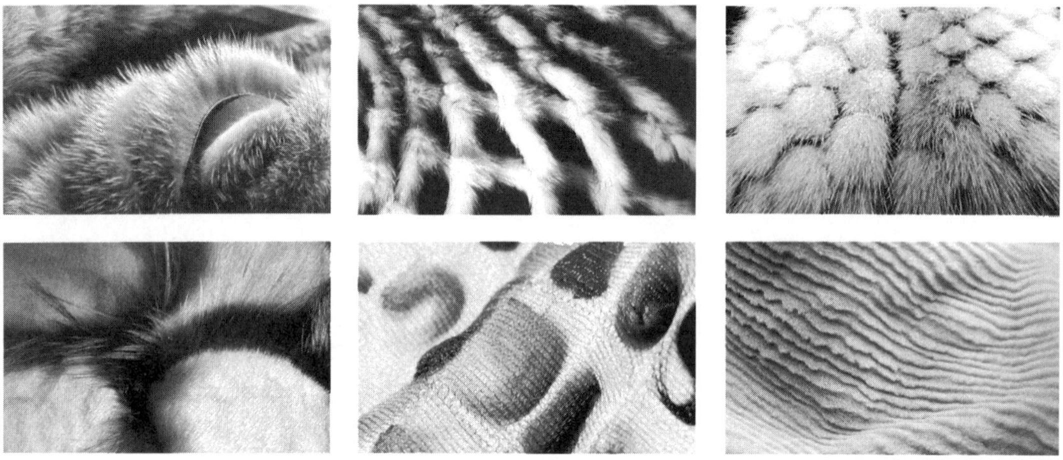

图 5-1　现代毛皮拼接工艺

一、常见裁制及拼接方法

1. 挑狐皮

挑狐皮是我国毛皮制作工艺的精华之一。狐皮挑开后，能够明确分析其各部位的特点，便于区分毛质和颜色，因毛制宜，分别取其轻暖、华丽、坚固耐用、优雅绵软。比如狐头和狐尾极少用来制作服装，常被制作成其他工艺装饰品；狐皮的狐腮、前腿、后腿毛质较差，毛绒稀薄，针毛粗硬，常被提取出来加工成毛皮褥子后再做使用。一定量的腿部毛皮拼接后会形成特殊的纹理效果，一直以来深受设计师的喜爱；狐脖、硬坎和狐脊部位的毛绒浓密厚实，颜色艳丽，是制作毛皮服装的最佳选择；狐胸的毛色略浅，针毛稀疏，皮板轻薄，常用来作饰边毛皮（图 5-2）。

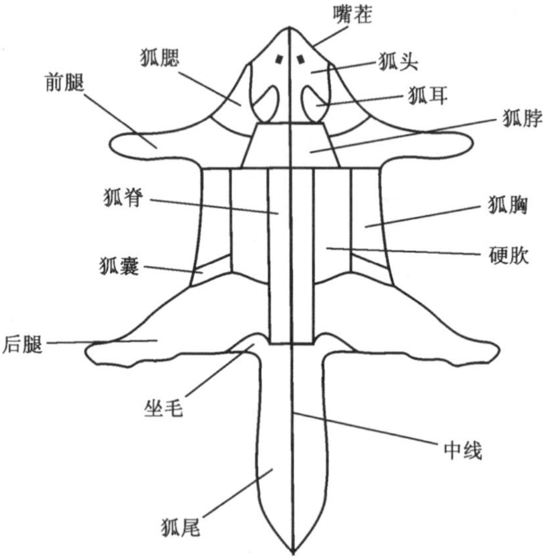

图 5-2　狐皮部位

2. 鱼鳞刀法

水獭皮、草上霜皮等常采用此方法。水獭皮本身有长短、宽窄、曲、斜、圆之分，必须通过走刀达到毛面一致，而水獭皮的皮板厚而结实，直刀裁容易出现裂缝，造成两块毛皮拼接处的毛绒分离，只有采用曲线走刀才能有效的防止出现类似问题。草上霜的毛质和毛色也决定了用鱼鳞刀法能保证不破坏毛被的外观。（图 5-3）

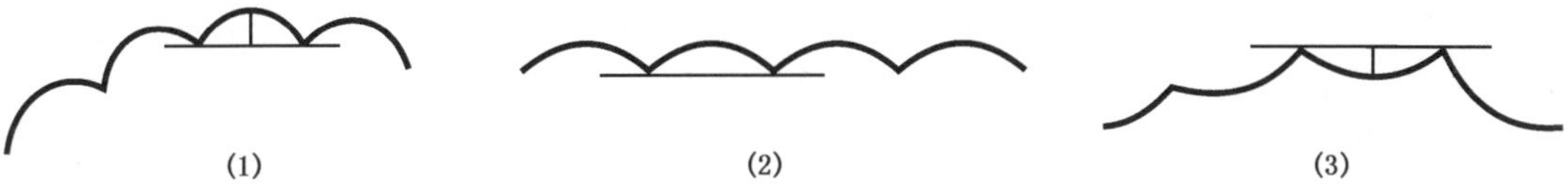

图 5-3 三种鱼鳞刀法

3. 其他刀法

针对不同毛皮的特点及服装所需外观花色，有很多的走刀方法，如裁貂皮用关东刀法；裁波斯羔皮用锯齿刀法，如图 5-4 所示。

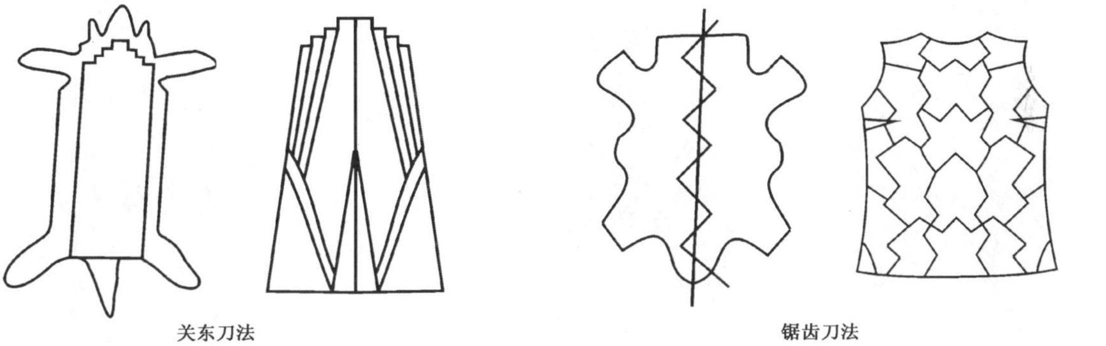

图 5-4 其他刀法

二、抽刀拼接

抽刀拼接是毛皮传统制作工艺中最具特色的方法之一，运用在貂皮和狐皮的制作中尤其能彰显特色。

1. 一般抽刀

采用抽刀的工艺手法目的在于改变毛皮原本的张幅形状，使之拉长，同时并不影响毛皮的整体花色外观。水貂皮、黄狼皮、旱獭皮等小张幅皮的毛皮常采用这种方法。由于整皮上各个部位的枪毛长短，绒毛疏密，毛色深浅均有差异，通过计算，用抽刀工艺对毛皮做裁切再缝合，能达到不露痕迹的效果。

首先以整皮的脊背中心线做为中轴线，从中轴线往两侧以一定的斜度切割成宽 0.4～0.8 厘米左右 V 形或 A 形平行小条，再根据需要改变毛皮小条的倾斜角度，按原来的排列顺序重新拼合起来，生成较之原来的张幅长而窄的形状（图 5-5）。目前，大部分毛皮抽刀都是采用机器切割，手工拼接制作，这是一项手工密集型的工作。

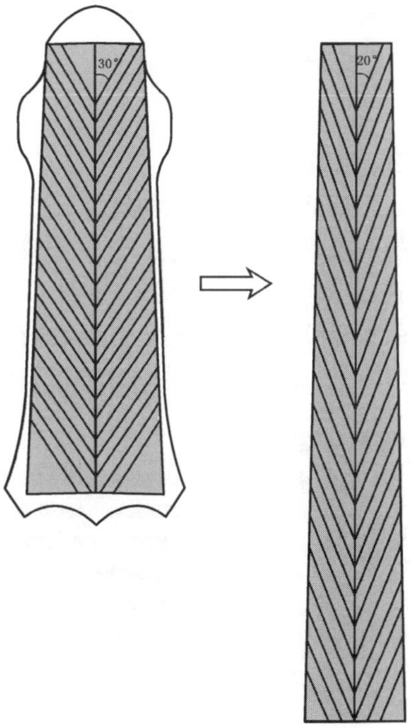

图 5-5 抽刀工艺示意图

2. 对角抽刀

对角抽刀是对两块毛色相似的毛皮进行斜向分割

后改变倾斜度再做拼接。毛皮脊背部的中心线会呈现出略弯的走势。这种技巧在深色毛皮上表现得并不明显，而在浅色且脊背纹理清晰均匀的毛皮上则会产生不同方式的排列，形成新的花纹图案效果（图5-6）。掌握了这两种抽刀拼接工艺以后，还可以发挥想象和创意，创造出各种颜色搭配和肌理效果。

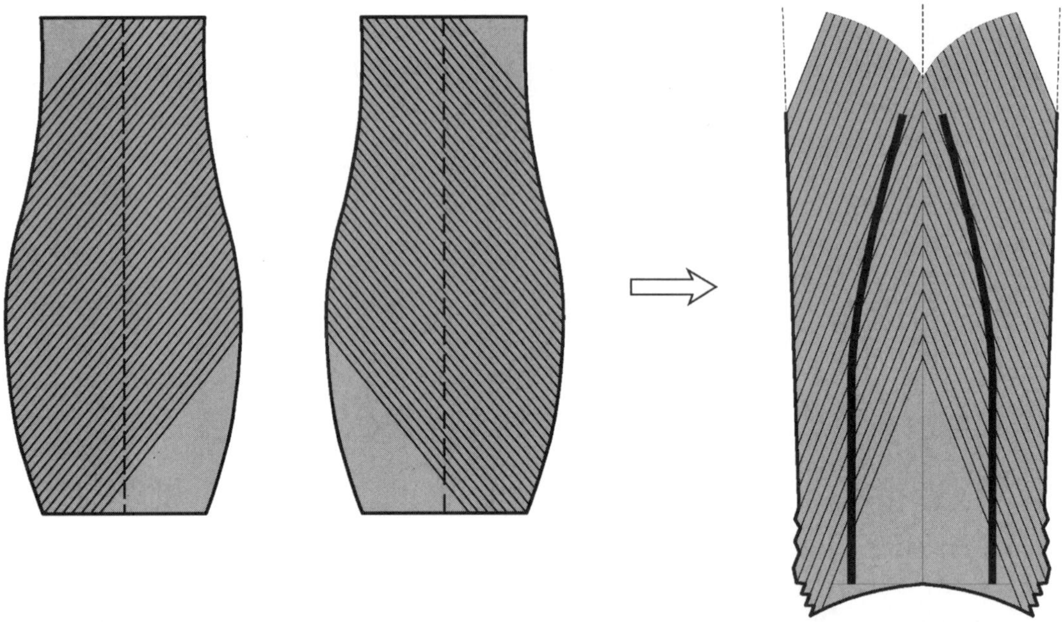

图5-6 对角抽刀工艺示意图

三、加革拼接

基于“抽刀”的这种传统工艺手法，又发展出了“加革法”和“加丝带法”等工艺，即将抽刀法的两条毛皮之间车缝皮革、皮条或丝带，这种工艺不仅减轻了毛皮服装的重量，使之变的轻盈柔软，还减少了毛皮的用量，节约了原料成本，另外加革拼接还使成衣表面形成条纹图案。皮革条的宽窄形状都会影响成衣表面的视觉效果，毛皮设计师可以充分运用毛皮品种的不同，毛分长短不一的毛皮设计出丰富的效果（图5-7～8）。

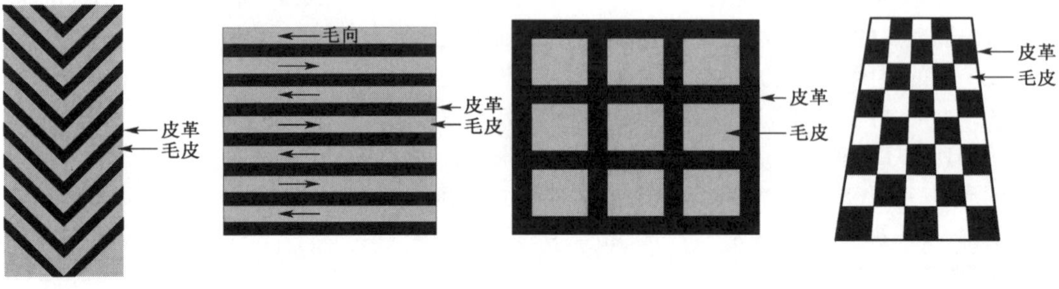

图5-7 四种加革拼接的效果示意图

图 5-8 不同加革拼接的毛面和板面对比效果

四、原只拼接

1. 整皮做

原只拼接手法是最传统最原始的毛皮加工工艺之一,皮张较小的毛皮动物常采用这种工艺手法。直接采用整张皮,对其稍做皮沿修饰,拼接制作成为成衣。保留了动物毛皮原始的长度和宽度,块面大,整体感强,缝制工序简单。如(图 5-9 ~ 10)为原生态貂皮的波浪式拼接方式。

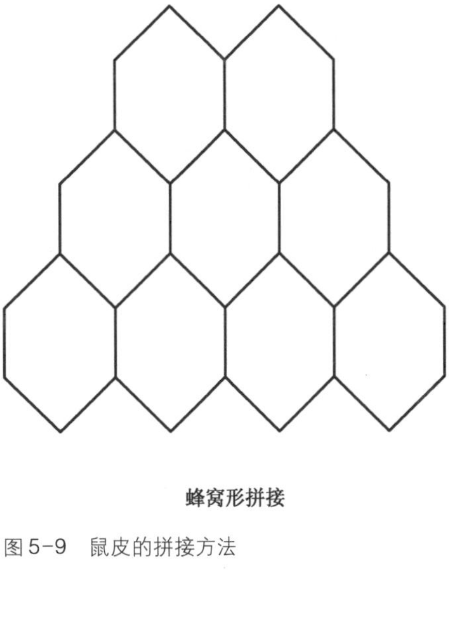

蜂窝形拼接

人字形拼接

图 5-9 鼠皮的拼接方法

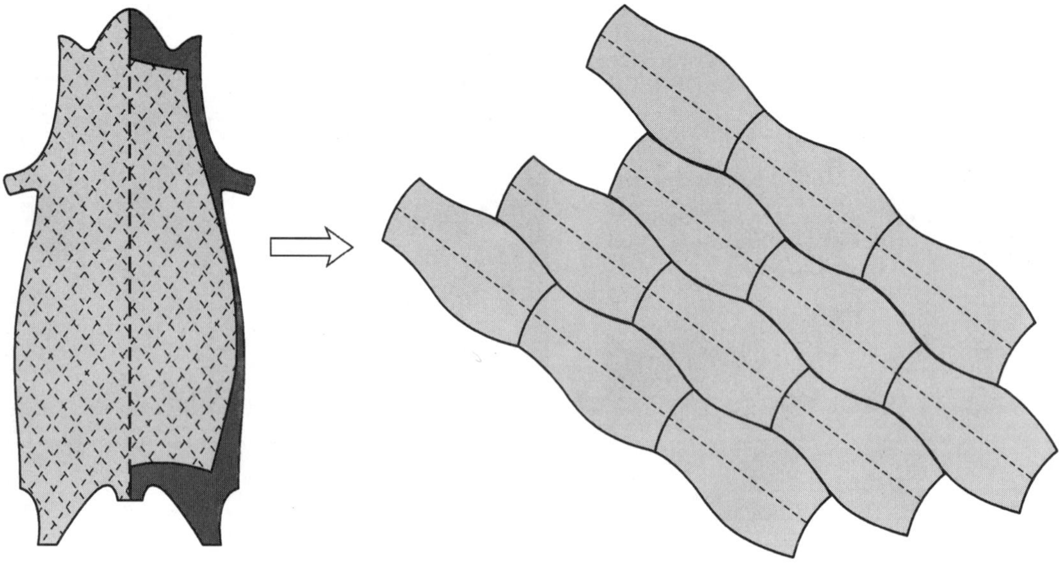

图5-10 貂皮波浪式拼接方式

2. 半只做

毛皮拼接手法中较常见的还有“半只做”的方法，是在毛皮脊背的位置将皮革面切割开，利用动物脊背中间毛与腹部毛的长短和色泽上的差异做重组排列设计。按一定的秩序排列拼接而成的成衣可以呈现不同的视觉效果（图5-11）。

图5-11 半只裁剪拼接方式示意图

五、镶花方法

镶花是在毛皮上裁出理想的图案，再利用其他颜色的毛皮裁出同样大小的图案，把两者拼合在一起。设计师可以根据需要设计各种图案。在镶花设计当中，为了达到表面平整美观的目的，通常会将皮草做剪毛处理。但对工艺有所认识的设计师也可以运用不同长短的剪毛，做出图案的凹凸立体效果。利用镶花设计服装，在制作过程中可以采取阴阳互补的手法对皮张进行合理充分的利用，同时做出两件风格、图案相同，但底色和图案毛色正好相反的服装（图5-12～14）。

图5-12 毛皮镶花工艺示意图

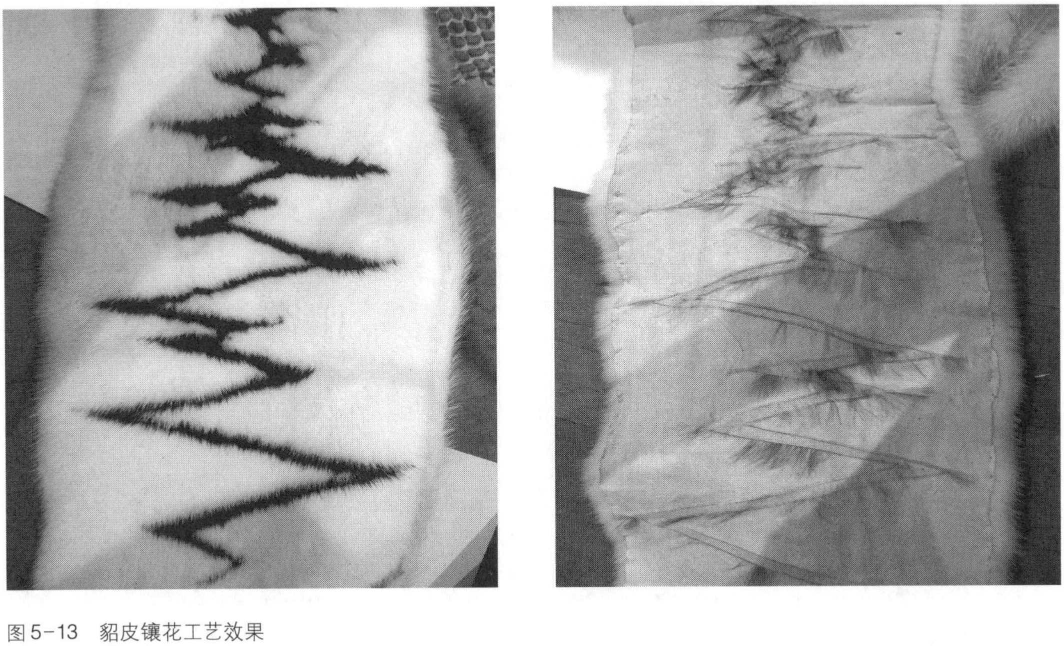

图5-13 貂皮镶花工艺效果

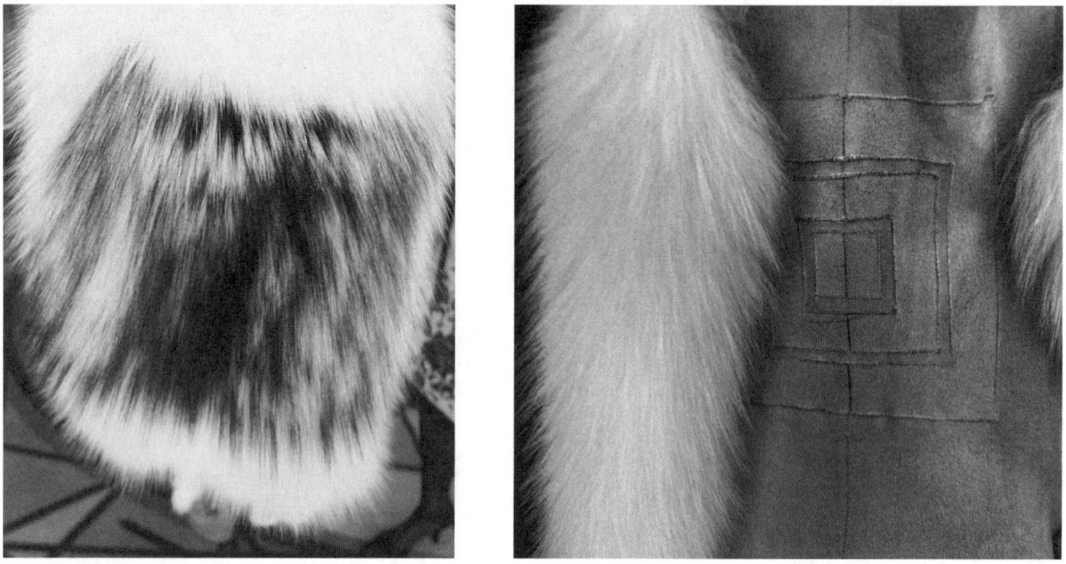

图5-14 狐皮镶花工艺效果

六、编织方法

毛皮编织工艺不同于其他编织，是用裁剪成的细毛条在网布上穿叉交织而成，这个方法使毛皮彻底改变了原来的面貌，形成轻巧、手感柔软和两面穿用的特征，非常适合做成围巾、大披肩、小外套等服饰。这种工艺自2002年出现以来，近年来更发展至帽饰和包袋等配饰上，短衣、大衣的网织服装，与毛针织服装的结合使用更是变化层出不穷，在流行服装市场上占越来越多的市场份额（图5-15）。除了水貂、兔皮等中长毛皮可用于编织以外，狐毛、貉子毛等长毛类型

图5-15 水貂皮编织围巾

的毛皮也可用于编织。毛皮编织手法变化多样(图5-16),加上不同色彩、不同风格和长短毛的搭配形成丰富的视觉效果,比如采用红黑两色獭兔毛编织出对比强烈的色块效果;用大毛类如狐皮、貉子皮和小毛类如貂皮搭配突出高低毛的强烈对比,采用剪毛獭兔和不剪毛獭兔或貂绒和水貂搭配呈现含蓄的对比效果。

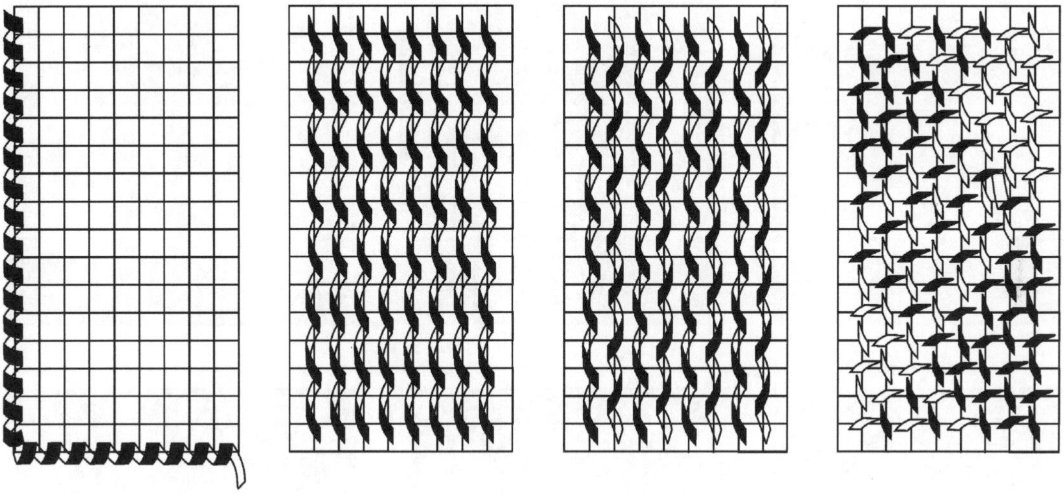

图5-16 多种毛皮编织方法示意图

目前这种编织工艺全采用手工编制。编织方法是先根据毛绒密度将毛皮裁切成0.3~0.5厘米宽的毛条,再选择合适规格色彩相配的网布;取毛条以顺毛方向按一定的图形走向进行编织,编织过程注意将皮条的毛面朝外,并保证毛条和网布编制时的用力均匀;编制完成再用毛皮刷对正、背面毛层做仔细梳理,这样才是最终完成。

七、褥子拼接方法

毛皮褥子是把动物毛皮的边角碎料比如头部、前腿、后腿等部位切割成特定的形状,再按一定的方向和顺序拼接,加工成固定规格尺寸(大致有60×120厘米,52×107厘米和45×105厘米三种规格)的大块毛皮面料。褥子由于采用的毛皮种类和毛皮部位的不同,会形成不同的厚度、色彩、纹理效果。

褥子按动物毛皮部位的不同分为:狐皮前腿双排褥子、三排前腿褥子、倒顺间褥子、后腿抱月褥子、肷褥子、头褥子;水貂前腿褥子、后腿褥子、头褥子、肌块褥子;貉子腿褥子、貉子肷褥子;滑子褥子、羊皮褥子等。(图5-17)

按毛皮褥子表面的不同肌理分为:S型、U型、W型、人字型、凤尾型、燕窝型、方块型、长条形、菱形等。

有一种毛皮褥子是采用体型较小的动物的整张毛皮拼接而成,比如兔皮褥子(包括拔针毛和不拔针毛两种)、兔皮下脚料褥子(兔皮褥子还分白兔皮褥子、草黄兔皮褥子、青草皮褥子、野兔皮褥子、獭兔皮褥子);松鼠褥子、灰鼠褥子、黄狼皮褥子、艾虎褥子、狸子褥子、黄狼褥子、麝鼠

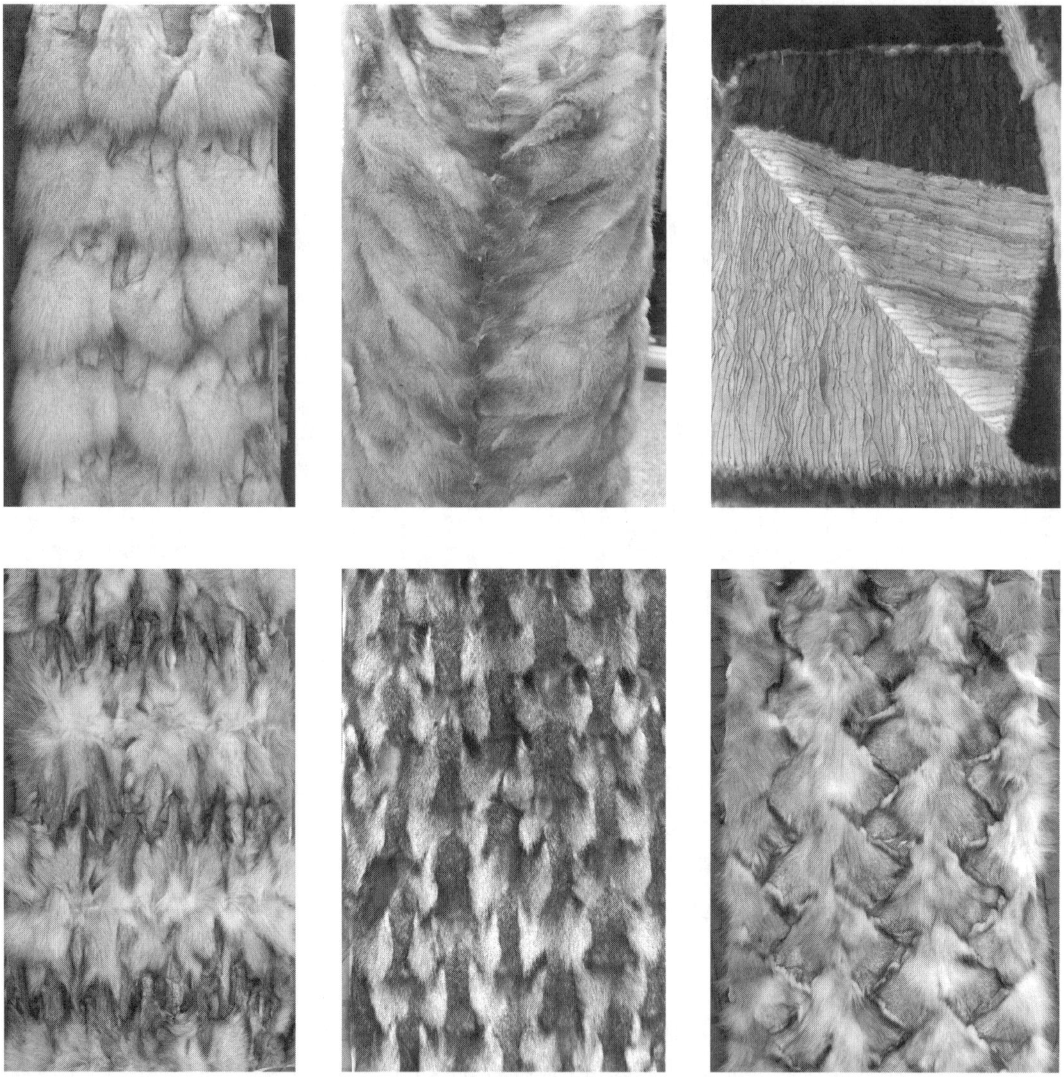

图5-17 狐头褥子(上左)、黄狼腿褥子(上中)、水貂碎皮褥子(上右)、狐后腿褥子(下左)、狐腮褥子(下中)、狐前腿褥子(下右)

褥子、猫皮褥子、猸子褥子等等。

还有印花褥子,经过染色加工的褥子。毛皮原料加工厂每年会推出新的拼接纹理,当然毛皮原料加工厂也会根据毛皮服装公司的需要定制。

褥子经过各种拼接方式形成丰富的色彩和图案肌理,而且毛皮皮张大小一致,设计师应用起来非常便捷;另外经碎料拼接而成的毛皮褥子相对全毛皮成本降低不少。

第二节 特殊拼接制作工艺

一、网状效果工艺

1. 加宽工艺(Widen)

这种工艺技术正如其名,是在水貂皮上做出网状效果,创造出一个崭新的不同的外观。尤其适用于柔软、灵活的经过剪毛处理的毛皮上。可以使用任何尺寸大小的雄水貂和雌水貂的毛皮。注意延伸的距离要适量,保证网的牢固性。皮革面还可以分开做染色处理(图5-18)。

(1) 把皮张钉在板子上,根据皮张的大小尺寸画好纸样,设计分割线要考虑几个方面:自己的设计;网的尺寸;皮张毛的长度。动物颈部和臀部因为毛的长度不一样,要分开来处理。

(2) 在皮板上画好分割线,然后进行切割;

(3) 从裁切的位置分离开。分割线能根据设计变化出多种多样的形式;

(4) 根据网的尺寸把它们拼接在一起。

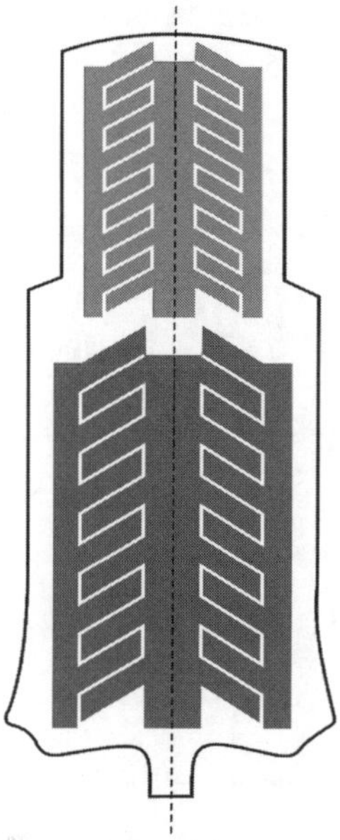

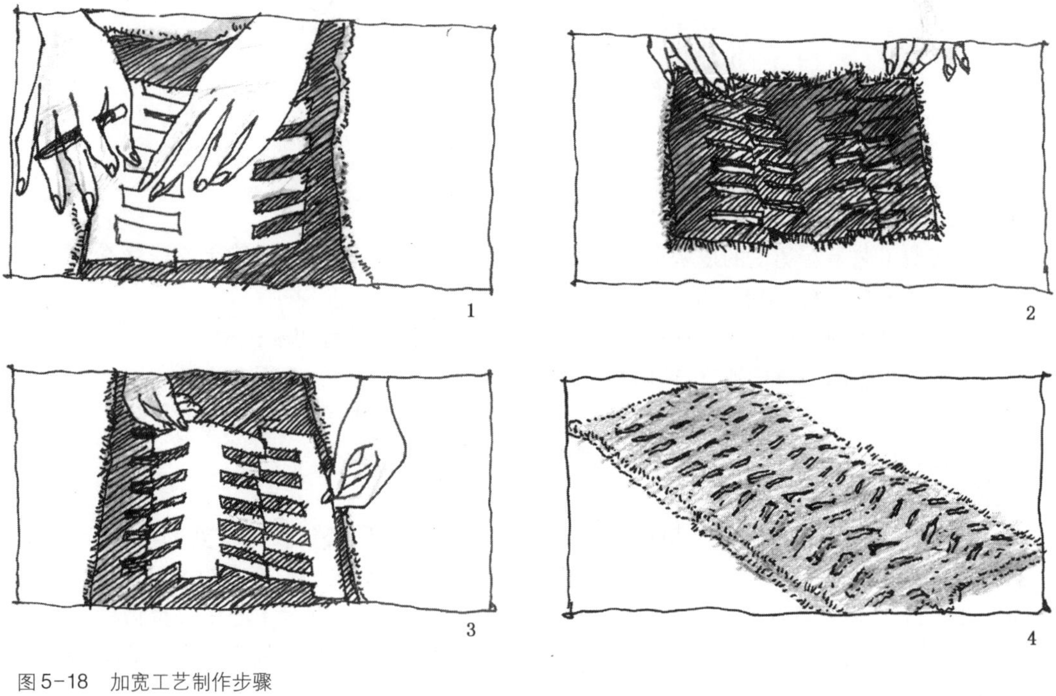

图5-18 加宽工艺制作步骤

2. 延长工艺(Extend)

延长工艺是抽刀工艺的另一种表现形式,它不仅能延长毛皮的长度,使毛皮表面产生一种有规律的有趣图案,还能使毛皮变的象空气一样的轻柔。蓝狐因为毛绒长度比较均匀非常适合采用这种工艺来处理。这种工艺在整张皮或半张皮的宽度上都适用。延长工艺能把毛皮延长60%,既加大了毛皮的面积又降低了制作成本,是极其有效的工艺手法(图5-19)。

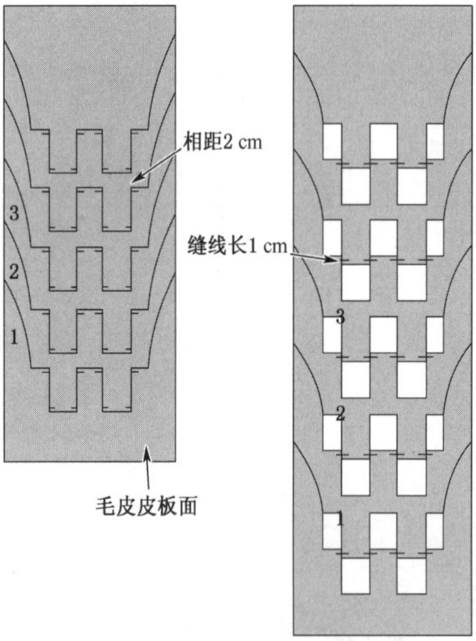

图5-19 延长工艺示意图

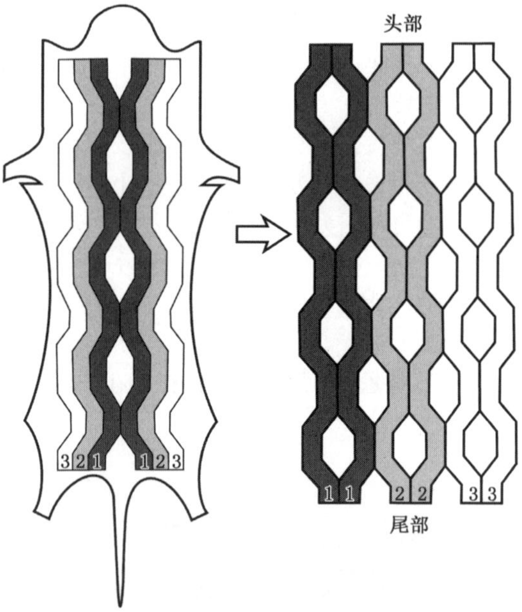

图5-20 镂空工艺示意图

3. 镂空工艺(Lace)

貂皮镂空工艺是在貂皮的皮板面按照设计线进行雕刻后,再按一定规律重新缝合,可创造出柔软轻盈的毛皮衣料(图5-20)。

(1) 把已染色的貂皮革面平铺在板子上,根据图上的所示进行切割;

(2) 然后根据图上所标数字,两两相拼,制成后貂皮的宽度会变成原来的三倍;

(3) 除此以外,还有其他的拼接方式,可塑造出各种不同的镂空效果。这些用镂空技巧制作出的花边,可缝制在不同的面料上,做成服饰配件。

4. 气孔工艺(Pore)

这种工艺的灵感来源于纸拉花的制作,不仅加工相当简便,还能使毛皮变的异常轻柔。用气孔工艺切割毛皮时,必须按照一定的尺寸操作。经切割后,毛皮的长度大约可以增长一倍,但是宽度相应得会减少25%左右。切割方式也有很多种:顺着毛皮脊背中心线位置做横线切割;围圈式切割;根据设计需要做局部切割。气孔工艺适合应用在服装局部、服饰配件、围巾等(图5-21)。

(1) 把毛皮皮板朝上钉在钉皮板上,在皮板面仔细拓出线条,线必须画得错落相联,线条之间的距离越小成品的拉伸效果就越大;

(2) 把整皮的头部、四肢、尾部多余处切除;

(3) 再沿着记号处一条条的切割,小心不能割断;

(4) 完成后毛皮面朝上,表面呈现隐约、均匀的图案肌理。这样便可以得到各种拉伸弯度的裁片。

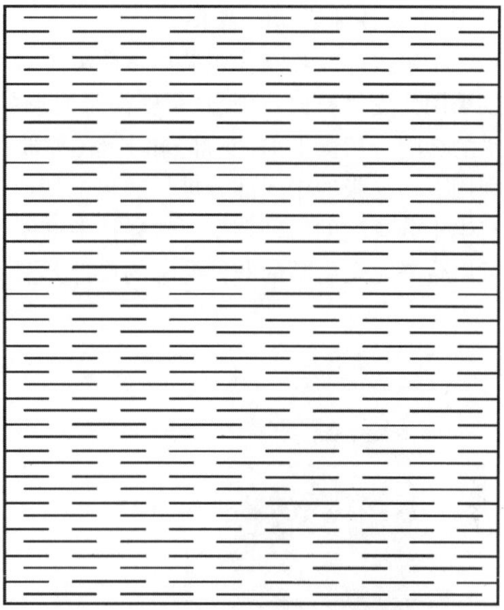

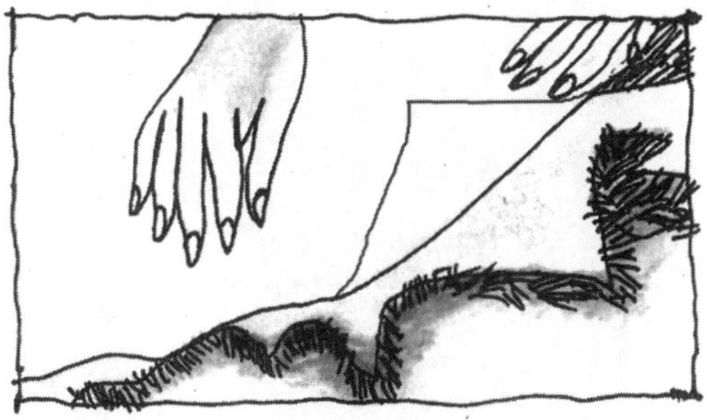

1

2

3

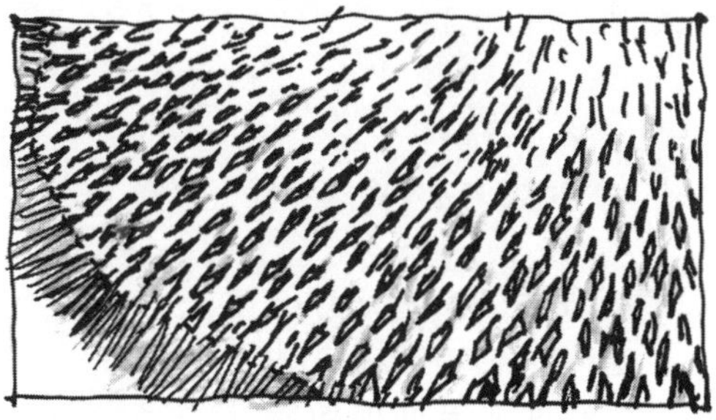

4

图5-21 气孔工艺制作步骤

二、立体效果工艺

1. 泡状效果(Bubble)

这种拼接技巧可以得到一种表面柔软、圆润的泡状效果,非常符合消费者对服装的轻柔、自然、舒适和各种活动的需求。

采用这种技巧制作服装尽可能减少对皮板的拉伸，会有助于更好的达到预期效果。泡状效果采用貂皮材料比较理想，貂皮样张的形状取决于整张毛皮的大小，也受到所要达到的泡状效果的影响。貂皮上部（头部）和下部（臀部）的形状几乎一样，也就是说整张毛皮可以充分得到利用。在皮张的中间部分进行适当的切割，当缝合后皮板上会出现泡状效果，毛皮面上随之就产生十分有趣的肌理效果。如果把毛皮的毛向颠倒排列时，其特点就更为突出。这种泡状效果可以带来完全崭新的非同寻常的设计元素（图5-22）。

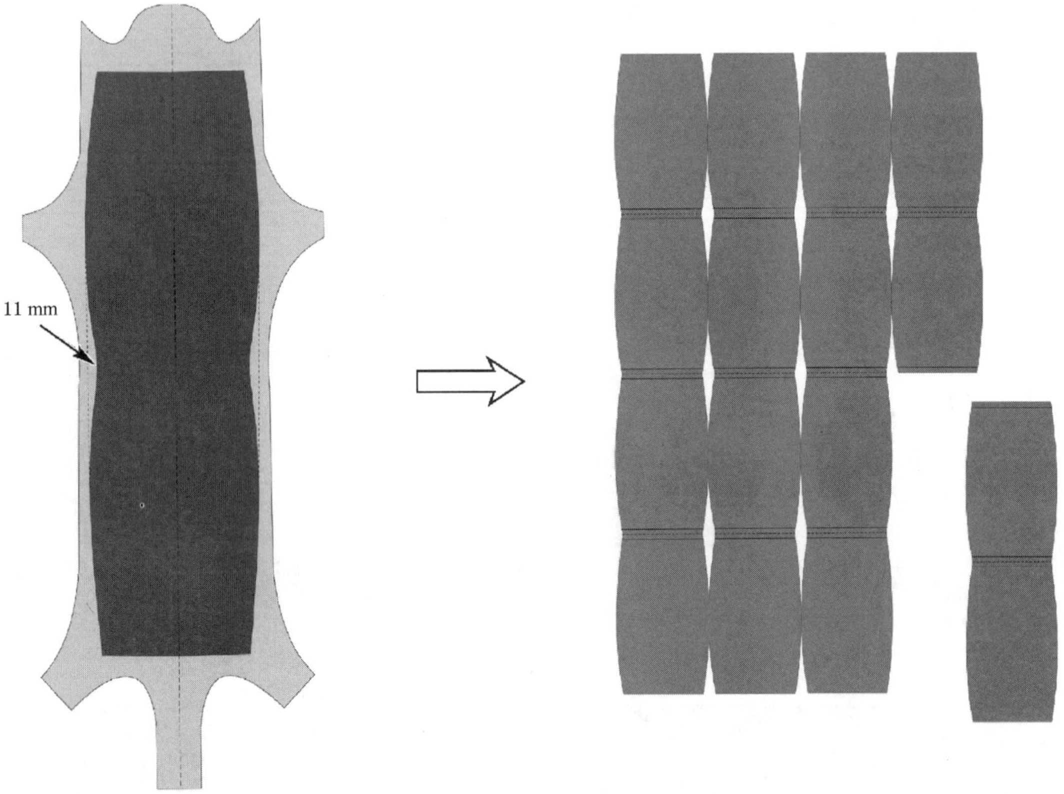

图5-22　泡状效果示意图

2. 突起图案（Embossed）

这种装饰技巧能在毛皮表面形成一个突起的图案，使毛皮面产生柔和含蓄的装饰效果。适合使用经过剪毛处理的貂毛，因为毛绒长度比较均匀适合表现突出的装饰图案的细节（图5-23）。

（1）制作方法是根据事先设计好的图案做一个模板；

（2）在经过剪毛处理的貂皮上根据图案模板小心剪裁出图案轮廓，用同样的模板再裁一块革皮；

（3）把剪下来的两块大小相同的毛皮和革皮重新沿着剪裁线与整皮拼合起来；

（4）在革皮中间剪一个小口，往里填充适量的晴纶棉；

（5）最后用毛皮缝纫机把缺口合好。

这种装饰技巧可以在服装上大面积的运用，也可以在服装的局部做小面积装饰，还可以在配饰如包袋、围巾、手笼上使用。

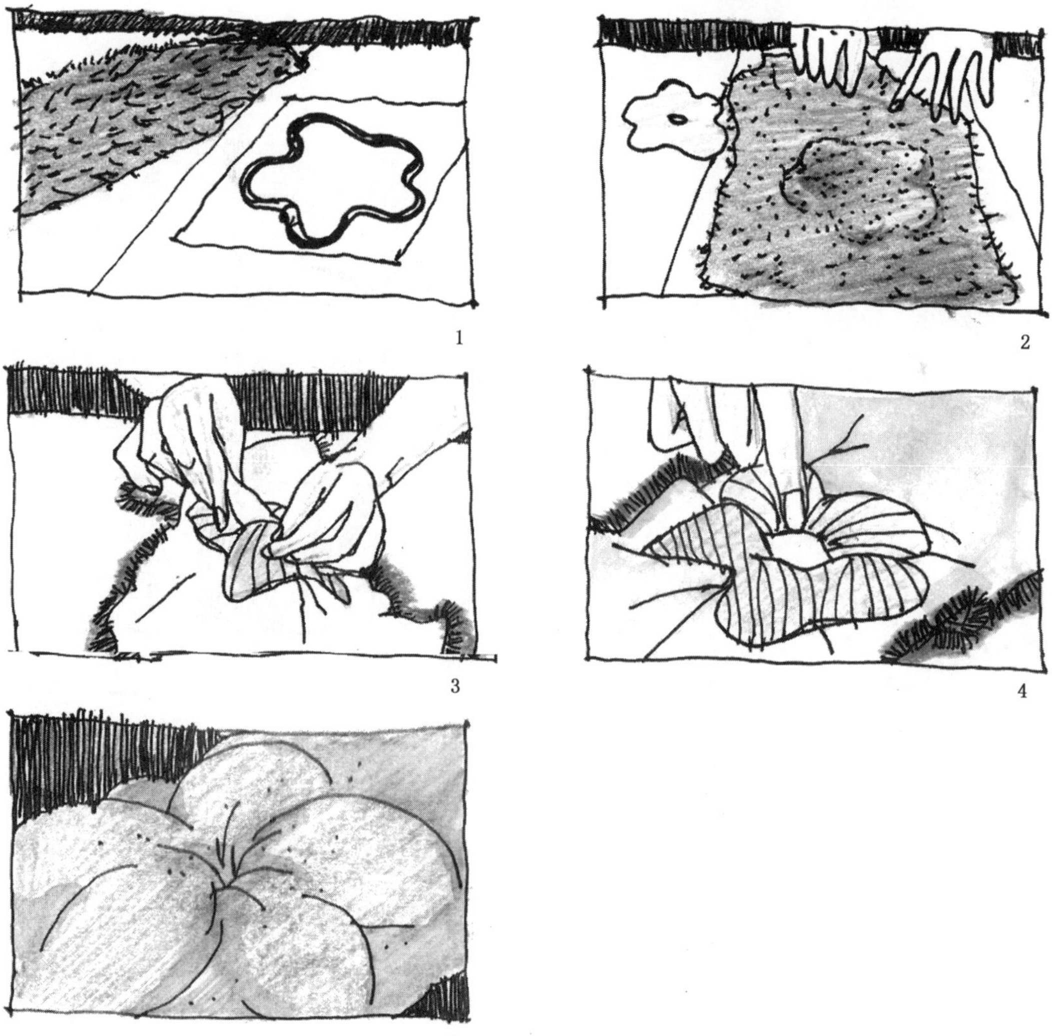

图5-23　突起图案制作步骤

3. 3D 效果(3D effect)

毛皮表面的3D效果就犹如是海滩边被海水冲刷得浑圆的岩石堆,高低错落,起伏绵延(图5-24)。

(1) 事先画好一个八角形模板,八角的每条边长都相等。把模板放在经过剪绒处理的貂皮皮板的脊背中心线上,根据模板形状切除一块毛皮;

(2) 把整皮缺口的八个角的边两两缝合;

(3) 皮板面出现褶皱的时候毛皮面就会出现有趣的三维效果的肌理;

(4) 如果在整皮上按一定的规律切除许多八角图形,再缝合后在毛皮面上形成一整片凹凸效果强烈的肌理。

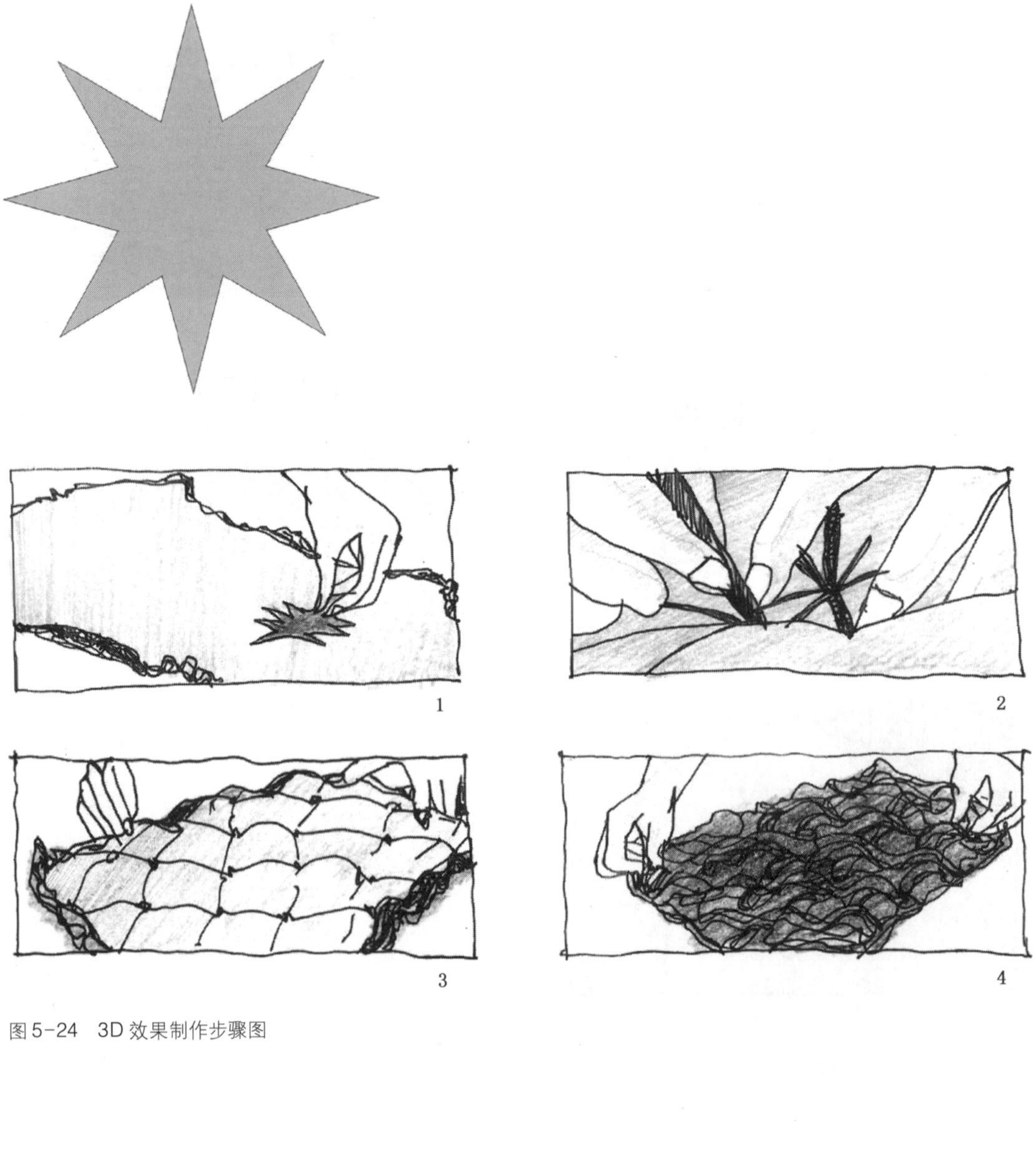

图5-24　3D效果制作步骤图

这种立体的装饰工艺还可以变化出其他方式(图5-25)。比较适合运用在服装的局部,一般使用经过剪绒处理的貂毛。

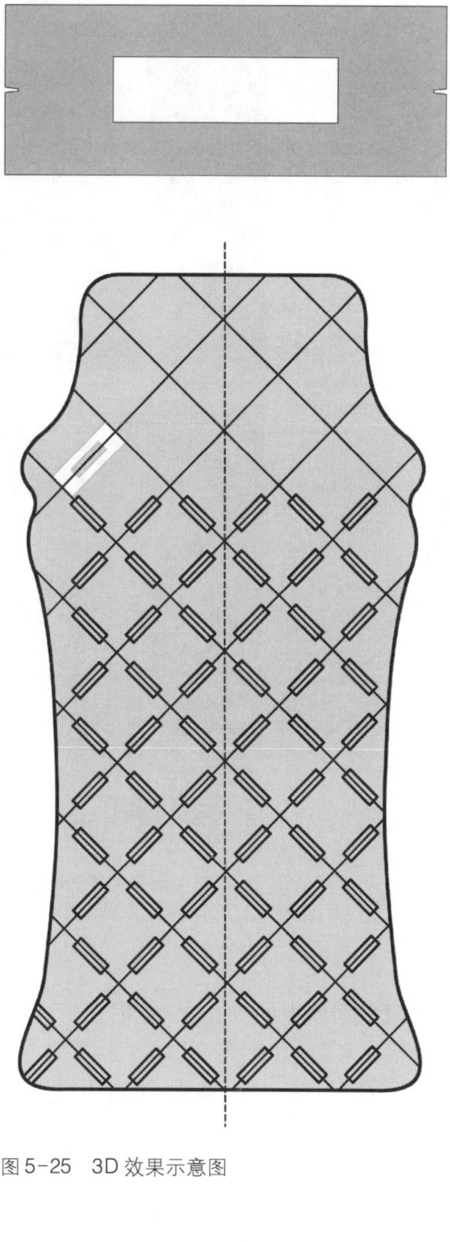

图5-25 3D效果示意图

4. 菠萝效果(Pineapple)

这种工艺是把整皮分割成大小相同的若干菱形,把两个菱形其中的两条边缝合,形成中间突起的锥形立体形状。然后按照毛皮分割时的顺序把缝合好的菱形再进行拼合,最后呈现类似菠萝表面的突起效果。成品比整皮的宽度会缩小一半,长度基本不变。菠萝工艺比较适合采用剪绒的貂皮和狐皮来制作(图5-26~27)。

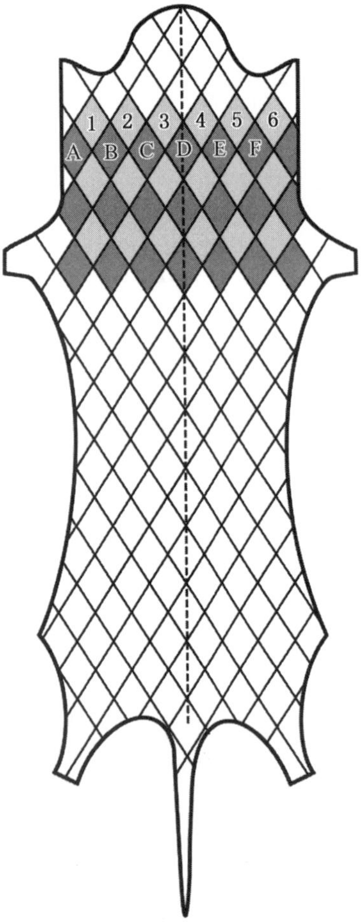

图5-26 菠萝效果示意图

图5-27 貂皮菠萝工艺的毛面和板面效果

5. 绞花效果(Intazia)

这种工艺制成后形似毛线编织花型中的绞花,绞花的长短、绞向可根据个人的喜好、织物的要求来确定。适合采用剪绒的貂皮来制作(图5-28)。

(1) 根据模板的形状在毛皮的脊背中心线位置画出裁切轨迹,沿着裁切线仔细进行切割;

(2) 将获得的剪绒貂皮放置于台面上;

(3) 再根据模板上绞花叠交的位置形状来匹配另一种剪绒貂皮;

(4) 把小块毛皮分别缝制在皮板面相应的位置,再将绞花毛条按原来裁切下来的形状缝合起来;

(5) 用若干铅笔在叠交的位置做定位处理;

(6) 最后用蒸汽熨斗在毛面进行整烫,就能获得绞花图案效果的毛皮。

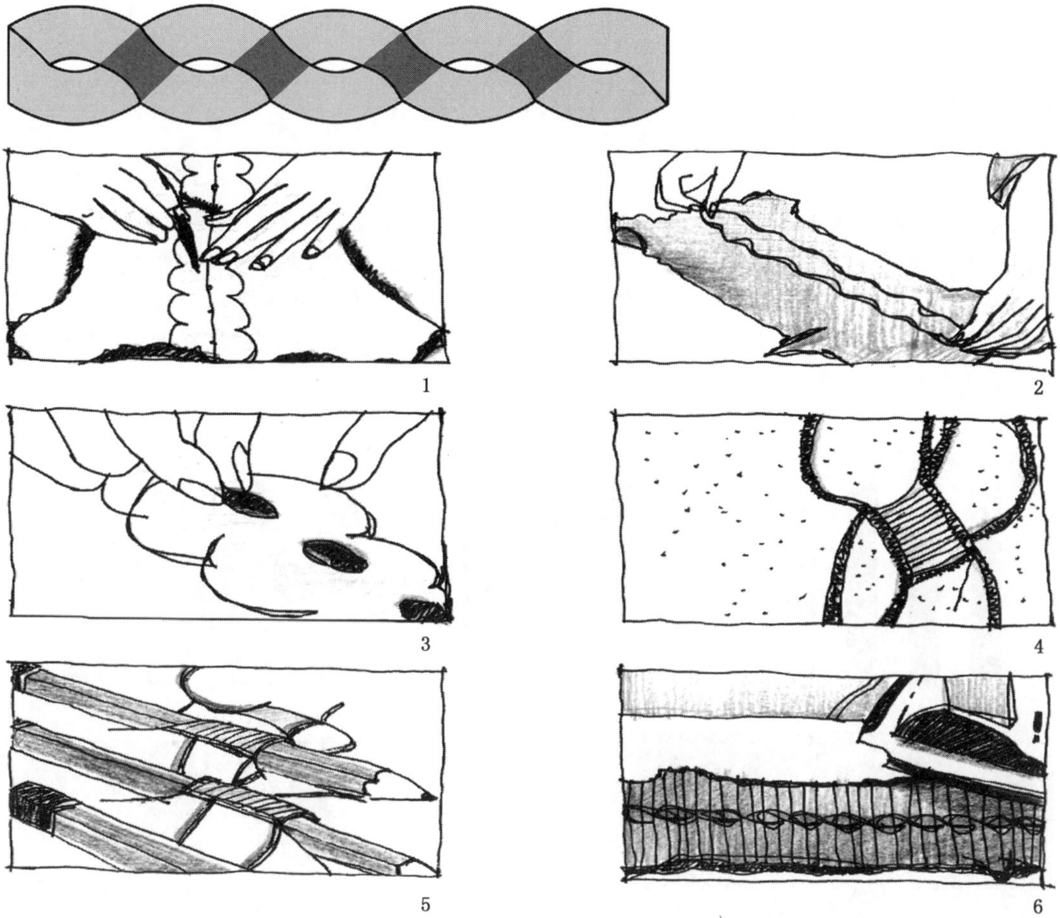

图 5-28 绞花效果步骤图

三、间皮拼接工艺

1. 毛皮相间(feathering)

毛皮相间是加革拼接中演变出来的工艺方法,利用毛皮与其他面料相间拼接,使毛皮的结构、外形和方向发生变化,最终产品减轻大约 50% 的重量,毛皮的面积将增加 80% ~90%,因此减轻了生产成本。而处理后的毛皮的柔软、外观仍不改变,同时还可形成毛皮相同的羽毛效果。这就是"间皮"或"羽化"技术(图 5-29)。

这种技术适合采用狐皮材料来加工,一般使用在全毛皮服装和毛皮饰边服装中,它符合当今及未来人们对服装的要求——轻盈、柔软、具有流动的线条。要制作出具有均匀平展外观的毛皮服装,必须注意以下四点:

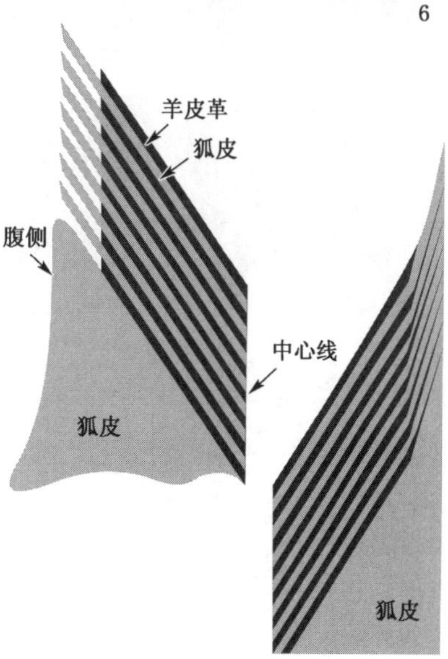

图 5-29 毛皮相间工艺示意图

（1）采用45°的斜角进行切割；

（2）切割线之间的距离是0.5厘米；

（3）最好采用山羊皮做间皮的材料，宽度也是0.5厘米；

（4）间皮的宽度可根据狐皮的类型及设计进行变化。

2. 马赛克效果（Mosaic）

这项工艺的灵感来源于“马赛克”镶嵌工艺。它可以使用任何种类的毛皮或者混合不同品种的毛皮，搭配各种革皮如麂皮、羊皮等还可以和各种具一定硬度的不易磨损的面料、丝带进行拼合设计。这种工艺至少能节省毛皮用量的50%，而外观上仍保留了全毛皮的感觉，还能呈现丰富的毛皮设计效果。这种毛皮镶嵌的效果飘逸轻盈，用途广泛。适用与领口、袖口、褶边及整件服装或小地毯、坐垫或各种饰物上（图5-30）。

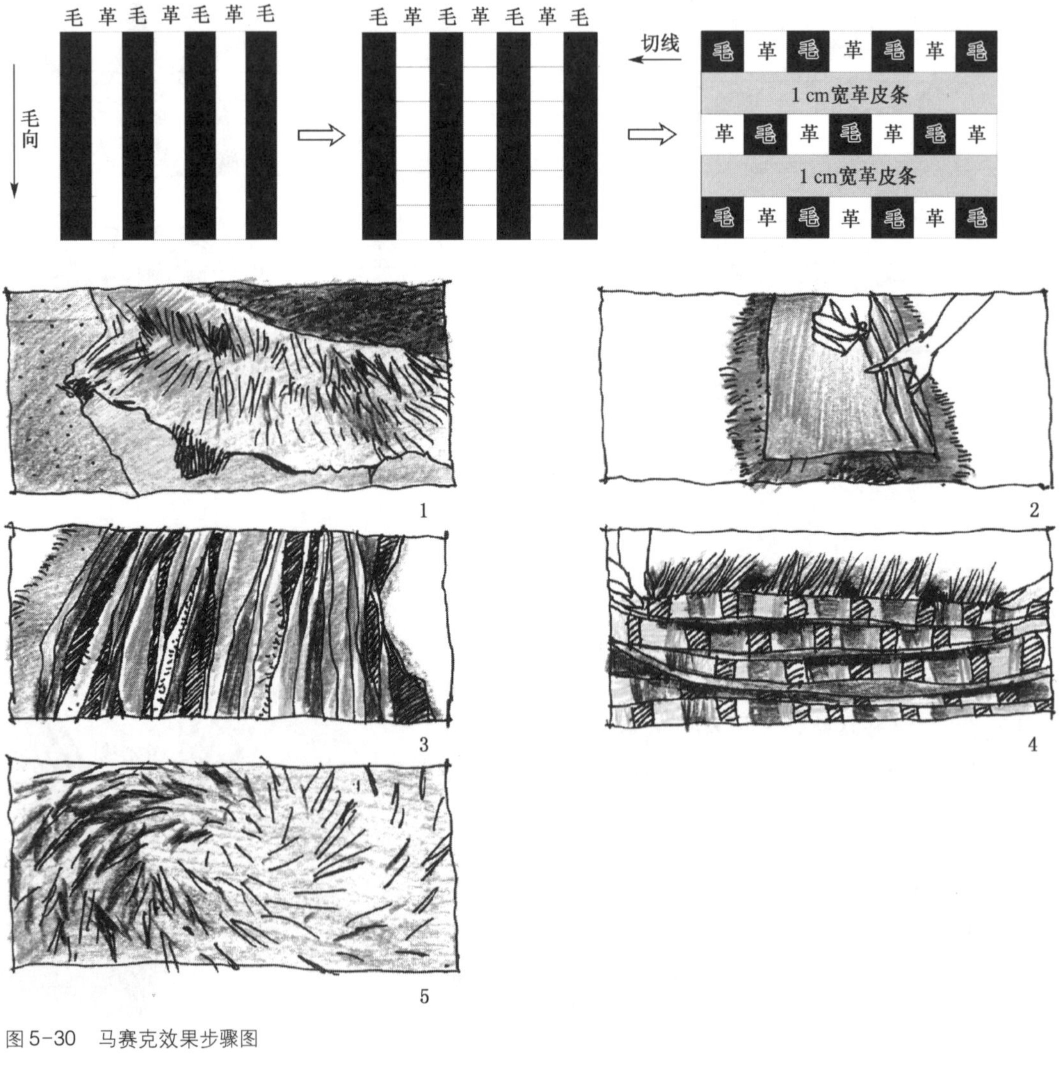

图5-30 马赛克效果步骤图

(1) 选取几种毛皮和皮革材料;

(2) 将一块完整的毛皮沿着动物脊背方向裁切成1厘米宽的长条;

(3) 再把这些长条与同样宽度的光皮或麂皮以相间方式拼接起来。可以根据设计的需要选择各种拼合方式,如:毛皮—皮革—毛皮—皮革;狐皮—麂皮—貂皮—麂皮等;

(4) 把缝合好的皮板再进行横向切割,切成每条宽度为1厘米的横条;

(5) 在每两个横条之间再加入一条同样为1厘米宽的革皮条或者丝带,缝合成型。

正如色彩种类繁多,具有无穷组合方式的马赛克一样,这种毛皮的马赛克镶嵌工艺的组合方式也是变化多样,也可以根据组合创造出很多色彩图案。

四、双面穿工艺

1. 浮凸效果(Raised effect)

这种缝合方法可以得到不同的视觉效果,特别适合运用在两面穿的服装上,这种浮凸工艺可以强调缝合线,可以把缝头隐藏起来,也可以借此方法对皮板面自行设计(图5-31)。

图5-31 浮凸效果示意图

切割方法:用来做浮凸效果的毛皮条必须从脊背中心开始切割,每条宽度为0.7~0.8厘米。这点非常重要,只有采取这种方法才能得到毛长和颜色相同的毛条。

缝合方法:把两块毛皮的皮革面和毛条缝合到一起,缝好后摊平,用皮革缝纫机在毛条上缉一条明线。准备毛条时,应该适当比实际尺寸略宽一点,以便于在上面缉明线,缉完以后再把毛条修整到合适的宽度,并且把缝制过程中受到挤压的长毛整理好。装饰毛条可以设计成不同的弧度,毛条经过修饰呈现出滑顺的弧度。

2. 窗口工艺(Windows)

这是一种双面穿的毛皮加工工艺。常采用染色后的毛皮来制作,完成后两面呈现不同的效果。毛皮面表现出规则的镂空图案;皮板面则是规则的分布着小块毛发。此工艺多用作饰边、大披肩、手笼等等(图5-32)。

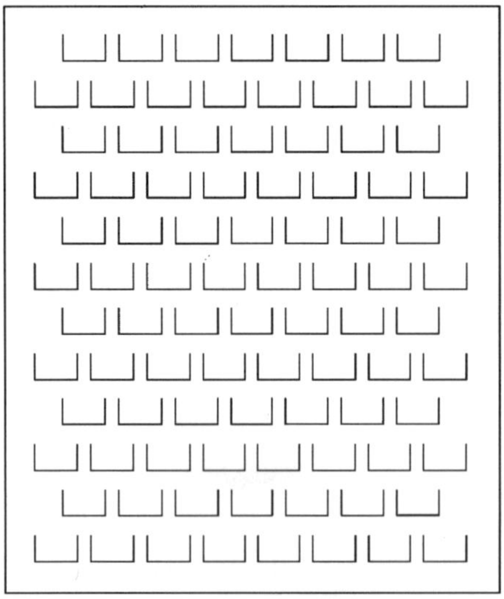
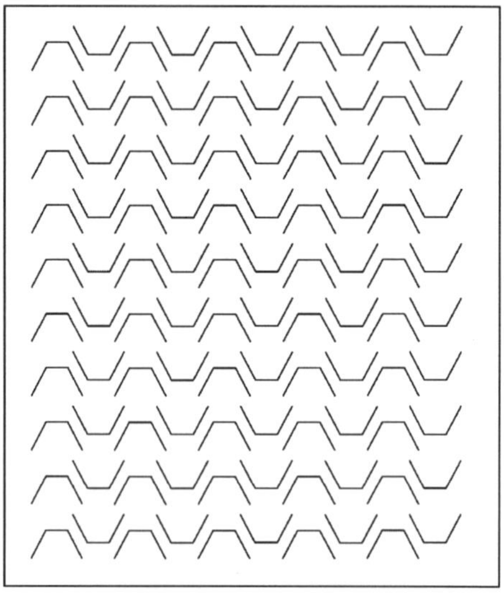

1

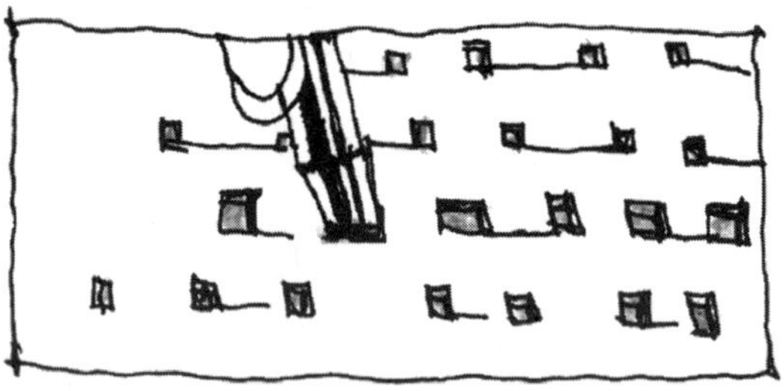

2

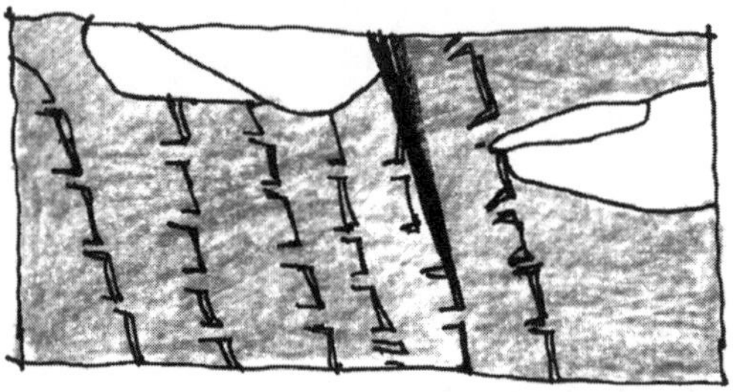

3

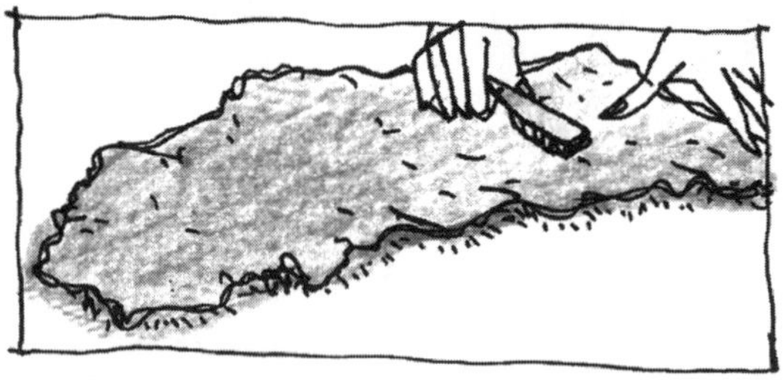

4

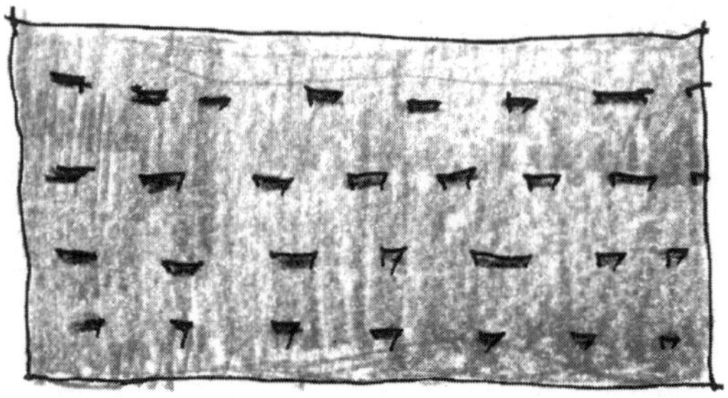

5

图5-32 窗口工艺制作步骤图

(1) 事先用纸板制作一个模版；

(2) 在皮板面画好切割定位线，可采用的切割线图案可根据需要自行设计，体现的效果也是千变万化；

(3) 然后根据切割线分割；

(4) 把割好的皮反转毛面，在皮革面把反转的毛边和皮革缝合一起；

(5) 形成了两面都是毛皮的双面穿的服装，最后用毛皮刷整理两侧毛皮。

3. 菱形拼接(Diamond)

这是反转工艺中的一种形式，非常适合制作完美的两面穿效果的服装，而且也节省时间和劳力。每块菱形长9厘米宽3.8厘米。当然也可以改变菱形的尺寸比例，但是要根据毛的长短来设计，保证加工完成后毛皮的两侧都能被毛所覆盖。这种工艺使用针毛比较长的狐狸毛来制作会达到非常完美的效果(图5-33～34)。

(1) 在狐皮的脊背中心位置找出中心线，并做上记号；

(2) 在皮板面均匀画出菱形裁切线；

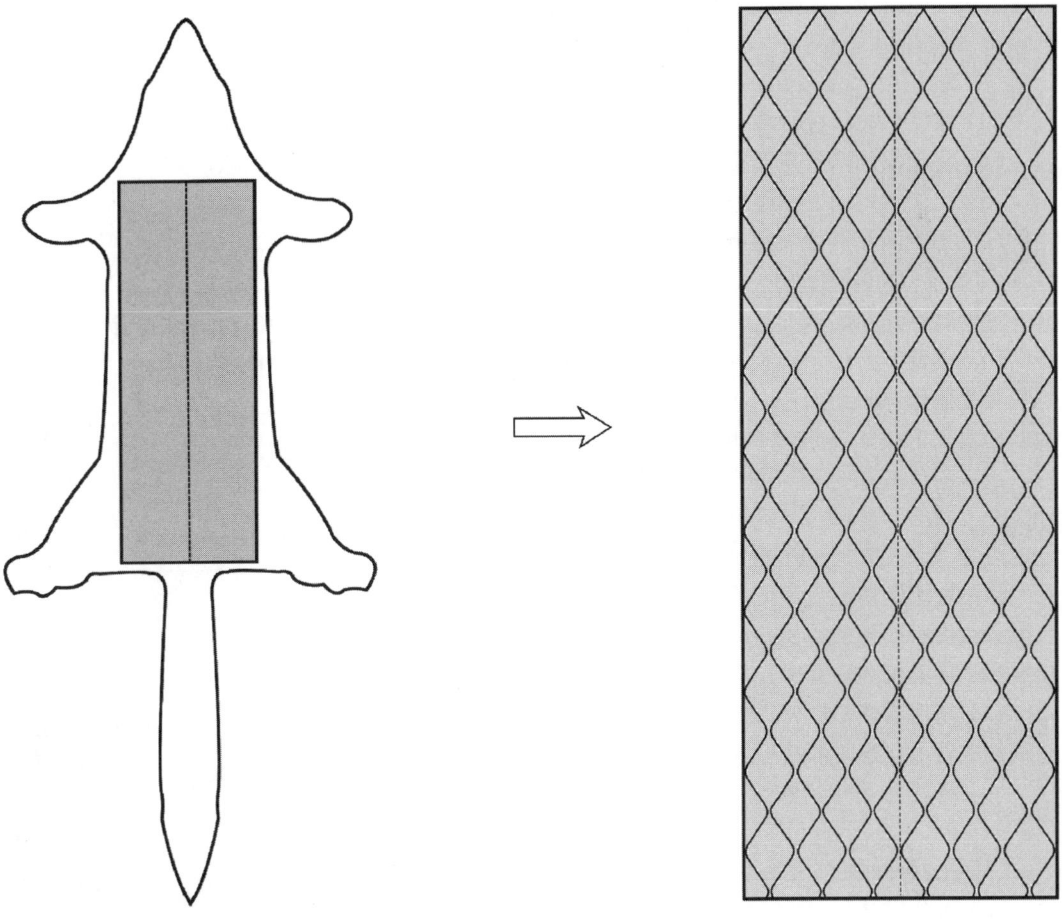

图5-33　菱形拼接示意图

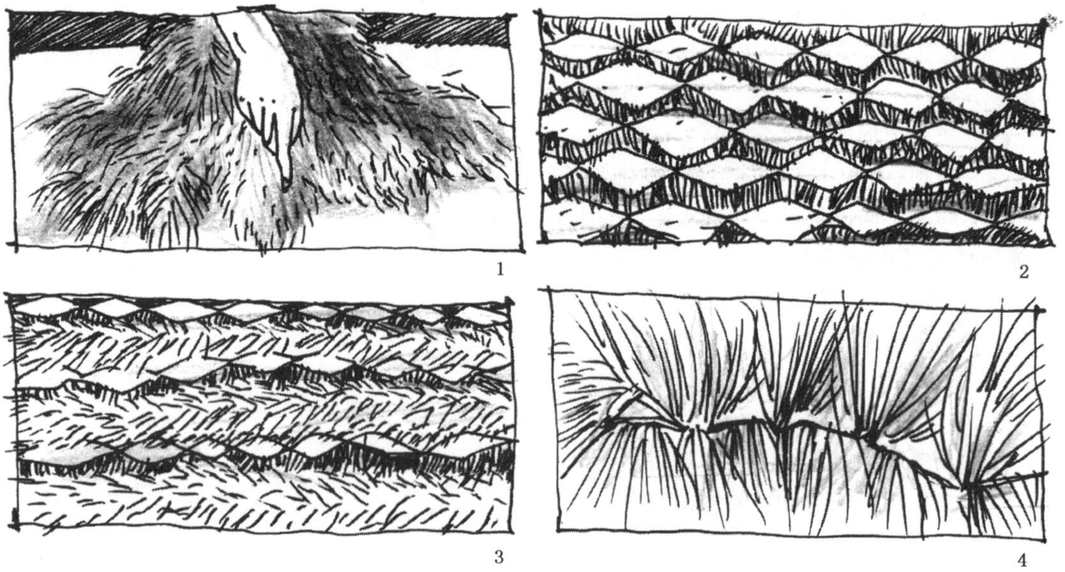

图 5-34　菱形拼接制作步骤图

（3）根据标志线进行裁切，上下每个相邻的菱形都相连；

（4）将相邻的两条菱形狐皮毛条正反拼接；

（5）由于狐皮的毛丰厚饱满，拼接后把所有的皮板都遮盖住；

（6）得到两面都可以穿用的狐皮。

4. 两面效果（Doubleface）

这种效果是在反转工艺的基础上演变过来的，用一块狐毛和一块貂毛沿着动物脊背的方向竖向切割成宽度为 0.5 厘米的条带状，把一条狐皮和一条貂皮皮板面相反的缝合在一起，以此方法重复操作，最后制成一面是貂毛另一面是狐毛的双面效果毛皮。还可以在色彩上做些变化，两面可以出现同色效果也可以设计不同的颜色，带来两种完全不同的穿着风格。这种工艺可以制作两面穿毛皮服装、毛皮围巾等等（图 5-35 ~ 36）。

（1）选取两块毛色不同的貂皮，将其的头尾、四肢部分裁去后成规整的长方形；

（2）在毛皮的脊背中心位置做上标记；

（3）用毛皮裁切机分别把两块毛皮沿着脊背方向裁切成若干 0.5 厘米的小条；

（4）将两色毛皮依次交错排列，并检查毛长及色泽；

（5）把两种颜色的毛皮按顺序正反相拼；

（6）拼合完成后，毛皮两面呈现两种不同的颜色和风格。

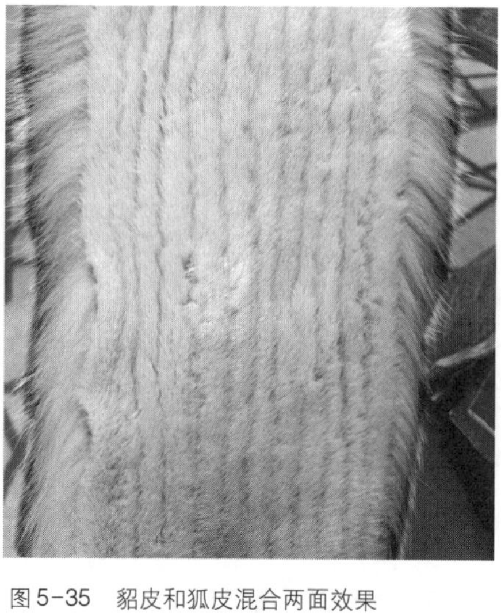

图 5-35　貂皮和狐皮混合两面效果

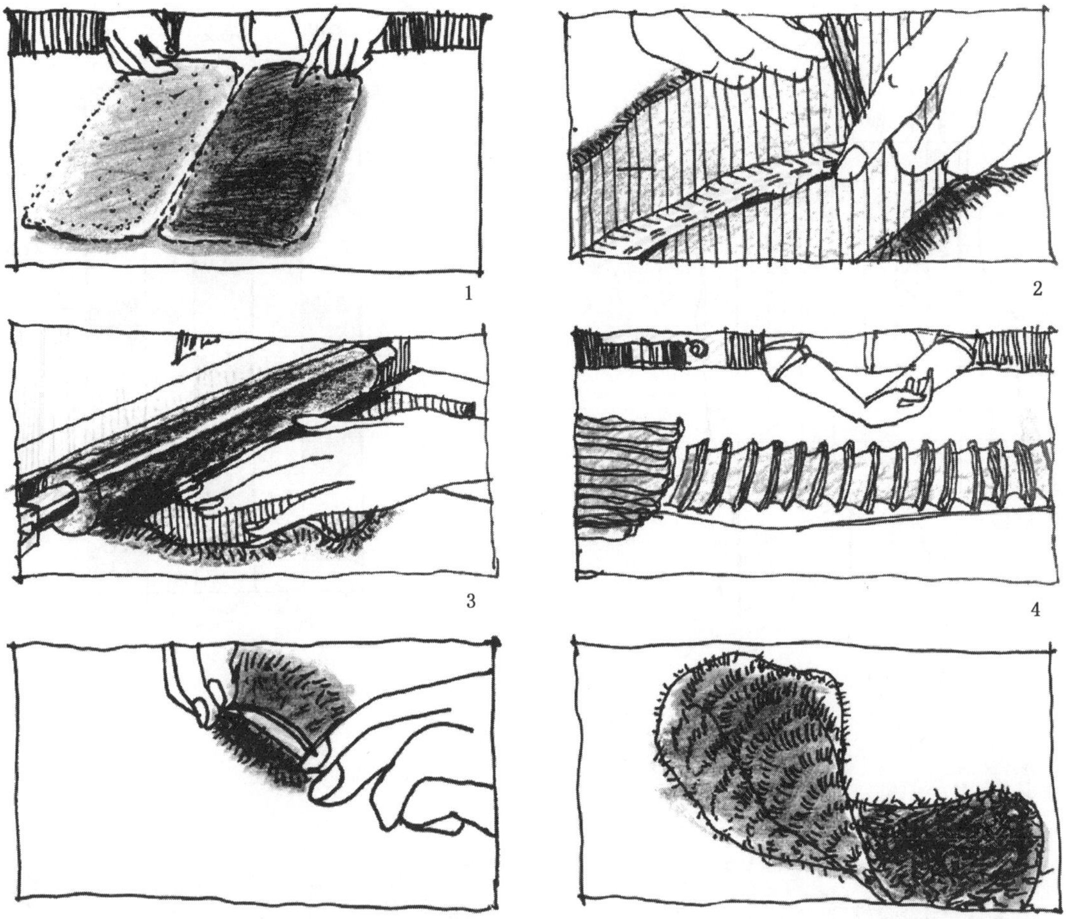

1 2 3 4 5 6

图5-36 貂皮两面效果的制作步骤图

5. 砌砖工艺(Fox tiles)

这种工艺适用于各类长毛或中长型毛的全毛皮服装、毛皮饰边服装及服饰品的设计应用。特点在于巧妙地利用了毛皮在面料上以一定的顺序排列缝合所产生的极富层次感和肌理感的衣料,形成一面是毛皮一面是富有肌理图案的衣料的轻巧、别致、柔软的两面穿效果服装(图5-37~38)。

砌砖工艺可随意采用任何质地较为密实、柔软类的衣料,如光皮、麂皮、新科技面料、雪纺等进行搭配。如此,两面穿时,布面更能显出别致的肌理图案。

(1) 首先选择一张整皮,在皮板一面切割出长2厘米、宽1厘米的长方形毛皮;

(2) 按照切割下来的位置和方向按顺序排列在事先已经做好定位记号的面料上;

(3) 用毛皮缝纫机把毛皮条和面料缝合固定。

要显示独特的效果和品位,可自行更改狐皮小条的宽度和长度,并可自行搭配颜色。

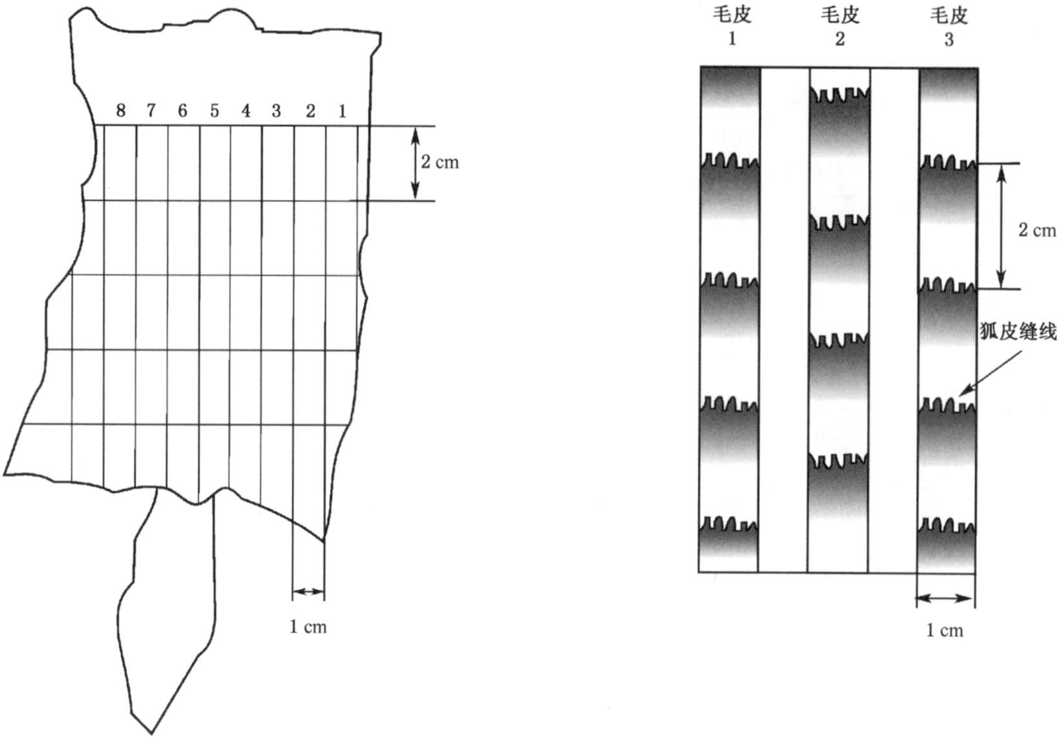

图 5-37 狐皮砌砖工艺示意图

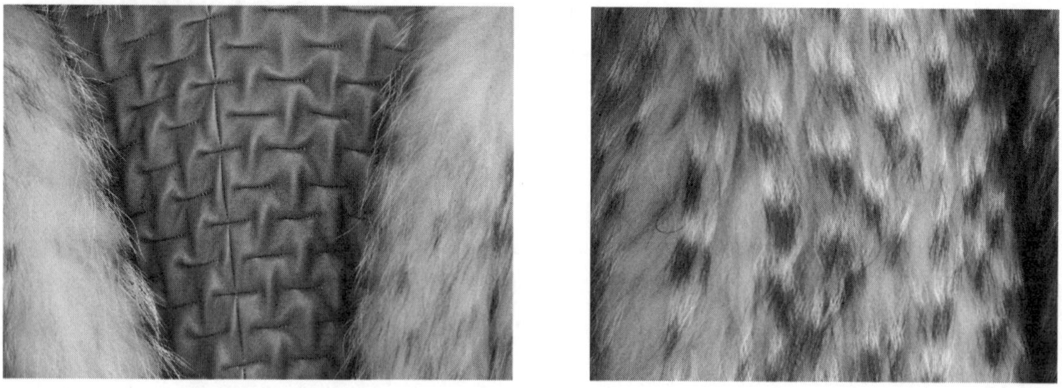

图 5-38 狐皮砌砖工艺效果

五、毛皮流苏工艺(Fringe)

1. 狐皮长围巾(Fox boa)

一张狐皮可以制作出两条柔软轻巧的狐皮长围巾,这种工艺必须采用皮板一侧经过染色处理的狐皮,最佳效果是使用染色的深色狐皮或类似的深色狐皮。

先在皮板面画出脊背中心线，把整皮分为左右两半，画好裁切线。

根据裁切线切割后，使一侧的头跟另一侧的尾相接，这样就使围巾的长度变成了原来的两倍，然后在围巾的脊柱皮板一侧用缝纫机缝上一条1厘米宽的布条，必须缝上"Z"字形线，这能加固围巾，使围巾不会发生卷曲。再把围巾的毛穗部分的皮板刷湿，用电钻将皮条扭转，在钉板上固定风干。最后用刷子整理长围巾的松软的长毛。另一边的做法与上面相同，可以做出两条狐皮长围巾（图5-39）。

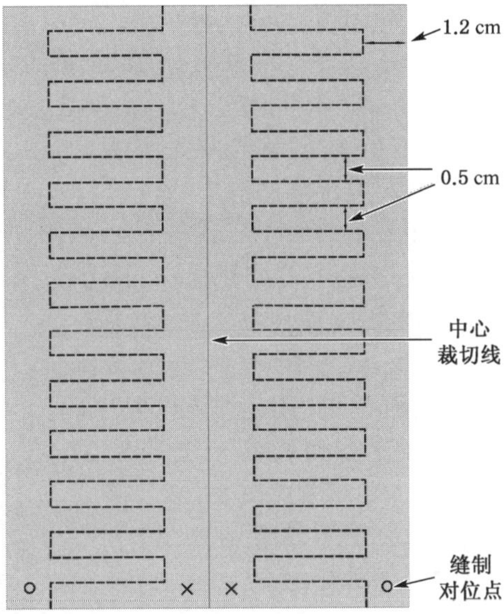

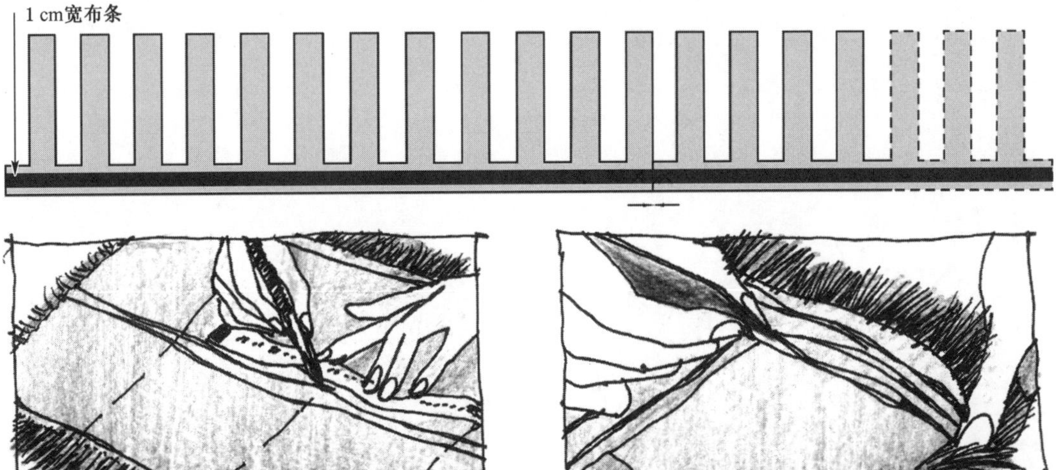

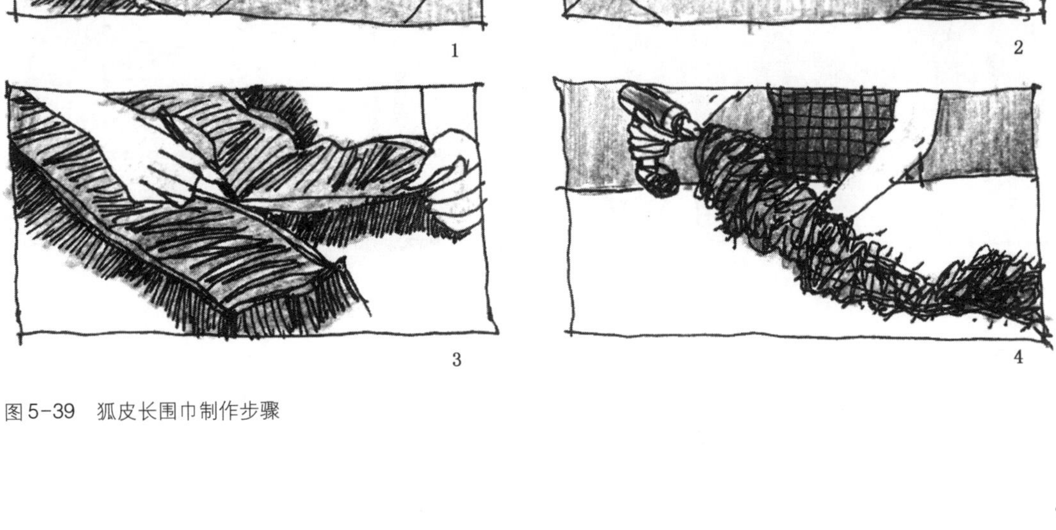

图5-39 狐皮长围巾制作步骤

2. 貂皮长围巾(Mink boa)

这种工艺手法常常能创造出独特的、具戏剧效果的独一无二的貂皮长围巾。貂皮流苏围巾的制作需要四张母貂皮和三张公貂皮,皮板面必须经过染色及做绒面或光面效果的处理。

操作步骤是:首先将每张毛皮头尾相拼,按照自然的形状进行钉皮;在毛皮的脊背中心线位置贴上0.5厘米宽的毛皮专用胶条,防止毛皮切割后出现移位现象;从中心线位置对折,在距离中线0.75厘米的皮面位置,用毛皮缝纫机缝合;展开后将两侧的毛皮切割成0.3~0.4厘米宽的流苏;最后将毛皮放在滚筒里,清除松落的浮毛,完成制作(图5-40)。

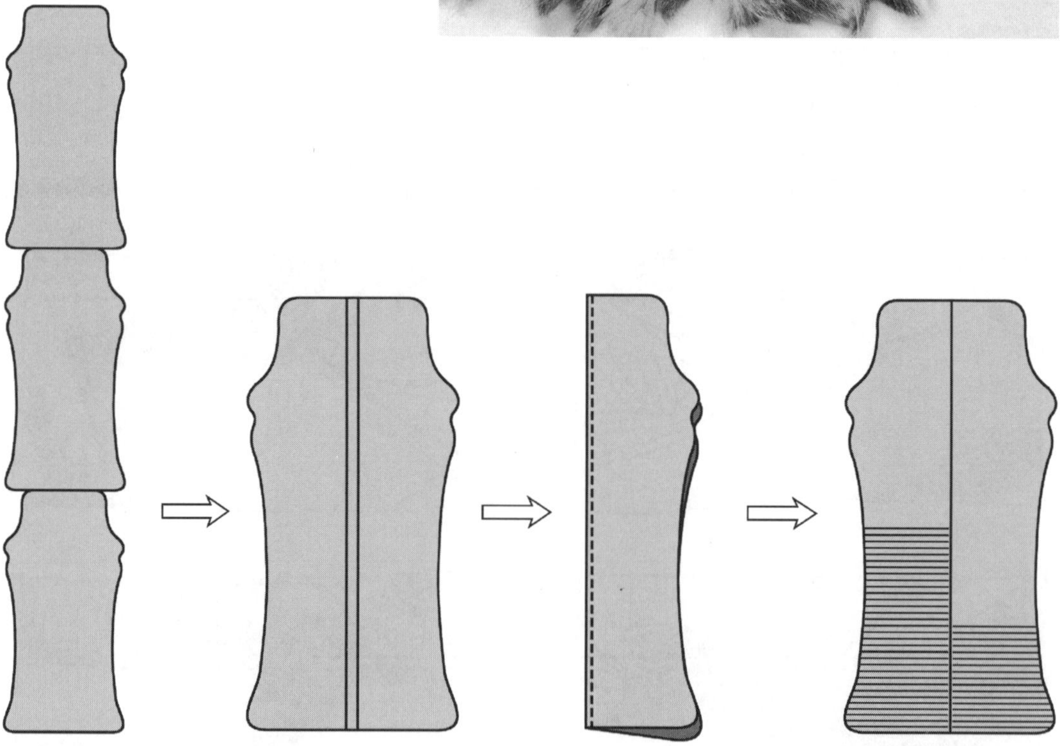

图5-40 貂皮长围巾制作示意图

3. 貂皮围巾(Mink scarf)

这种貂皮围巾新工艺是在貂皮长围巾工艺的基础上演变而来的,步骤基本一致,不同之处就在流苏的切割方式上做了改变,形成一条围巾上流苏的长短的变化。短的流苏就从脊背中心往两侧做垂直裁切，要使流苏慢慢加长，就从中心线开始顺尾部位置做弧线分割。这种工艺可以运用在服装边饰、配饰和围巾上，呈现一种独特的效果（图 5-41）。

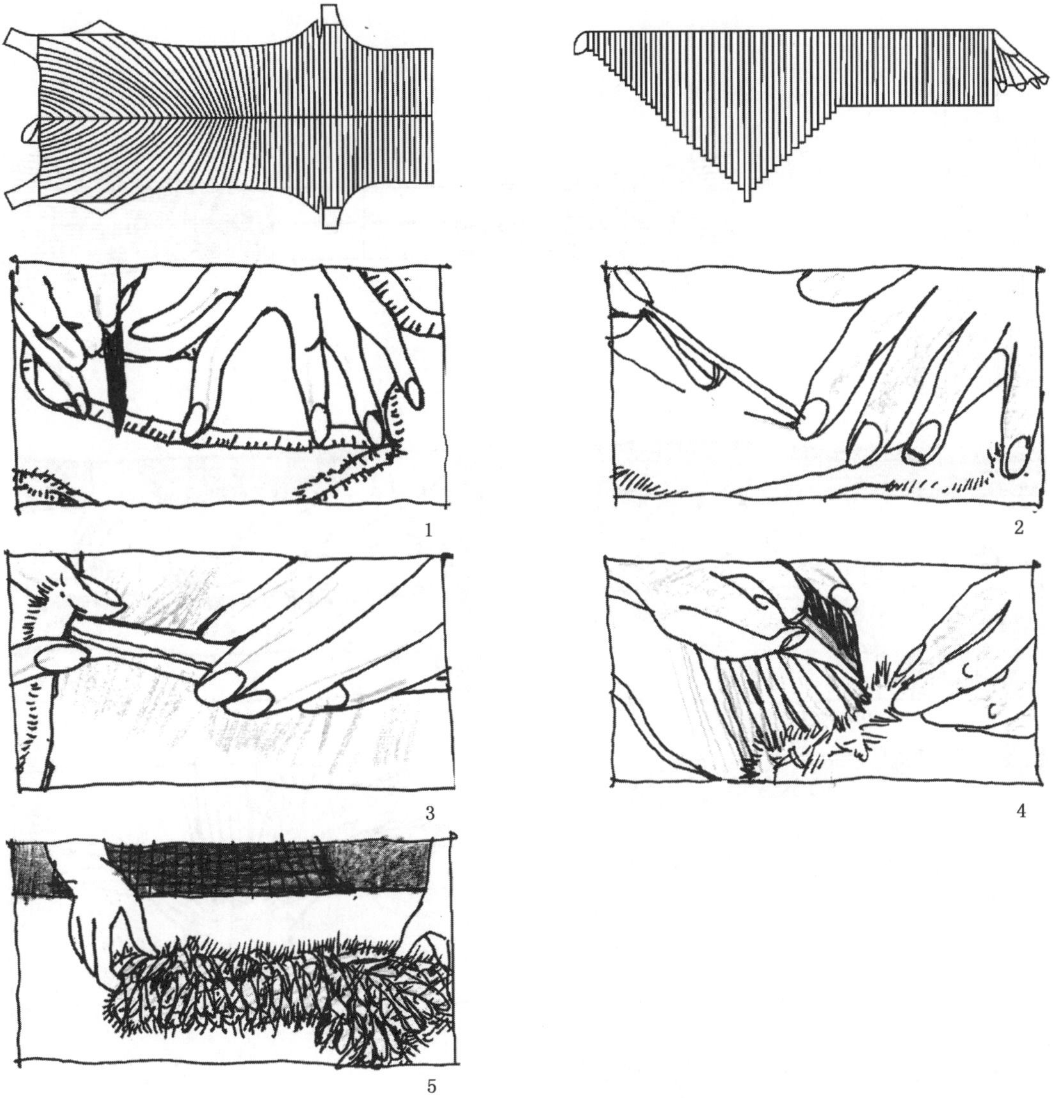

图 5-41　貂皮围巾制作步骤

4. “八爪鱼”工艺（Octopus）

八爪鱼工艺制作围巾的步骤如下：

（1）选择两张色泽大小基本一致的公貂皮。

（2）将貂皮钉在钉板上，把整皮的头部、四肢和尾部裁切去，修成一块长方形毛皮。

（3）在颈部预留 9 厘米左右，然后用切割机将貂皮从臀部向上切成 0.4～0.6 厘米宽的皮条。

（4）用刷子在皮条上刷水，再用电钻将每根皮条扭转，在稍微拉长，然后固定风干。

（5）皮条风干后，把貂皮左右对折缝合，再将两张貂皮在颈部位置缝合。

（6）最后放入滚筒，清除散落的毛。要获得理想的效果，皮面的颜色应与毛面的染色相同（图5-42）。

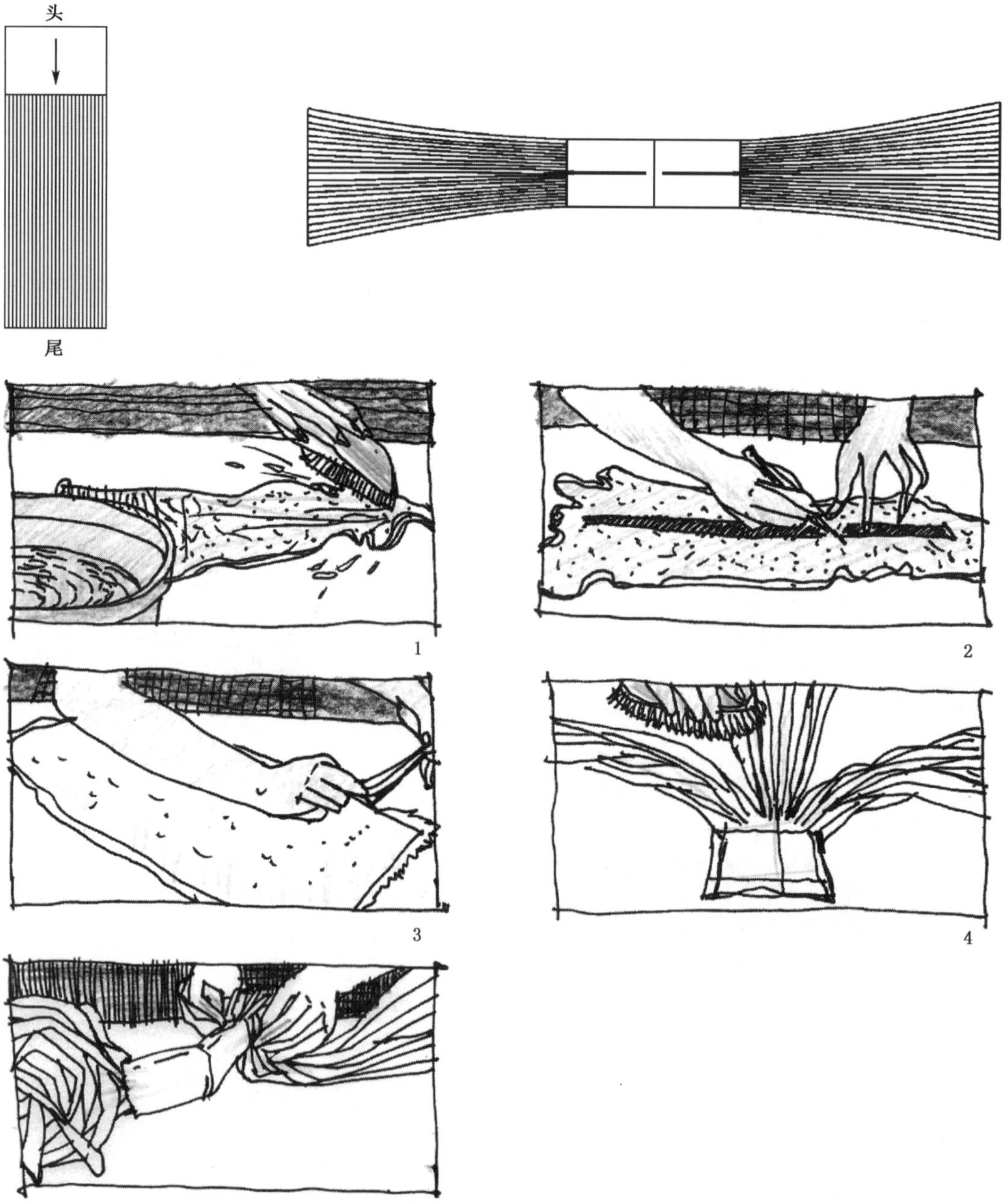

图5-42 八爪鱼工艺制作步骤

5. 双色加捻技术(Twisted fox)

双色加捻工艺是把两种不同颜色和毛长的毛皮扭转到一起,产生独特、有趣的效果。任何类型的狐毛最后都可以产生松软轻巧的效果。制作步骤如下:

(1) 把狐皮切割成0.4~0.6厘米宽的条子,用刷子稍微打湿,用电钻将皮条扭转,然后钉在板子上晾干。

(2) 两根或三根毛条都可以扭转在一起,皮条的宽度和数量决定了最后成品的颜色和毛量(图5-43)。

图5-43 双色加捻工艺制作步骤

将银狐毛的细毛条与拔过针毛的银狐短毛条扭转在一起,可以产生羽毛的效果;当然还可以用狐毛和其他材质一起扭转,比如:人造纤维、长塑料亮片,会形成意想不到的装饰效果;想在色彩上做出变化，可以运用一条宽一条窄两条宽度和颜色都不同的毛条，扭转在一起后，宽条的色泽占主导；还可以采用一头宽一头窄颜色不同的两条毛条，宽窄部分交错扭转，成品的色泽是一端的色泽慢慢变成另一端的色泽，产生一种色彩的渐变效果。

六、分割重组工艺

1. 鱼鳞工艺（Fish scale）

鱼鳞工艺是貂皮和狐皮相结合的一种新工艺，将水貂皮割成鱼鳞状，再镶上一圈银狐边，形成多层次的肌理和色彩变化。做鳞片的貂皮和镶边的狐皮在色彩上可以处理成强对比效果的黑白对比，也可以在同色系中利用狐皮的针毛间部分色泽的不同，形成柔和的对比协调关系（图5-44）。

（1）选择色彩明度差异较大的貂皮和狐皮各一张；

（2）用模板在貂皮的板面，参照脊背中心线进行裁切；

（3）将狐皮裁切成0.4厘米左右的小细条；

（4）在每块貂皮的边缘镶上一条狐皮毛条，再将所有鱼鳞状貂皮两两拼合；

（5）形成层次丰富的鱼鳞效果。

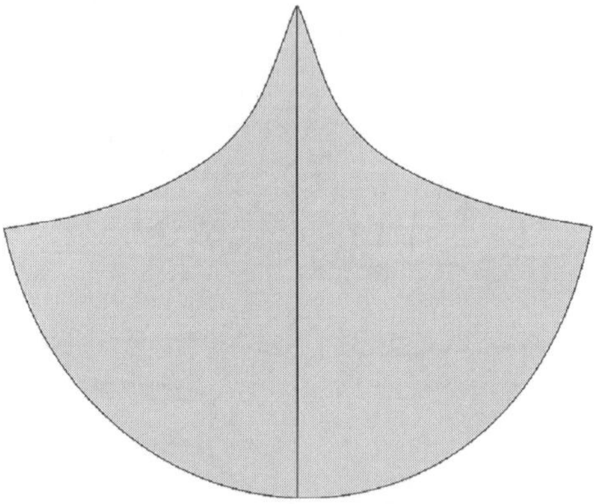

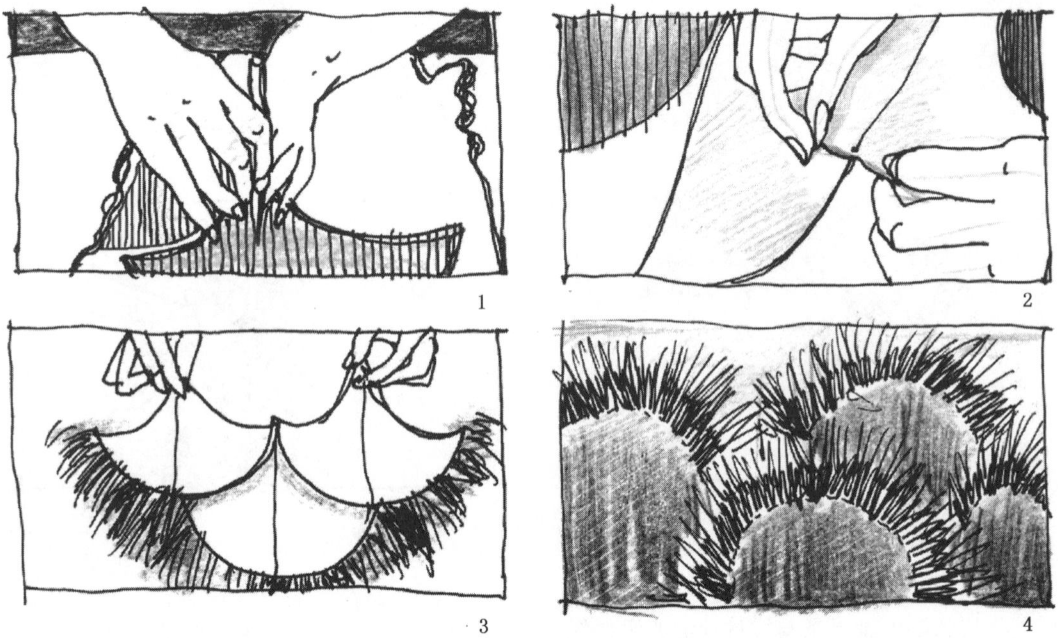

图5-44 鱼鳞工艺制作步骤

2. 鱼鳞变化工艺

鱼鳞变化工艺是采用雪纺面料和蓝狐搭配,把雪纺面料裁切成一个个正圆,正圆两折叠后成类似鱼鳞形状的扇形,在扇形边缘镶上一条细细的蓝狐毛,最后按一定的排列顺序用普通缝纫机把鳞片尖角固定在雪纺面料上,形成极其轻柔、飘逸、雍容的装饰面料。这种工艺手法应用的领域很广,毛皮饰边、服装局部、配饰、围巾包袋等等(图5-45)。

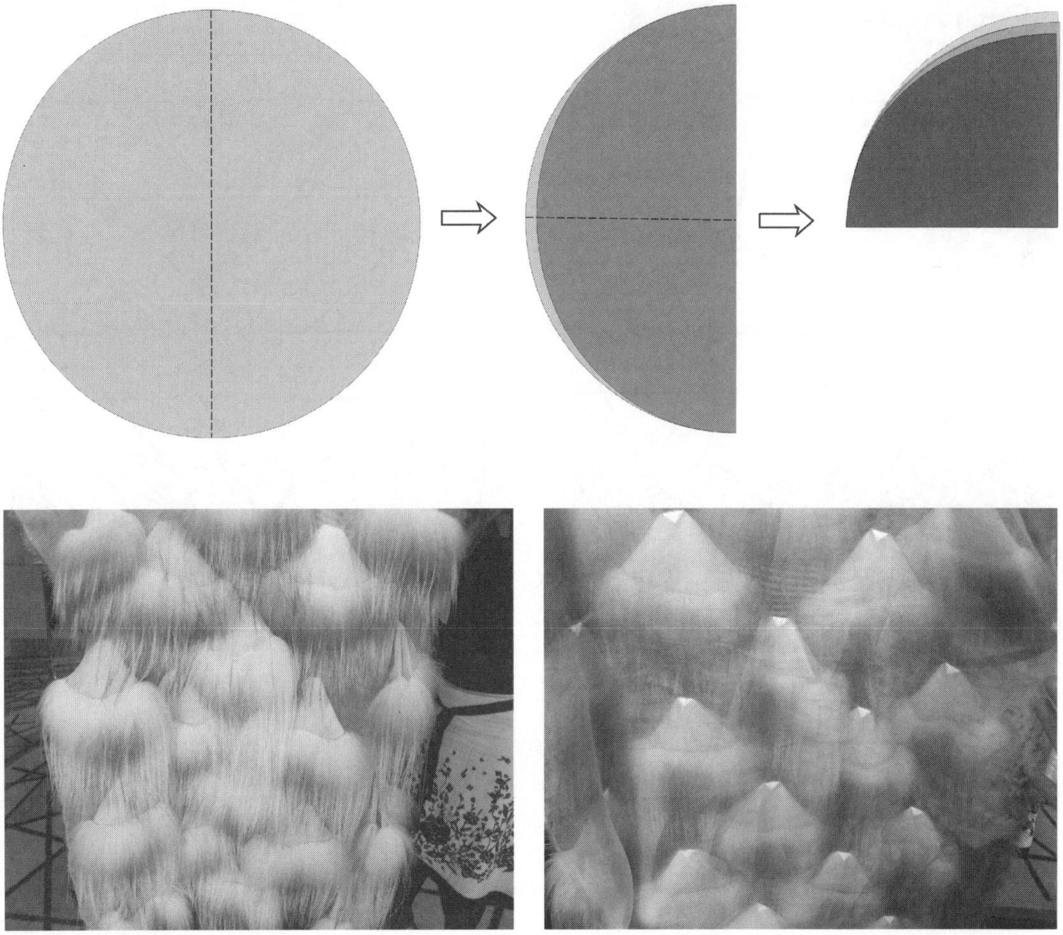

图5-45 鱼鳞变化工艺示意图

3. 蛇形工艺(Snake)

这种工艺的灵感来源于爬行中蛇的蜿蜒姿态,把染色后的狐毛沿着皮张脊背方向切割成0.4~0.5厘米左右的细长条,再将每条毛条对折缝合,然后把毛条弯曲成连续的S形,在相接的位置用针线固定,形成细长的腰带。成品的宽度取决于S形的大小,也可以重复同样的几排S形以形成整片效果。采用蛇形工艺可以制作服饰配件如围巾、腰带,也可以做服装的局部装饰,其特点是如羽毛般轻盈柔软,制作工艺简单易行(图5-46)。

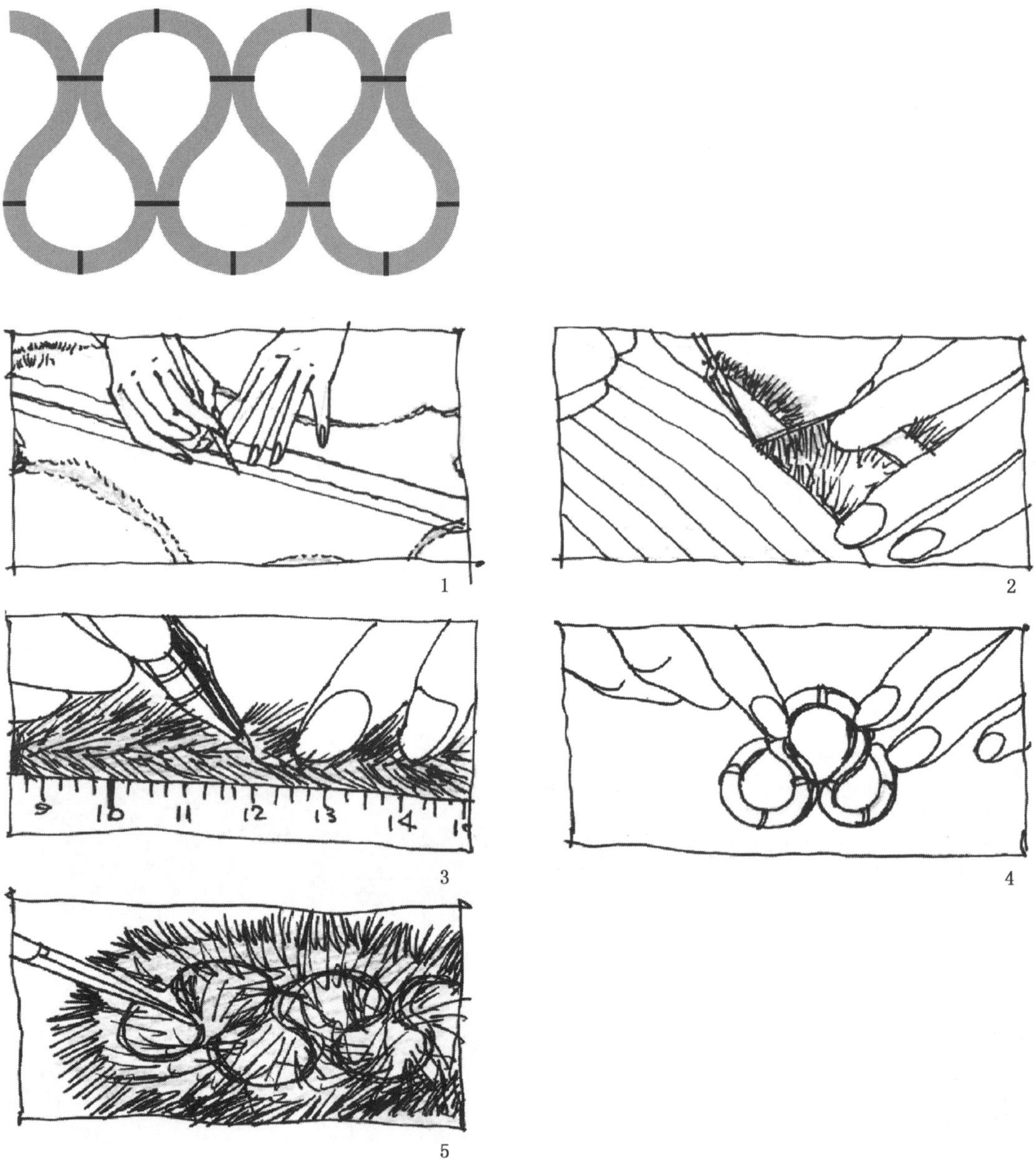

图5-46　蛇形工艺制作步骤

4. 狐皮链条(Fox chain)

在狐皮的皮板面根据图上所示标出裁切线,上下均留宽度4厘米,中间部分分成若干1厘米宽的细条;根据裁切线按一定方向仔细切割;把切割后的毛皮分离成两部分,并将其中一块毛皮相邻的两片细毛条尾端缝合;再对另一块以同样方式进行缝合时,把前面缝合的每个环形毛圈穿入其中,这样就获得了柔软轻巧的狐皮链条。这种工艺常用做配饰或服装的饰边。(图5-47)

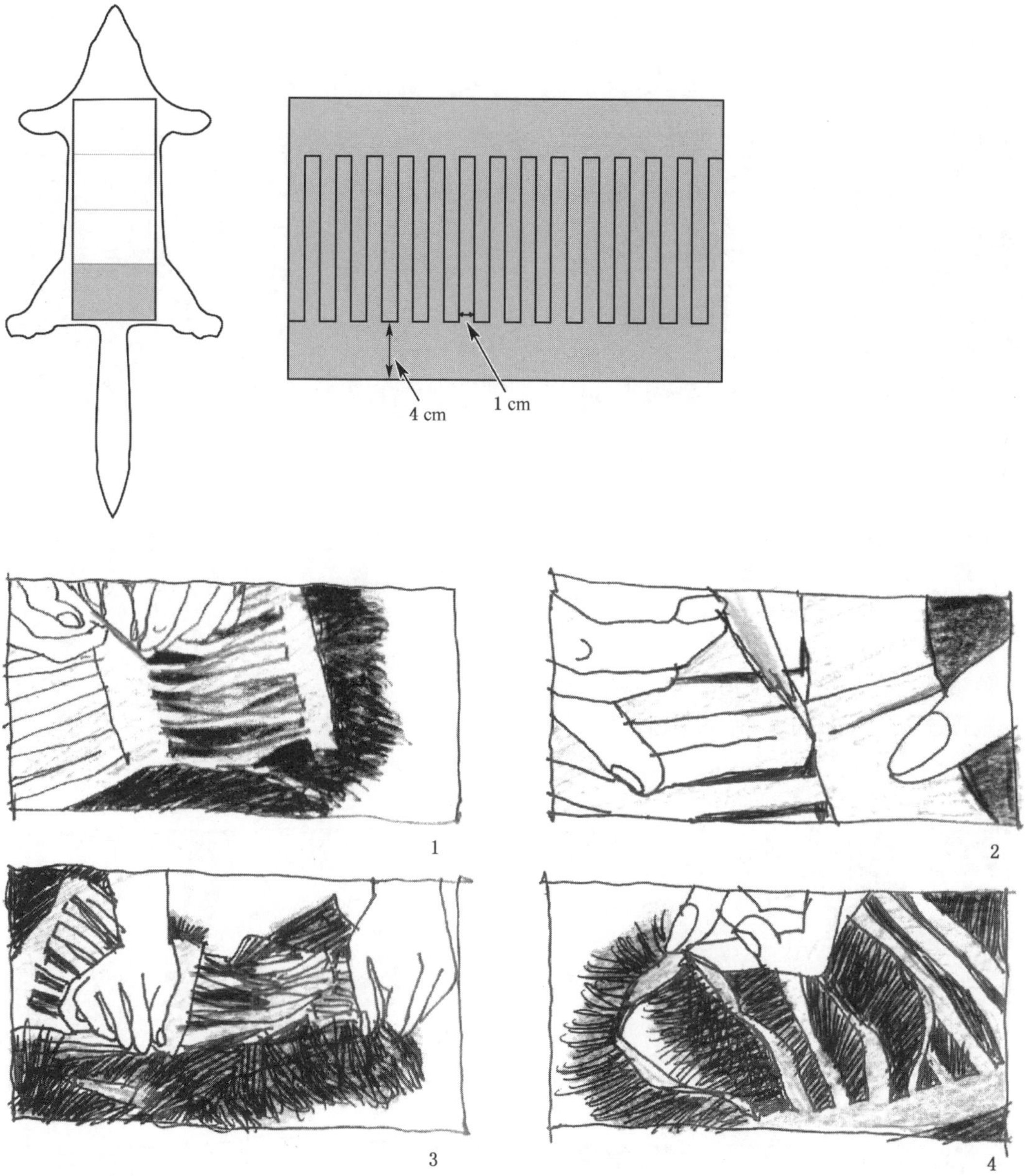

图5-47 狐皮链条制作步骤

5. 貂皮链条(Mink chain)

根据样板把水貂皮裁切成锁链状,并在固定位置切割一个小口,小口的宽度与链条最窄的位置相等,然后把两条锁链通过切开的小口相互穿插联接起来。可以采用两条颜色或处理工艺不同的锁链进行穿插,这样就可以得到一条效果非常特殊的貂皮链条。图上所示是一条貂毛和一条剪毛貂皮穿插,还可以经过多条相同的链条平行相拼形成一大片面料。此种工艺设计巧妙操作简单,运用在毛皮饰边、服装配饰上(图5-48)。

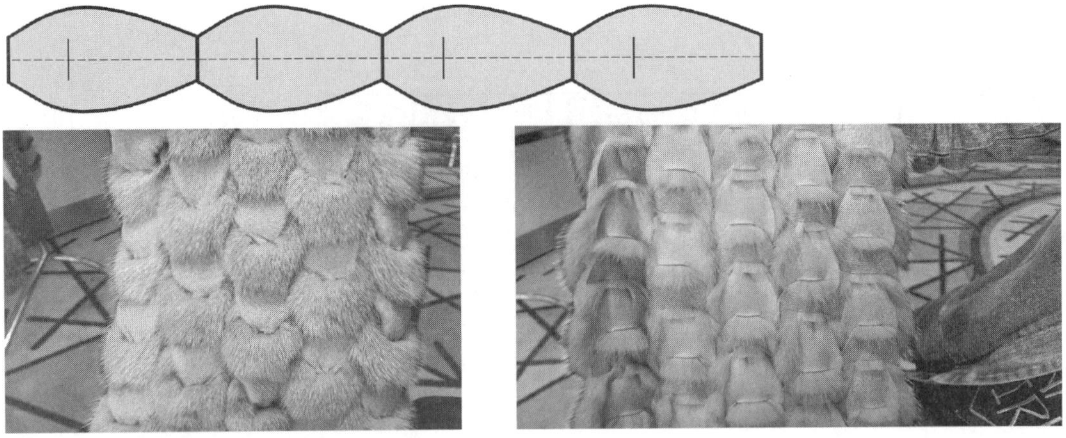

图 5-48　貂皮链条毛面和板面效果

6. 镂花锯(Jigsaw)

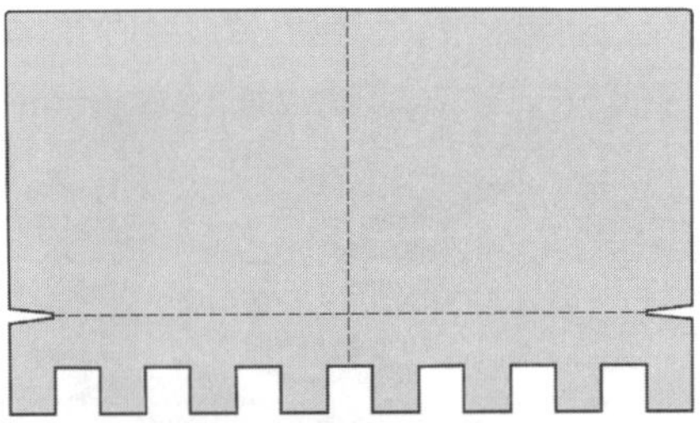

这种毛皮制作工艺灵感来源于锯子,如同锯子上均匀分布的锯齿一般。将三种不同颜色的貂皮按照模板裁剪成若干大小尺寸一致的小块毛皮,再将三种颜色的毛皮按一定的组合顺序缝合,重复这种形式再进行缝合,就可获得色彩丰富、镂空如锯般的效果(图 5-49)。

图 5-49　镂花锯制作步骤

七、毛皮切除工艺(Cut’n move)

切除手法灵感来源于叶片上的脉络，把水貂毛皮的毛面朝上，根据设计好的图案用剃须刀手工把不需要的部分剃除掉，露出皮板，毛皮的图案部分就凸显出来(图5-50)。

1

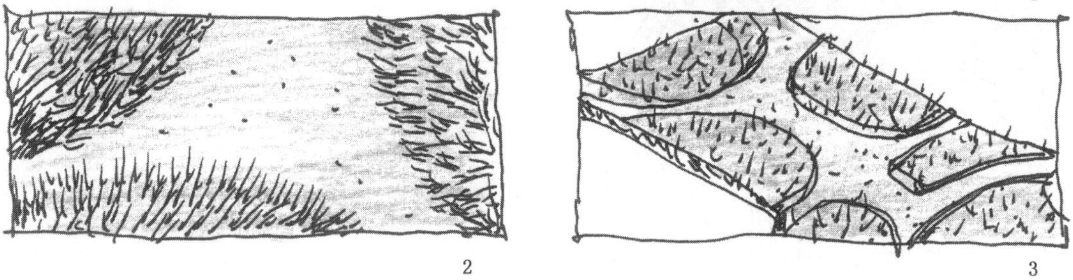

2　3

图5-50　毛皮切除工艺制作步骤

八、毛皮编织工艺

1. 环形编结(Ring net)

这种工艺是使用貂皮条按一定的方式进行编结，制作要领是把貂皮的毛面都朝一个方向，根据需要随意调节成品的形状和尺寸，还可以根据自己设计的图案进行编织，或者根据服饰配件的形状去做构建。这种编结工艺能得到手感自然柔软，极富弹性的毛皮作品(图5-51)。

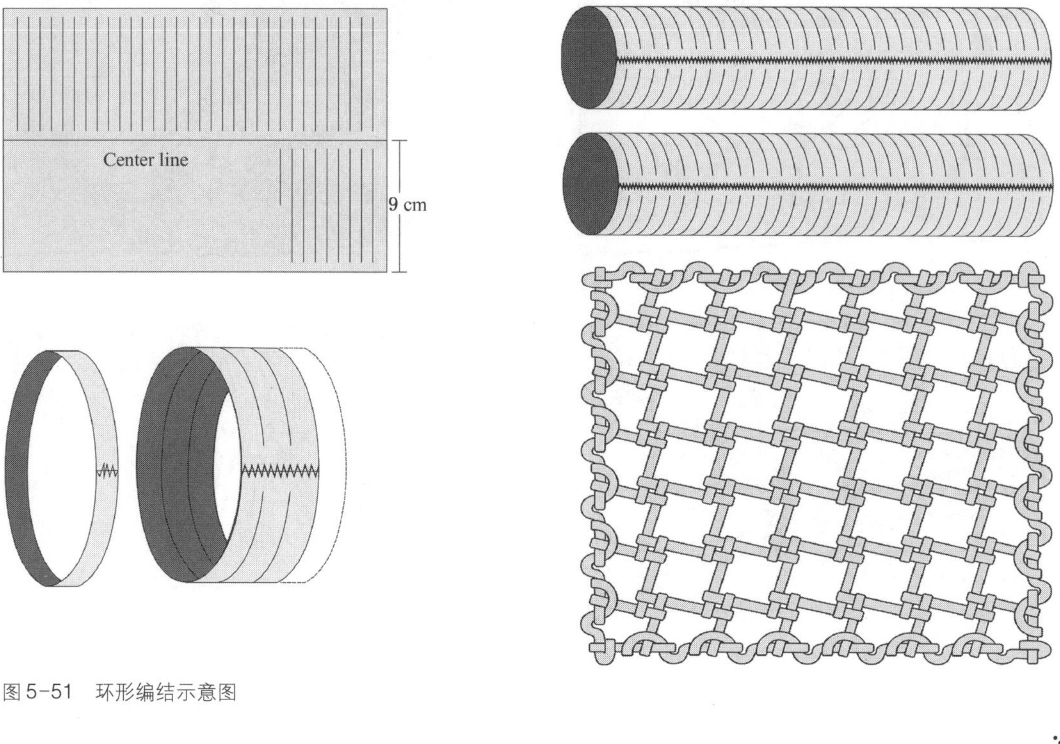

图5-51　环形编结示意图

2. 粗格编结(Crossing)(图5-52)

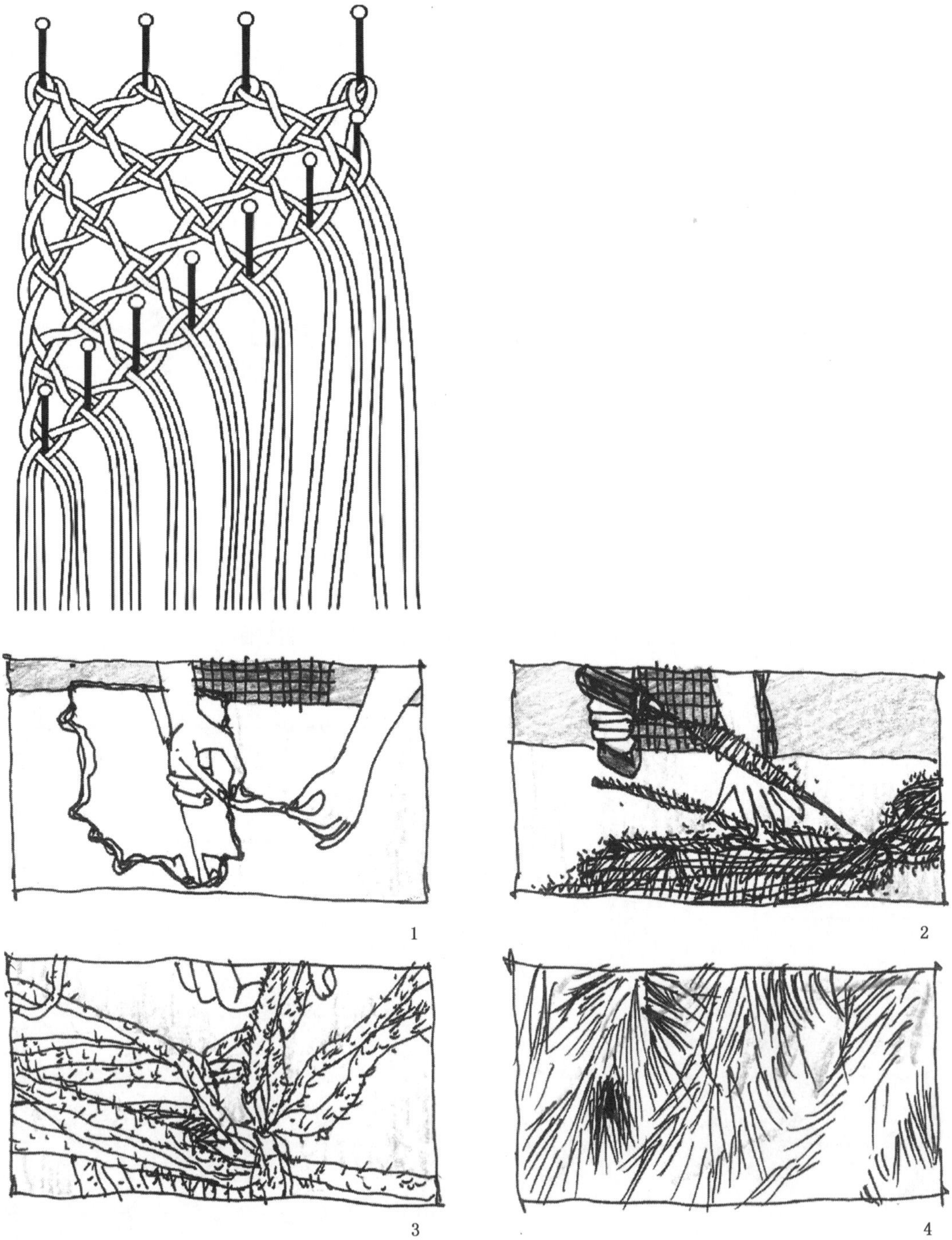

图5-52 粗格编结步骤

3. 钩织（Crochet）（图 5–53）

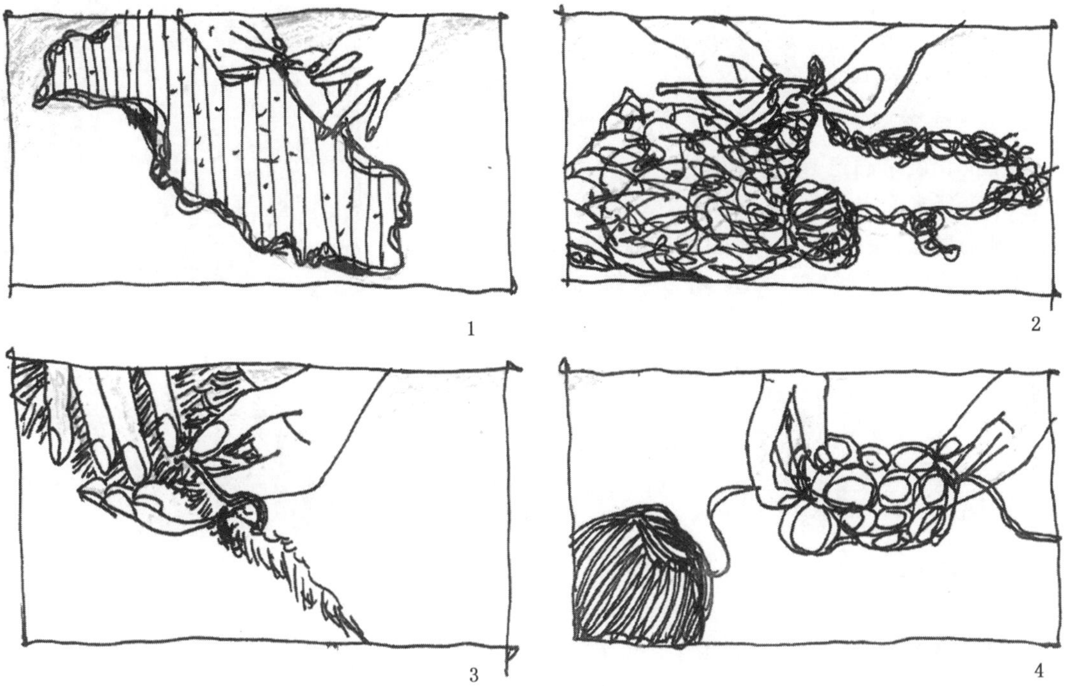

图 5–53　钩织步骤

4. 编织（Weave）（图 5–54）

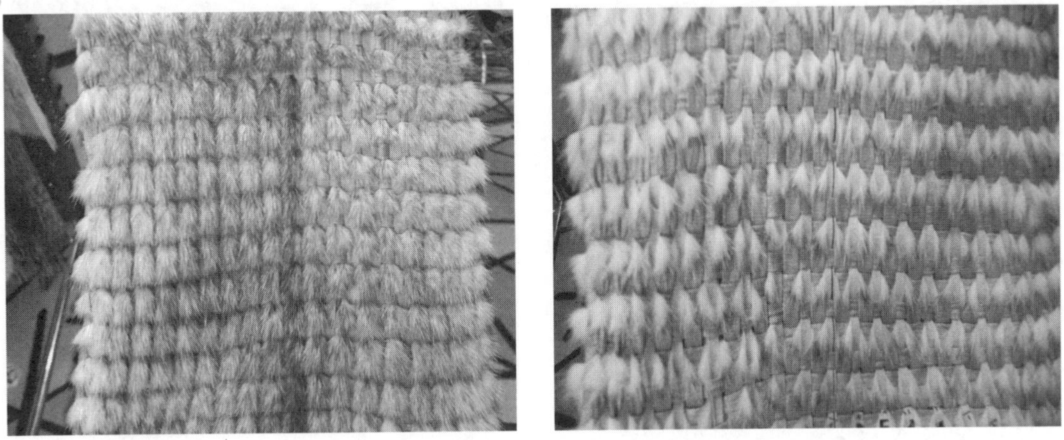

图 5–54　编织效果

九、与面料组合工艺(Fabric +)

1. 蓝狐和雪纺组合(Fox on shiffon)

蓝狐和雪纺的这种搭配组合为毛皮服装开创了一片崭新天地。在蓝狐的皮板面按脊背方向裁切若干 0.4 厘米宽的小条,先将毛条对折缝合,再依次将毛皮小条每间隔 2 ~3 厘米缝制到轻薄透明的雪纺纱上,具体间隔距离根据毛的长度来确定,形成轻盈的羽毛效果(图 5-55),完全改变狐毛原来厚重、奢华的风格,和毛皮只能制作冬天服装的局限,采用此种工艺制成的面料轻巧、舒适、时尚,可以加工成夏季的服装,如:小礼服、配饰等。

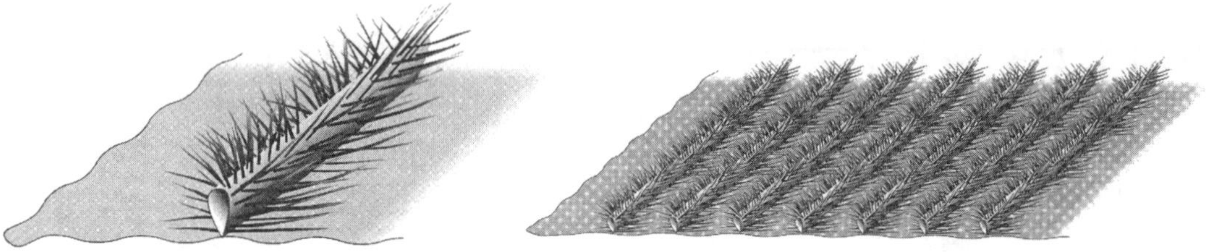

图 5-55 蓝狐和雪纺组合效果

2. 貂皮直接装饰在面料上(Mink +)

貂皮条穿插着毛线在粗花呢上做面料二次设计,缝出理想的花形,适合做毛皮饰边或在服饰配件上用。毛皮条还可以结合各种面料使用,穿插在组织较疏松的面料中,如蕾丝、网眼布、毛呢料形成丰富的装饰效果(图 5-56)。

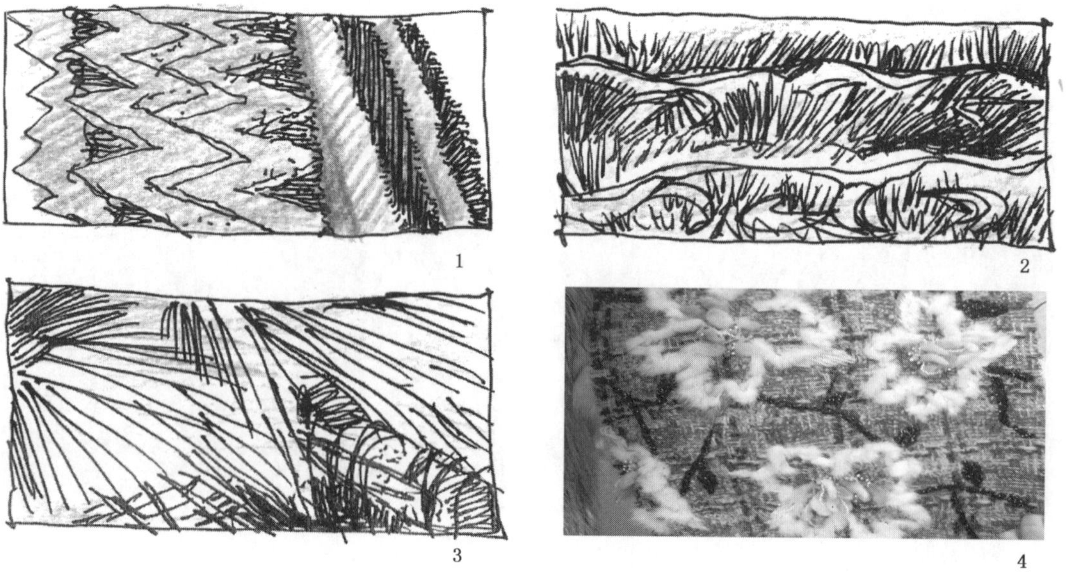

图 5-56 貂皮在面料上的装饰效果

3. 狐皮与其他面料结合(Fox +)

这种工艺是狐毛和面料结合的最简单快捷的方法,能在服装表面形成丰厚整齐的毛感(图5-57)。

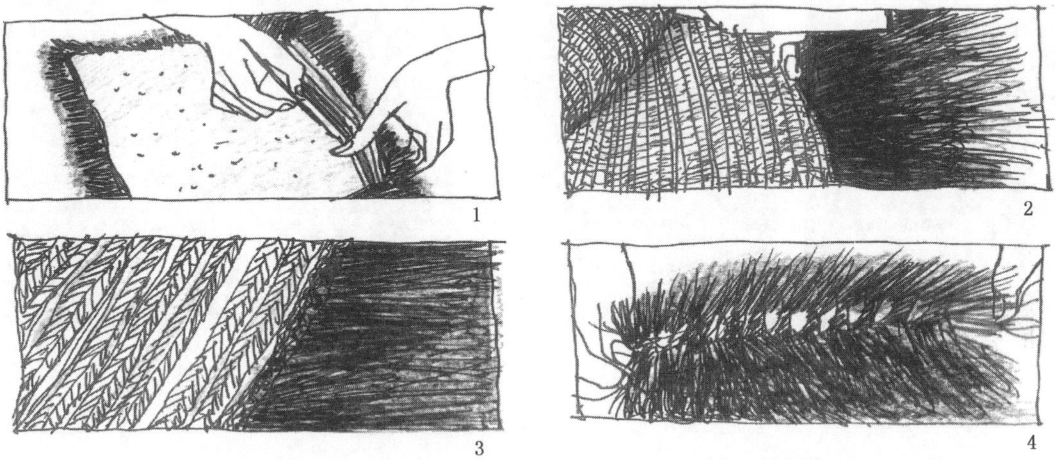

图5-57 狐皮与针织面料缝合步骤

(1) 把狐毛切割成1厘米宽的小条,每条毛皮都折叠用毛皮专用缝纫机缝合在一起;

(2) 然后直接移到针织面料的正面,按照预先设计好的位置,用普通缝纫机的Z形针法将狐皮固定在面料上,同时注意底线松紧要适宜;

(3) 根据毛的长度和所设计的外观效果要求来确定毛条之间的间距,一般来说,毛丝越长,间距可以越大。

十、毛皮表面装饰(Decoration)

运用在面积相对比较大的毛皮面料表面,直接在毛皮上做进一步加工,既不破坏毛皮完整的效果又丰富了毛面的装饰性。这种工艺手法类似面料的二次设计,能根据流行趋势和服装的风格特点做出各种装饰变化。多使用在全毛皮服装和毛皮饰边服装中(图5-58~62)。

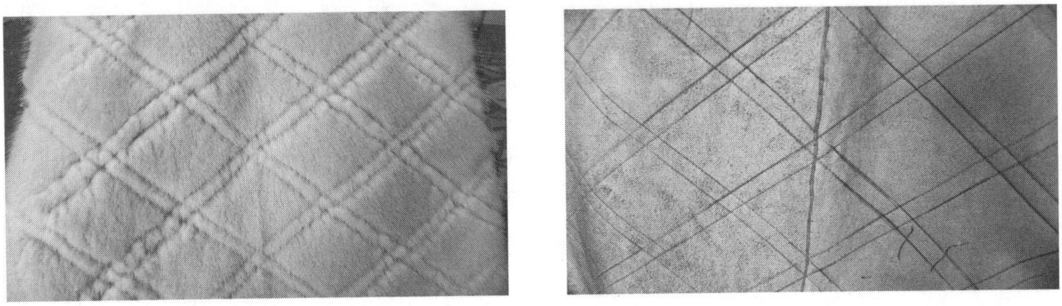

图5-58 模仿羽绒服的绗缝效果,在水貂毛的皮板一侧以皮张的脊背中心线为基准线,打好固定大小的格子,直接用工业缝纫机沿着格子缉上同色线迹。

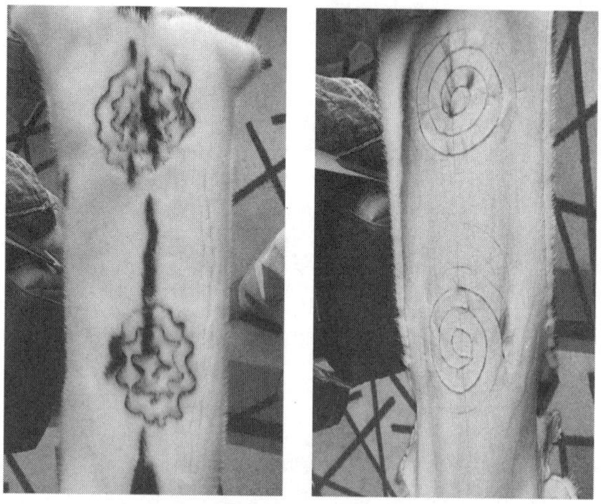

图 5-59 貂皮毛面加缎带装饰

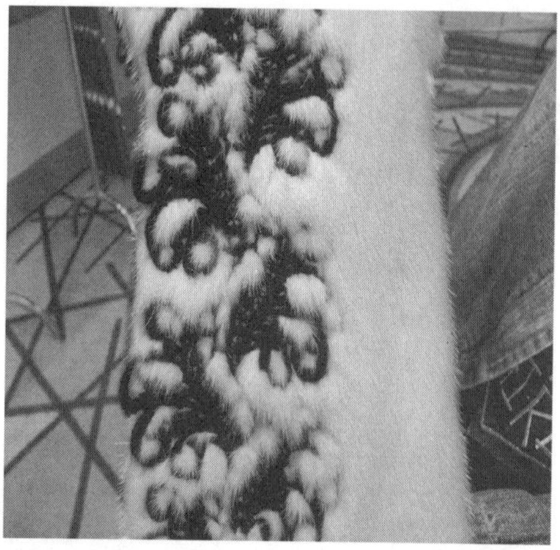

图 5-60 毛皮加蕾丝装饰

图 5-61 毛皮加皮革条装饰

图 5-62 毛皮绣花装饰

十一、毛皮花饰制作

1. 花(Flowers)

花饰采撷于大自然缤纷美丽的意象,让女人时而优雅娇柔,时而灿烂动人。花饰可以妆点的地方非常多,是用途极广的时尚配件。毛皮花饰是服装上画龙点睛之笔,相同的花饰妆点在不同的位置上,所产生的效果很会不一样。毛皮花饰的类型有很多种,这里介绍一种非常简便的制作方法:根据花饰的大小剪切一块正方形毛皮,并在每条边长的中间位置打一剪口,捏紧正方形毛皮皮板面中心位置,并用手针加以固定。也可以在固定的同时在花饰中间装饰上毛皮花芯(图 5-63 ~ 64)。

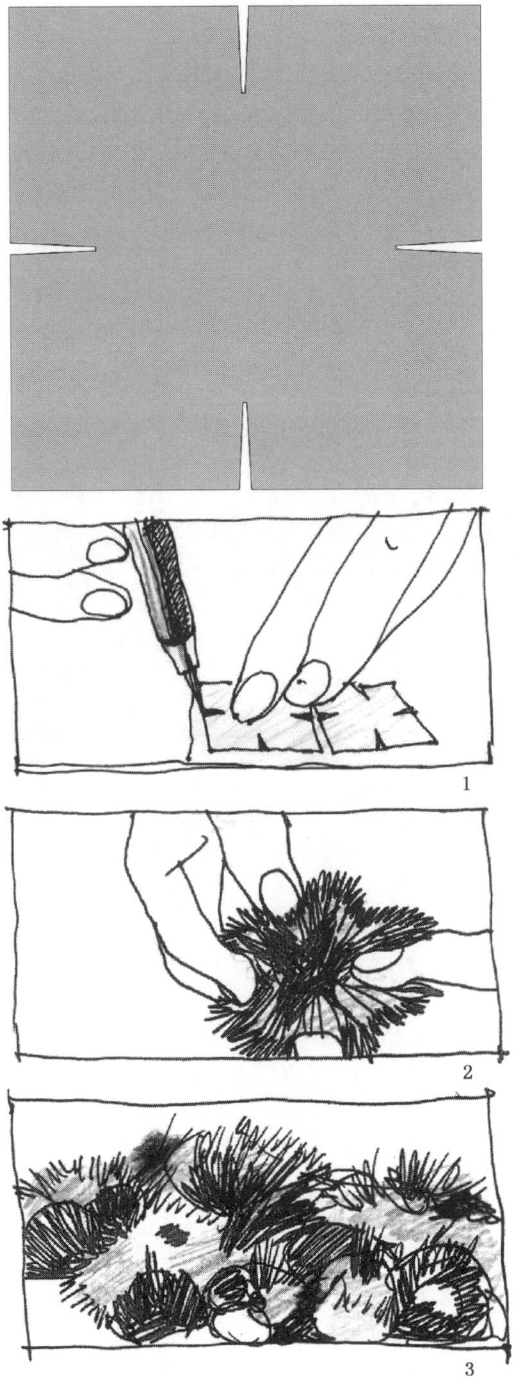

图 5-63　毛皮花的制作步骤

图 5-64　毛皮花的各种装饰效果

2. 小球(Sphere)

毛皮小球也是毛皮服装上出现频率较高的点缀元素。以不同的颜色,不同的排列方式在服装上达到轻松活泼、丰富跳跃的装饰效果。其制作方法简单:取任何类型的方形毛皮一块,手工缝线一圈,然后抽紧,并在其中填充腈纶棉,便制作完成(图5-65)。

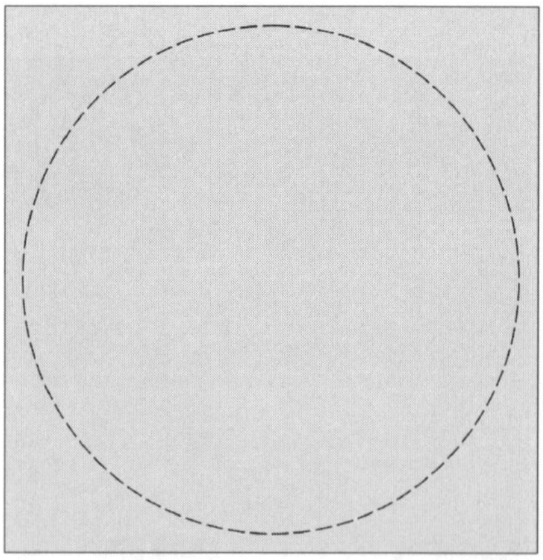

图5-65 毛皮小球的制作示意图

十二、其他工艺

1. 管状工艺(Tube)(图5-66)

(1) 先把一块长方形狐皮缝成筒状,再手工裁切成0.4厘米宽连续的毛条;

(2) 用毛皮刷将狐皮的长毛做适当整理;

(3) 将毛条与一条机织流苏缝制一起;

(4) 以一根塑料空心管做为支架,在塑料管上端固定若干大头针,在针上起经线,将毛条作为纬线逐层与经线编结;

(5) 最终获得一个层次丰富的管状毛皮装饰物。

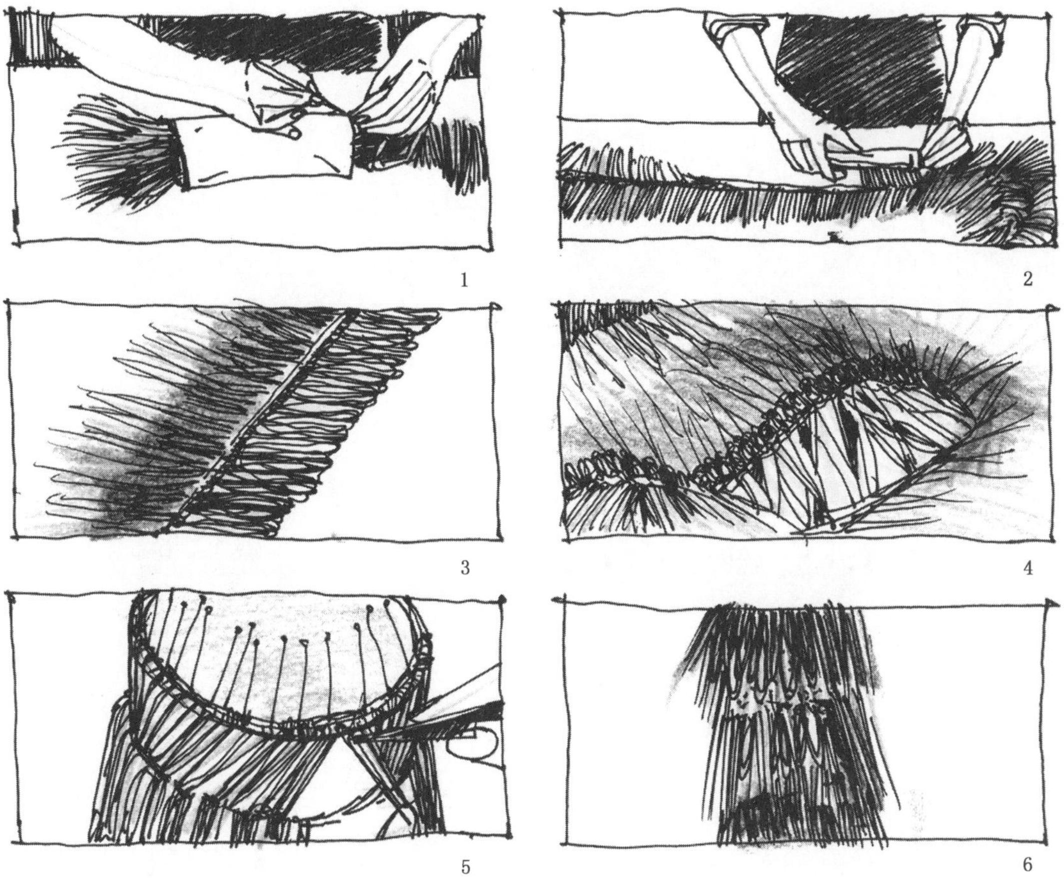

图5-66 毛皮管状工艺制作步骤

2. 填充装饰(Fill)

裁剪若干0.5平方厘米的毛皮小块,将每一小块毛皮按一定规律填充于两层半透明的尼龙面料之间,并在尼龙面料上压线定位。还可以变化毛皮的颜色来增加装饰效果(图5-67)。

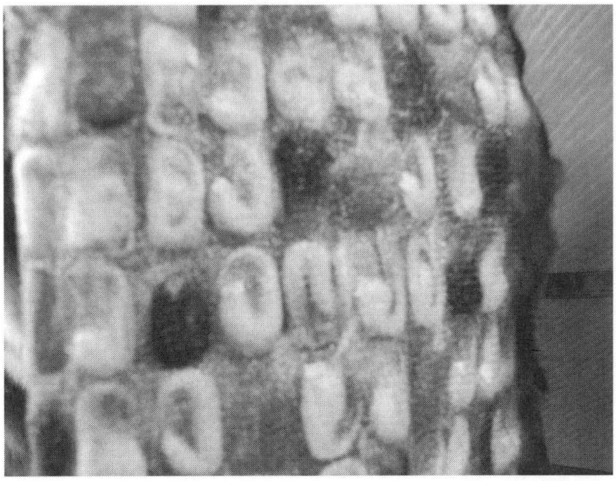

图5-67 填充装饰效果

第六章 毛皮服装设计原理

毛皮服装设计是毛皮产品设计中最传统的领域，经典的毛皮服装是依据毛皮天然的色泽、自然的斑纹和丰厚的毛绒为表现主题。但经过近几十年的发展，毛皮原料的开发和新工艺技术的不断创造，毛皮服装已经从传统到时尚，保守到开放，实用到装饰。且流行时尚观念的变化，使得毛皮不再是贵妇的专利，而向日趋普及与平易方向发展。服装设计已经趋向于休闲、环保、高科技面料，毛皮服装也不例外，在设计中必须把握服装设计趋势和走向才能够设计出满足消费者需求的服装。

毛皮服装设计一般分为着重功能性的全毛皮服装设计，着重装饰性的毛皮饰边服装设计和兼顾功能性和装饰性的毛革两用服装设计三大类。毛皮服装设计也包括对色彩、面料、款式、工艺等方面的设计，但毛皮材料的特点也决定了它不同于其他服装设计的特殊性……

第一节　毛皮服装设计视角

毛皮服装设计是服装设计中的一种形式，因此也遵循基本设计原则，其造型、色彩、材质、图案、细节、工艺等基本要素相互牵连制约，缺一不可。服装造型传达的是最初的视觉冲击力，廓形选用的适当，就能够以微妙而显著的方式表现服装的风格语言。造型可以确保美感和良好的视觉平衡，也是表现设计的更多复杂方面的框架或载体。服装设计主要是借助面料、材质来表现，因为款式的造型是靠材质来塑造的。材质的本身特性是能够左右一件服装的外观和内涵。色彩是刺激人的感官的最重要的元素，它使毛皮服装更加丰富多彩。人们感受色彩和对色彩的反映在很大程度上是因人而异的，而且文化在人们对待不同色彩的态度上也起着至关重要。因此了解色彩的特别象征意义，使其与造型、细节及其他因素结合起来，进而使毛皮服装作品的设计意图更加完整的实现。值得注意的是，毛皮服装作为流行时尚不可或缺的一部分，它的设计也是紧跟时尚步伐。当时装界流行多彩的颜色时，毛皮服装也从黑、白、棕的自然色中解放出来，变得绚丽多姿；当流行纤细苗条的线形时，毛皮服装也收紧袖筒、收窄双肩，做出妩媚动人的姿态；当时装界流行某种面料时，毛皮时装上很快就出现与此种面料搭配或毛皮在其上做饰边，由此可见毛皮服装设计的时尚化。要设计出一件优秀的毛皮服装，这些能凝聚个性的设计元素是不容忽视的。

在进行毛皮服装设计的同时，还必须考虑到毛皮材料的特殊性，由于这种材料的获得有别于纺织品面料，其面积的大小直接受到动物体量的影响，因此，要制作一件完整的服装，就必须对毛皮材料进行拼合。拼合过程不仅能使小张的毛皮材料连在一起变成大张，还会在毛皮表面出现拼合后的特殊肌理效果。这种肌理效果作为毛皮服装的特征之一，成为毛皮服装设计的重要组成部分，也是区别于普通服装设计的关键。此外，动物毛皮的种类繁多，花色和质感差异较大，不同种类的毛绒长短各不同，即便是同种类毛皮的雌雄性别不同或是在不同季节获取，毛发上均存在明显区别，比如雄水貂的毛皮比较硬，针毛长光泽好；而雌水貂的毛皮则柔软舒适。动物的毛皮还存在方向性，从不同的角度观察毛皮的色泽也存在明显的差异。再加上现代的毛皮染色和处理工艺，千变万化的毛皮效果能给设计师提供广阔的设计空间。设计师一旦领悟到毛皮服装设计的精妙之处，再不断地尝试和探索，通过材料自身或与其他材料的拼接与穿插，能创造出新颖独特的外观效果，从中体会到设计的无穷乐趣。

1. 关注毛皮的方向性

动物的毛具有自然生长方向性，动物全身的毛大体都往尾部方向生长，毛根附着在皮板上并与皮板形成一定角度，这就使毛皮材料以各种方向放置时会形成不同色光的视觉效果（图6-1）。这与灯芯

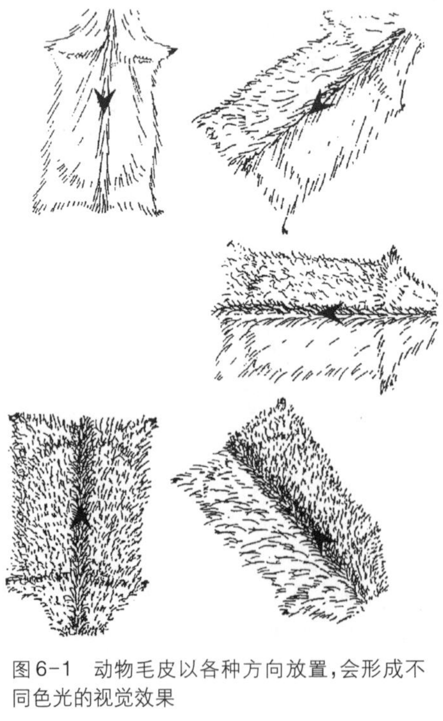

图6-1　动物毛皮以各种方向放置，会形成不同色光的视觉效果

绒、天鹅绒等纺织面料有相似之处，通常用“顺毛”或“倒毛”来称呼。一般多采用“顺毛”方向制作服装，通常在制作时尽量避免服装衣片倒置后色光上的差异。在毛皮服装的设计中尤其不能忽略这个方面。毛皮的拼接方式与毛皮的生长方向有着十分密切的关系。特别是在拼皮方式的设计上，应充分利用毛皮的方向性做文章，拼皮后会构成特殊的图案，均匀地分布在毛皮服装上。

当然也可以巧妙地利用倒顺毛的效果差异进行毛皮服装设计。这是全毛皮服装设计的一个十分突出的特点，尤其在使用深色毛皮时，它的倒顺拼皮效果所产生的特殊光感图案尤为突出。作为设计师，一定要熟悉毛皮材料在各种方位摆置后出现的不同的视觉效果。应根据服装的流行趋势、具体的消费对象以及所设计的款式风格等要素来确定对毛皮方向性的利用。

2. 利用毛皮天然花纹

大部分毛皮动物的身上都有天然的色斑和花纹。比如红狐、沙狐、毛丝绒鼠、仓鼠等毛皮动物的背部都有明显的颜色过渡，形成自然柔和、变化丰富的色斑效果。经人工培育的十字貂和十字狐皮，肩背部则有醒目的较其他部位颜色深的十字花纹；猞猁、狸子、海狸身上则具有明显漂亮的斑点花纹，灰、黑、咖啡色的斑点与浅色的底毛形成鲜明的对比；虽然天然羊皮的颜色相对单一，但不同品种的羊皮如波斯羔羊、山羊猾子、滩羊毛，表面呈现出的差异很大的波纹效果，也会给人带来惊喜的效果（图6-2）。

图6-2 毛皮动物身上精彩的天然花纹和肌理

毛皮动物如此丰富的天然背纹，给毛皮服装的设计以无限的灵感。直接做拼接运用，或在天然花纹的基本上再附以其他的装饰元素，或与其他的服装面料做拼接设计，都将产生风格迥异的视觉效果。

3. 把握毛长短差异性

不同的毛皮有其不同的特质，各类毛皮的外观都具有鲜明的个性。按照毛的长短来分类，大致有长毛、中绒、短绒三类。长毛型比如狐狸毛、貉子皮，中绒类有貂皮、獭兔皮、猞猁皮、家兔皮等，短绒有山羊猾子、珍珠羔等。此外，长毛型毛皮经过拔针后可以转变成中绒类，而中绒类毛皮剪绒后则会转变为短绒类。虽然每种动物的毛皮，大自然都已赋予了不同的情感色彩，但经过不同风格的长短毛的搭配，所产生的立体层次感，会呈现出的不同于组合中任何一方的全新外观。如采用一些短绒或剪绒与长毛皮类的貉子皮搭配用于短夹克、围巾或背包等服饰品上；短绒与中绒搭配，象丝绒般的剪绒貂皮，饰以具有华丽外观的紫貂皮和猞猁皮；中绒与长毛搭配，比如在貂皮大衣的领口和袖口镶上长狐毛；各种不同毛长的毛皮进行搭配，狐狸皮、山羊皮或兔皮可以产生出意料之外的风格效果。（图6-3）

图6-3 不同长短与质感的毛搭配会产生不同的风格效果

4. 着重毛皮拼接设计

设计毛皮服装的过程实际上也是毛皮拼接设计的过程，由于毛皮材料昂贵，所以在设计毛皮服装的拼接方式时，要充分考虑毛皮材料利用率的问题，尽量减少毛皮的浪费。毛皮的拼接使全毛皮服装的表面呈现出某种图案效果，或是直线几何形，或是曲线波浪形，或是不规则形。而无论采用怎样的形式，都应该美观大方，符合服装的整体流行趋势。另外，虽然经过长时间的实践毛皮拼接已经形成一些合理、成熟、特定的基本形式，设计上可沿用这些形式。但在此基础上对毛皮拼接方式的改革，采用大胆而合理的创新，独特而巧妙的处理，使得今日的毛皮服装产生了多姿多彩的特殊美感。（图6-4）

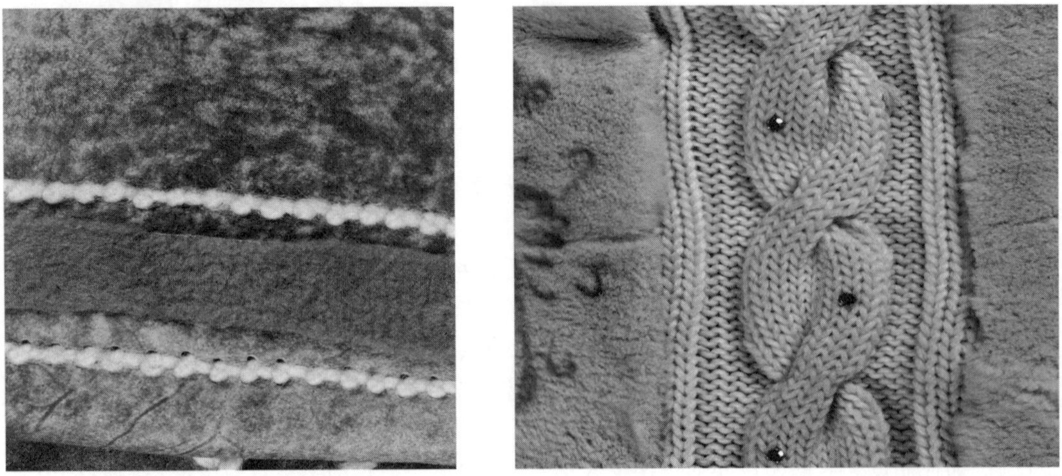

图6-4 毛皮服装上美观大方的拼接效果

第二节 毛皮服装设计风格

1. 雍容华贵型

是相对比较成熟，讲究穿着品质的服装风格。采用中长毛型的珍贵狐皮或貂皮制作的全毛皮短大衣、长大衣，狐皮飘逸的针毛，丰盈的质感和极富层次感的色泽营造出雍容华贵的感觉。或与羊绒、羊毛、丝绸等织物搭配制作的毛皮饰边服装。羊绒、丝绸本身就是高级女装的主要服用材料。这些织物柔光亮泽，软滑轻盈，刚好与毛皮的贵族气质和华美外观遥相呼应，绸缎散射出的光泽与柔软绒质的毛皮形成了强烈的对比装饰效果，是毛皮饰边材料配伍中最为华贵的组合风格。一般采取以高档织物为服装大身、珍贵的毛皮勾勒轮廓局部的方式，以取得雍容华贵的效果（图6-5）。

图6-5 狐皮飘逸的针毛与高级织物搭配，营造出雍容华贵的感觉

图6-6 拔针貂皮大衣端庄大方、高雅含蓄

2. 端庄优雅型

经典风格端庄大方，具有传统服装的特点，追求严谨而高雅，文静而含蓄的服装整体感。选用高档服装材质的毛呢面料与拔针狐皮或剪绒貂皮搭配。去掉针毛以后的毛皮更显现出蓬松、柔和的外观效果。色彩上多采用沉静高雅的中性色、高明度色，和谐含蓄。毛皮采用直线、曲线、波浪形等拼接方式塑造简洁高雅的整体效果。此种组合也可以毛呢料为主的结构造型，毛皮饰边在小范围内出现，并以直短毛居多，常用于秋冬高级成衣（图6-6）。

3. 实用多效型

适合多个阶层日常穿着的秋冬成衣，用于皮革、棉服、羽绒服等绗缝服装，常利用各种毛皮来修饰帽沿、领口、袖口、门襟、衣摆以及局部衬里等部位，还可起到防风御寒的作用，美观而实用(图6-7)。由于皮革与毛皮有着极其相似的特性，有的毛皮还可以作毛革两用。所以，实用多效型服装的组合搭配形式，常常在服装的双面穿着功效上巧用心思，而饰边设计的正反向相间互换，成为最显著的设计特征。

图6-7　貉子皮饰边绗缝棉服属典型的实用多效型毛皮服装

图6-8　运用超前的流行元素，局部造型夸张加上金属配件装饰，强调时尚前卫的效果

4. 时尚前卫型

运用超前的流行元素，局部造型夸张，强调对比效果。采用时髦新颖的面料与毛皮组合搭配，毛革两种皮或毛皮加针织物。通过在毛革两用皮的皮面做磨砂、喷金、水洗、涂层、印花等的工艺处理，细节上装饰金属配件，创造时尚前卫的服装风格。色彩不受限制，多种色彩搭配，对比协调；针织材料的弹性，体现出贴合人体的曲线，及针织细部编织结构的精致严谨表现，与毛皮材料局部蓬松、夸张、扩展的造型，形成了强烈的对比，营造富有情趣的装饰性。此类的反差应用，多用长毛型或没有体积感、零碎感的毛皮饰边完成(图6-8)。

5. 复古民族型

是汲取中西民族、民俗服饰元素具有复古气息的毛皮服装风格，注重服装穿着方法和长短内外的层次变化,吸收时代精神、理念,借助个性材料及流行色彩,加强服装时代感和装饰感的设计手法。民族风格的毛皮服装造型灵活多变,宽松悬垂,多层重叠,不对称结构;绵羊皮、蓝狐皮、兔皮与精纺呢料、棉毛混纺搭配能表现东方民族古朴含蓄;貉子皮、银狐皮、猞猁皮与粗花呢搭配,最适合体现西方民族倾向粗犷奔放。再配合具有民族特点的流苏、刺绣、缎带、嵌条、补子等图案与装饰,更强调出民族的风格特点(图6-9)。

图6-9 染色狐狸毛加入传统的民族图案,夸张的廓型,粗犷豪放,具有市场生命力的复古民族风格

图6-10 白色雪纺礼服搭配以白色貂皮披肩,飘逸柔美婀娜多姿

6. 浪漫唯美型

一般传统的毛皮服装设计观念,认为毛皮不宜与轻薄透明的雪纺纱、蕾丝织物相组合,但随着设计理念的更新与技法上的突破,这种设计形式也渐渐地被接受了,且大有方兴未艾之势。由于两类材料本质上的截然不同,该形式已远离遮体和保暖的服用功能,而很大程度上以追求形式美感为目的,结合虚实掩映的效果,产生飘逸飞扬、又不失柔美婀娜的体面(图6-10)。

7. 随意休闲型

是轻松、随意、舒适的服装风格,适合各个年龄层次。毛皮与牛仔布,毛皮与斜纹布、毛皮零辅料及毛毡的设计组合,也是近年流行起来的,这种形式所采用的毛皮种类及取皮部位的散、乱、杂、廉、碎,恰与牛仔织物的豪放很和谐的组合。毛皮使用的面积较小,装饰的部位相对比较固定,如帽沿、门襟、袖口等处(图6-11)。

8. 活力运动型

借鉴运动设计元素,充满活力,具都市气息的服装风格。前些年曾一度流行,近年来又有上升的势头。毛皮的质感让人根本联想不到运动风格。但经过剪绒处理的貂皮改变了原来的风貌,变的轻薄灵巧。运用染色后的剪绒貂皮进行块面拼接,色彩对比鲜明。或使用拼花工艺装饰小面积图案。也可运用剪绒毛皮和针织面料搭配,丰富传统运动风格服装的装饰效果(图6-12)。

图6-11 毛皮与斜纹布搭配设计出轻松随意,舒适休闲的毛皮服装风格

图6-12 剪绒的貂皮结合运动设计元素,塑造出充满活力,具都市气息的服装风格

第三节 全毛皮服装设计

全毛皮服装设计是指整件服装的面料在外观效果上看,全部采用毛皮制作。毛皮的设计特点除了一般服装设计所要考虑的基本原则以外,主要体现在设计与毛皮材料和毛皮工艺技巧的完美结合上,具体说,它更多地涉及毛皮拼合的设计问题。此外,由于全毛皮服装大量使用珍贵的毛皮材料,同时加工制作过程费工费时致使全毛皮服装的价格昂贵。因而它属于高级服装的类型,其消费对象主要为高消费群体,所以设计师必须充分考虑这一群体的兴趣爱好、气质修养、心理特征及生活方式等,同时也要结合国内外服装流行趋势,结合销售地域等多方面的因素

进行设计。

一、全毛皮服装的造型设计

全毛皮服装的造型设计,更多地涉及服装设计普遍的规律性问题。毛皮材料一般都比较厚实,特别适合制作外套、大衣类的服装,加上毛皮拼合工艺较为复杂,所以通常全毛皮服装多采用整体感强、外观自然宽松的造型,如H型、T型和A型的外轮廓造型,而较少使用紧身合体的X型的造型结构,这是全毛皮服装不同于纺织品服装的特点之一。它在传统的造型上比较稳定,主要变化放在款式的长短、大小宽窄等方面。品种包括毛皮背心、披肩,各种毛皮短装、中长大衣、披风以及休闲风格的夹克外套等。这些服装品种再配以多种类型长短毛、直卷毛的毛皮搭配,以及丰富的装饰效果,使全毛皮服装的造型产生新的变化,丰富了全毛皮服装的外观造型。(图6-13)

图6-13　全毛皮服装廓形

二、全毛皮服装的色彩设计

传统的全毛皮服装大多色彩整体,配色协调,且一般利用动物毛皮的天然色来加工。目前人工饲养貂的自然颜色有十五种以上;狐皮的自然颜色有二十五种之多(图6-14),主要是以米黄色、红色、棕色、黑色和混合成的杂色为主,后又人工培育出四十余种彩色狐,五光十色,备受青睐。随着时代和流行的变化,工艺师又把毛皮通过染、漂、喷、印变幻出各种流行的色彩和时尚的色彩。除了简单的染色外,还有采用漂白工艺做单色漂染、渐变漂染、草上霜效果;利用喷染工艺获得的一毛多色的幻彩和喷脊子的效果;通过丝网印工艺在短毛皮毛面和皮板上印制图案。还可以采用彩色拼接增加服装的色彩变化,形成色彩的对比协调效果。

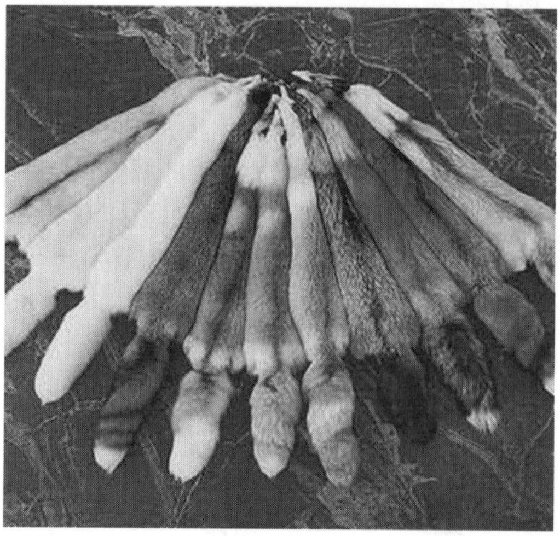

图6-14 人工饲养水貂和狐皮的天然颜色

三、全毛皮服装的材料设计

前文对常用的动物毛皮种类已经做过介绍，毛皮材料不仅有丰富多彩的外观形态和品质上的差别，还有着采用最新加工技术处理后出现的肌理效果。狐皮、貂皮、獭兔皮、貉子皮、猾子皮、滩羊皮是最受欢迎的原料，经过剪花、激光雕花、化学蚀花等工艺处理后得到风格迥异的毛皮材料，这也为毛皮服装的设计提供了更多样的选择。设计师还可以通过设想和创造开发出一些独具特色的毛皮材料和毛皮服装效果。如何选择适当的毛皮材料进行设计，涉及到几个方面的基本问题：对毛皮的种类、特点、品质以及各种工艺处理后的毛皮效果要有明确的认识；掌握国内外服装流行趋势的信息，选择流行的毛皮材料和色彩；针对不同的消费层次和消费对象，选择不同品质的毛皮材料；根据不同地区、季节、气候、风俗、爱好等来选择毛皮材料；根据设计服装的风格来选择毛皮材料；根据服装的适用场合、用途来选择毛皮材料；根据服装品牌定位来选择毛皮材料。

四、全毛皮服装的工艺设计

全毛皮服装是毛皮服装中最经典，工艺最传统的一类。其中的抽刀工艺无疑是毛皮服装最具特色的方法之一。用狐皮和貂皮制作的全毛皮服装，传统上多采用抽刀工艺，可用一般抽刀和对角抽刀两种；原只裁剪中的整只裁剪和半只裁剪也是全毛皮服装制作中常用的工艺方法；而在抽刀工艺基础上发展而来的加革工艺，不仅使全毛皮服装上的毛皮用量显著减少，在减轻了服装的重量的同时，还在服装的表面形成具节奏感的流动的肌理效果；镶花工艺也是全毛皮服装制作上传统的装饰工艺，镶花一般采用两种反差较大的染色毛皮做镶嵌组合，使服装上产生明显、细腻的图案，往往同时获得风格统一、阴阳效果的两件服装。

毛皮编织工艺虽然发展起来的时间不长，但一经踏上流行的舞台，就大放异彩经久不衰，从最初在毛皮配饰中使用的工艺手法慢慢推广到毛皮背心，毛皮短外套，甚至到毛皮长大衣。它的技术难度不高，轻巧柔软体感，适用面广的特性深受广大消费者的喜爱。

全毛皮服装制作工艺还有适合中长毛类的波浪式拼接方式,泡状效果拼接方式,浮凸效果拼接方式等;适合长毛类的网状效果拼接方式,间皮拼接方式,菱形的拼接方式等;适合混合型毛皮的马赛克镶嵌工艺和窗口工艺等。

除了以上的拼接工艺,还有直接在毛皮表面做进一步加工,既不破坏毛皮完整的效果又丰富了毛面的装饰工艺。这种工艺手法类似纺织面料的二次设计,在毛皮面缝制当前流行的元素,如搭配镂空蕾丝,鹿皮花边,真丝缎带等,也使传统的全毛皮服装呈现出时尚的语言。

五、全毛皮服装的细节设计

如前所述,全毛皮服装强调整体设计,其造型轮廓往往大方而简洁,而细节的设计处理,又为毛皮服装的整体增强个性与活力。大多数全毛皮服装都选用相同动物的毛皮,这意味着色彩和花纹的统一。虽然有服装造型、总体款式、毛皮拼接方式等的变化,但整个效果平淡而无鲜明的特色。就需要采用某种对比的手段在细节的设计上进行点缀和强调。如色彩的对比、材质的对比、形状的对比等。

(1) 采用改变毛皮材料表面肌理效果及细节部件造型的方式,以达到和谐中的变化。例如:貂皮大衣配以狐皮的领子和袖口;波斯羔羊皮与貂皮结合;或者狐皮和剪毛后的滑子皮搭配,两种毛皮材料在统一的色调中,通过材质的对比达到突出和强调的效果。

(2) 通过面积的对比,形成主从有序、既变化又统一的视觉效果。在全毛皮服装上采用这种处理方法使统一中的变化含蓄而丰富,产生高雅、大方的感觉。进行细节设计时,一般多用在服装的一到二个比较重要的部位,使之产生一种相互呼应的效果。例如在领口采用了珠绣的细节,也可在服装的袖口或袋口处重复,但应以一处为主,另一处为辅,不要等量处理。同时要把细节的设计处理纳入毛皮服装设计的整体风格之中,做到整体中有变化,变化中见统一。毛皮服装款式设计中分割线与细节的处理密不可分。通常细节处理的部位大多在服装的分割线及服装的边缘线上。要始终明确细节的设计处理是以表现和强调款式的总体设计为目的,而款式的总体设计主要是以人体为依据的。

(3) 从多功能的角度考虑毛皮服装的设计,这是毛皮服装设计的一个重要方面,也是毛皮服装创新的重要突破口之一。全毛皮服装价格昂贵,对于中等消费的人来说,买一件全毛皮服装意味着要花费很大一笔积蓄,因此设计时通常是在追求“永恒美”和“经典美”上下功夫,使其“一装多能“。设计时尽可能以表现服装优雅美观、简洁大方为基点,切忌产生琐碎堆砌的效果,同时也要避免过于“前卫”的设计。随着时代的变化,人们的消费观念和价值观念也发生了较大的转变,毛皮服装在一定程度上摆脱了以往象征财富、地位、身份的形象,融入了时尚、情趣、休闲的内容。毛皮服装多功能设计正是具备了这些特点,打破传统、矜持的模式,一装两穿或一装多穿,适应多种场合,充分发挥毛皮服装的价值。

如何把握好款式设计的关键在于设计师在设计的过程中,始终对毛皮服装的总体风格在头脑中有一个明确的认识和把握,对毛皮服装的色彩、材料、款式、细节进行通盘的考虑。

第四节　毛皮饰边服装设计

毛皮饰边服装设计是指在整体服装的外观效果上,大面积采用布料、皮革以及羊毛、羊绒、丝绸、雪纺、蕾丝、牛仔和针织等普通面料,而局部使用毛皮作为装饰点缀材料进行制作的服装设计。这里对毛皮的使用,更多考虑的是在服装上的位置、面积、形式以及与其他面料的配搭效果。最常见的毛皮饰边服装,是在服装的领口、袖口或下摆等位置镶饰毛皮,这是最为传统的毛皮饰边的应用方法。而在时尚服饰领域,凡是用毛皮与其他面料相结合、毛皮在服装中起到装饰作用的设计,都称之为毛皮饰边服装设计。毛皮饰边服装与全毛皮服装比较具有以下几个鲜明的特征:

1. 受毛皮特殊工艺的制约较少

毛皮饰边服装的设计,主要体现在毛皮材料的应用占总体服装面积的比例上。通常毛皮的用量仅占服装总体面积的20%~30%左右,一般不会超过50%。在小面积的毛皮饰边服装的设计应用中,全毛皮的复杂拼接设计及工艺方法,因不易表现而可较少涉及。也可减少复杂的手工操作。在稍大的毛皮镶饰面积中,任何应用于全毛皮服装的工艺手法,都可以应用于毛皮饰边服装的设计当中,这主要取决于毛皮服装设计师的表现目的。例如:毛皮“转转转”工艺在衣摆处的表现,抽刀狐皮或水貂用于衣领及袖口上等。

2. 起到“画龙点睛”的装饰功效

无论毛皮饰边在整件服装上的用料比例是多少,毛皮的装饰性在时尚领域中,已远远超出了最初的保暖性,它在强调了毛皮材料与主体面料之间的搭配前提下,毛皮材料主要起到了“画龙点睛”的装饰效果。其毛皮的应用范围得到了前所未有的扩大,毛皮与面料结合的相得益彰的美感呈现,更加丰富了纺织面料的设计语言和风格。

3. 更加接近时尚流行的前沿

由于时尚流行趋势在普通纺织面料领域中更加敏感,因此毛皮饰边服装的设计,也比全毛皮服装的设计更易被时尚人士所接受。它既可以塑造正式场合的正规形象,又可以表现休闲娱乐的趣味性;既有高档的外观,又有多数人能够接受的价位。它可以在多种场合下出现,以其灵活的设计风格、多变的可塑性和普及化而成为现代毛皮服装设计的重要组成部分。

一、毛皮饰边服装的造型设计

与全毛皮服装相比,毛皮饰边服装在造型设计上的余地较大,这是由于小面积毛皮材料的应用,不仅不会影响到其他纺织或皮革等面料对人体的造型塑造,反而还会使其他的面料与毛皮材料在质感和体积方面的造型起伏更加明显、更加富有张力。

在纺织服装设计中,款式的造型可呈现出不同的长短、宽窄、曲直、动静等变化,以表现各种不同的造型风格。对于毛皮饰边服装的造型设计而言,由于毛皮本身具有的扩张性,使得毛皮饰边部位在服装的造型中往往具有明显的扩展之感,它对整体服装的造型轮廓有着一定的影响。因此,在设计服装外形轮廓时,要同时考虑到毛皮饰边的设计位置和面积的大小比例(图6-15)。

图6-15 毛皮饰边服装的各类廓形

二、毛皮饰边服装的色彩设计

毛皮饰边服装设计中色彩是选配材料的重要参照依据。但由于饰边毛皮在整件服装中所占的面积较小,色彩的搭配方法则与普通服装的非常相似,需要更多考虑和把握服装整体风格一致的原则。设计时,饰边毛皮和服装面料的配色方法通常有同类色的组合;同类色调深浅变化的组合;黑、白、灰的色彩搭配;以及色彩的对比等方法。由于毛皮材料与其他纺织面料已经存在明显的质地和肌理效果上的差异,两种材料选用完全相同的颜色或同类色,使统一中蕴涵着丰富细微的变化,产生较好的视觉效果。而运用色彩的对比常出现在一些休闲、运动型或夸张风格的毛皮饰边的服装设计中(图6-16)。

三、毛皮饰边服装的材料设计

合理地配置毛皮与其他材料对毛皮饰边服装设计也尤为关键。在全毛皮服装的材料选择上,除了在服装外表不易看到的间皮或衬里的选择之外,一般是不涉及毛皮材料与其他面料之间搭配问题的。而在毛皮饰边服装的设计中,毛皮材料作为点缀而出现,只起到辅助性的装饰作用。所以必然要考虑大面积的用料与小面积毛皮之间的配搭效果。主要面料多选择皮革、开司米、毛呢、织锦缎、新型高科技面料,与饰边材料狐皮、貂皮、貉子皮、波斯羊羔皮结合,使服装显得更加流动、华丽,具有魅力。这里涉及以下问题:

1. 不同材料的“风格一致”性

无论是以服装主体面料的特有风格为依据来选配毛皮材料,还是以毛皮材料本身的特有风格为依据来选配服装的主体面料,毛皮饰边服装的设计要注意把握以下几点:

高档、细腻、柔软、精致的羊绒需搭配华贵、细腻、柔和、典雅的毛皮饰边材料,雌性的动物毛皮以及经剪绒或拔针处理后的毛皮更为合适。与此相反,粗犷、新奇、具有男性化风格的服装面料,则不适宜选配毛绒过于细腻、柔软的毛皮。这种粗犷风格的服装面料,对于毛皮材料本身的品质要求并不需要很高,选用狂放、具有阳刚之气的动物毛皮更为合适。

图6-16 毛皮饰边服装的色彩搭配实例

一般动物除了其天然的性情特征对人产生影响外，其动物的外观及花纹特征更会赋予毛皮材料以不同的风格，这些都应成为选配服装面料的风格基础：虎、豹这类猛兽的毛皮给人以威严、强壮、干练、权威的联想；貂、松鼠等小型动物的毛皮，容易使人产生温顺、灵活、安逸、精美的联想；狐皮使人产生成熟、精明、浪漫、高贵、温暖的联想；貉子皮则使人具有张扬、粗放甚至野性的联想。

2. 材料风格与服装款式风格的统一性

服装面料及毛皮饰边材料的选配除了彼此之间的风格一致以外，还要符合服装设计的总体风格。与普通的服装设计相同，设计师既有从面料着手进行设计，也有从想像构思着手做设计的。

看面料做设计，设计师可以从服装面料和毛皮材料中直接寻求并获取设计灵感，能够有的放矢、切合实际进行设计。如此设计时，直观性强，把握性大，能够充分考虑并强调不同材料的特点；从想像着手设计是将主观设计创意通过设计图的描绘形式传达表现出来，设计师更注重的是对服装面料及毛皮材料的主观理想化的创造，然后再根据设计图选配服装面料和毛皮材料。虽然有时并不一定切合客观实际，在选皮、配料时可能会遇到困难，但却能从另外的角度上促进服装面料、毛皮材料工艺和材料外观更新与发展。

值得注意的是，服装设计所追求的“风格一致”，并不能简单地理解为是寻找服装各种要素间的等同性。毛皮饰边服装本身就蕴涵着材料质感和面积的对比，关键之处是要将服装设计的诸多要素进行统一考虑，以求其变化统一的最佳点，使总体风格保持一致性。

四、毛皮饰边服装的工艺设计

毛皮饰边服装的工艺较之全毛皮服装的更加自由，随意，不再受到二维面料的局限，更向三维空间发展。变轻工艺，使毛皮变得轻飘飘，象蛛丝般，透明得象羽毛一样。用质量极佳的毛皮和轻薄的面料结合，可以设计出轻巧和柔软的服装。毛皮成为所有季节都可以穿用的服装。

立体效果工艺会在服装的局部上形成小面积装饰，以产生平、立面结合的生动效果。这种装饰技巧还可以在配饰如包袋、围巾、手笼上使用。

毛皮流苏工艺，分割重组工艺，毛皮编织工艺，与面料组合工艺，貂皮条穿插着毛线在粗花呢上做面料二次设计，缝出理想的花形，适合做毛皮饰边或在服饰配件上用。

毛条皮条还可以结合各种面料使用，穿插在组织较疏松的面料中，如蕾丝、网眼布、毛呢料形成丰富的装饰效果。

毛皮与面料双面效果的狐皮砌砖工艺，旨在将小块毛皮按一定的顺序，用平缝车缝于布料或皮革表面，这些缝缀的线迹同时在布料或皮革背面形成有规则的图案肌理。此方法制作成的毛皮成衣轻盈保暖，成本较低。更换不同的毛皮及车缝方法，还可得到不同的视觉效果。如用打结机将毛皮缝缀于皮革表面时，皮革的另一面可得到如鸵鸟皮般的效果。

小面积毛皮点缀设计方法，是在服装的大面积空间内，缀饰毛皮以突显其肌理效果。是将水貂、狐狸等毛皮，以不同大小、不同形状、不同色彩、不同的排列方式，小块面、散点状地在服装上进行拼贴、缝缀、编结等，可达到不同的视觉效果。毛皮饰边服装轻松活泼，灵气动感，给人以跳跃、细碎又丰富、特别的印象。

此外，有时设计师为了追求某种特殊的图案装饰效果，自由地选择毛皮装饰部位，也就说，不需要借助于服装的边、缝或部件，而是根据设计意图，将事先做好的小型毛皮饰件或图案直接缝合在服装确定好的位置上，毛皮花饰常在毛皮饰边服装上有所运用。

上述介绍的只是比较基本的毛皮饰边的工艺方法，设计的天地是无止境的。不同的面料与不同毛皮相结合，可获得的效果是无穷尽的。以这些工艺方法为出发点，结合设计师的创意思维，创造出更多更好的工艺效果来点缀人们的生活。

五、毛皮饰边服装的细节设计

1. 装饰部位的设计

在毛皮饰边服装的设计中，毛皮材料的运用起着“画龙点睛”的作用。可以说，使用毛皮材料进行装点之处，在整体服装中均占据着较为重要的作用，是需要强调的位置。

服装附着在人体上，主要起着保护和美化人体的作用。人体是服装存在的根本，是服装依托和服装变化的依据。因此，人体结构的关键部位就是服装需要重点刻画强调的部位。服装的造型、结构和款式变化，都是以此为基础展开的。

（1）毛皮饰边服装的装饰部位选择

人的三围部位——胸、腰、臀部位；

人的肩、颈部位——领口、过肩、肩颈部位；

人的肘、腕部位——袖身、袖口部位；

人的膝、踝部位——裙摆、裤脚部位；

人的前中心部位——前身门襟部位。

（2）服装中重要的局部饰边装饰

服装的袋口部位——贴袋、挖袋、立体袋等；

服装的衣边部位——衣边、袖边、袋边、帽边、裙边、裤边等；

服装的线缝部位——各类开刀拼合省线部位：纵向包括公主省、刀背省、通肩省，横向包括高腰线、低腰线等。

以上都是毛皮饰边服装进行装饰的常用部位。虽然毛皮饰边部位的选择还需根据具体情况灵活进行，但选择在人体的重要结构部位进行装饰，是设计遵循的一个普遍规律。

2. 细节设计手法

在毛皮饰边服装的细节设计上，必须把握主从关系。无论设计点是仅有一处，还是装饰部位有两处甚至三处，都涉及造型形式的表现以及面积的大小分布、饰边之间的相互呼应等问题。采用毛皮材料进行局部装饰，就是运用服装设计中的“强调”原则。而要达到强调的效果，其基本的条件就是运用对比的手法，使需要强调的部位更加突出、明显。强调的部位必须是少量的、有序的，切忌到处强调、到处都是饰边装饰，以免造成主从关系的混乱，产生眼花缭乱、杂乱无章的视觉效果。

一般情况下，毛皮饰边的部位选取两个，一为主，另一为辅，上下呼应，产生节奏感。这样的效果既具有整体统一的外观，又不乏精美的“点睛”之笔，且具有对应的节奏变化，使人赏心悦目。如果选用了三个或三个以上的部位进行毛皮饰边装饰，切忌平均处理，除了主与从的关系外，还需要把握好疏密的布局变化。

比如常见的利用毛皮脊背纹路做原只切割取形，利用毛皮脊背与肚子边缘的毛色花纹以及毛份的差异，无论是整只拼合还是半只拼合，花纹的并列重复都会产生统、整体的肌理效果，使毛皮饰边呈现出的外观丰满、殷实，富有立体感。特别是在领口、门襟、袖口、衣摆处做横向或竖向的饰边装饰时，其横竖、长短、凹凸起伏的对比，更赋予毛皮饰边以自然、单纯的变化效果。

此外，还可充分利用动物毛皮的一些边角料进行特殊的设计。例如：选用动物一尾巴的毛皮做饰边以及利用动物四肢的毛皮连同爪子一起做装饰等，其效果新奇、巧妙、生动。富有情趣。与全毛皮服装设计一样，毛皮饰边服装本身也存在着拼合、方向、纹路、色泽的使用问题。掌握并有意利用这些特点进行毛皮饰边服装的设计，会得到变化丰富的视觉效果。

3. 可局部拆卸组合的设计

毛皮饰边服装还可从多功能的角度上进行设计思路方面的挖掘。将毛皮饰边服装设计成可拆卸、组合的形式，根据场合、环境的不同需要而灵活变换服装的外观，使一件服装既可以穿出多种效果,同时也便于服装的洗涤和保养。

(1)将毛皮服装的衣袖做成可拆卸式,使其既可作为上衣穿着,又可作为背心穿用。

(2)将毛皮服装的领子、帽边或袖口等面积较大的毛皮饰边,制成可拆卸式,使其既可以用于这件服装,又可以用于其他的服装,还可以略加整理成为一个独立的兜帽、围巾、手笼或小包等。

(3)将毛皮披肩制成可进行灵活抽褶变化的式样,使其既是披肩,又可以是交叠似的裙子(图6-17)。

图6-17 既是毛皮披肩,又可以是裙子

(4)将面积比较小的毛皮饰边设计成可拆卸、组合的式样,而拆卸下来的饰边或小饰件,可放置到另一个位置,重新组合成一种装饰效果。如上衣下摆或门襟处的饰边可移至裙摆、袖中线,也可作为腰带使用;服装上点缀装饰的小毛球或小尾条可随意移动变化,形成新的疏密关系或组成新的图案等。

总之,毛皮饰边的多功能设计,可以从另一个角度开拓设计思路,如处理得当,会使设计新颖独特。但要注意的是,如何利用巧思奇想的表现技巧,以弥补可拆卸式设计容易造成的不完整、不正规之感;要充分地表现休闲、情趣的一面,但要避免牵强附会,避免出现粗糙的外观效果。如此,自然会产生意想不到的视觉效果。

第五节　毛革两用服装的设计

在20世纪90年代后期，毛皮硝制行业将毛皮的皮板面进行深加工处理，从而研制出了两面皆可使用的毛皮面料。这类毛皮面料集两种风格于一身，深受大众喜爱。毛皮服装设计师也越来越多地选用这种毛皮进行双面穿着的成衣设计（图6-18）。

图6-18　08/09秋冬让·保罗·戈尔捷（Jean Paul Gaultier）设计的毛革两用服装

一、设计要点

"毛革两用"毛皮服装的设计要充分考虑到毛皮服装两面穿着的效果及其特殊的缝合工艺方式。通常毛皮材料的缝制是用毛皮缝纫机完成。而毛革两用材料，兼具了毛面和皮面的双面特征，它既可使用专用的毛缝机缝制，又可使用普通的平缝机进行缝制。这就为毛革两面穿服装的设计和制作，提供了多样化表现的条件。

采用毛革两用毛皮设计出的毛皮服装，不仅可以得到两种完全不同、又相互协调的穿着效果，而且相比较传统的单面毛皮，由于没有了里料、衬料、填充物的羁绊，更具有其无可比拟的轻盈、柔软的特性。这种特性正是所有高质量、高品位毛皮服装的关键所在。

在选择缝线方面既可选择与皮板相同颜色求其统一谐调，又可选择与皮板不同的颜色求其生动变化,同时还要求缝纫者具有精湛的缝纫技术,以确保毛革双面的做工精益求精。

在毛革两用服装的设计当中,还可以根据不同的需要,对成衣的毛面及皮面做不同肌理的处理,使服装表面呈现出各式各样美丽的图案和效果。例如窗口工艺、狐皮砌砖工艺等,均可达到个性化的设计目的。

由于各个时代的审美观念存在差异,因此材质的流行也随着科技的进步而日新月异。2009~2010年秋冬的毛皮流行趋势中,毛革两用皮的皮板被染成自然柔和的颜色,并拥有了超乎想象的柔软触感和惊人的弹性效果;在皮板面制作各种几何图案,甚至处理成三维立体的效果;带着含蓄优雅的光泽,以及撒上金粉贴上金片的附庸风雅的装饰等等。设计师尤其要留意材料的资讯与动态,适宜地将其运用到服装的设计中,从而达到事半功倍的效果。

二、加工方式

毛革两用服装在原料的设计处理以及突出款式结构上,常采用的加工方式如下:

(1) 毛革两用材料的加工应用都是以整皮进行的,它不适宜小块面的毛皮材料分割,更不适合"抽刀"工艺的加工形式。

(2) 长毛类动物毛皮不适合处理成毛革两用效果,因为长毛的柔软和富于变化性,是不能够提供明确的正反图案边缘的。因此,这类毛皮常采用双面效果工艺,将狐皮裁成窄条,然后再正反拼接,则产生双面均具有长绒毛的效果,柔软、舒适。

(3) 对皮板面进行染色、印花、轧花、激光刻花、刺绣、手绘图案等装饰加工处理,使或单色,或磨毛麂皮,或光面亮皮的板面形成与毛面风格迥异的丰富效果。

(4) 运用剪花工艺和脱毛技术处理,使毛面产生规则的图案或自然的凹凸效果,尽显多样的风格。

(5) 选用同色系、不司深浅的较粗缝线或皮条,特意在拼接线处追求手针缝合的装饰效果。

(6) 特别要注意双面穿的衣领、门襟、纽扣、袋口等部位设计的合理性与巧妙性,既要考虑到美观实用,又要考虑到牢度等问题。设计时应尽可能达到既方便实用,又自然美观的效果。

(7) 可以根据设计的需要,采用将毛皮衣片一正一反排列拼接的方法,从而得到两面完全一致的设计效果。虽然削弱了两面的相异性,却由于毛皮皮面与毛面不同肌理的对比,从而更增强了服装表面拼接图案的效果。

以上的设计加工方式,既突出了毛革两用服装两面穿用效果的独特性,又表现了彼此的相异性,增强了毛革双面服装的个性魅力。

第七章 毛皮服装分类设计

设计师的首要任务就是给市场设计出为大众所接受和喜爱的服装。衡量一名设计师是否真正敬业,要看他是否在自己的设计风格和吸引顾客的设计中保持了平衡。毛皮服装分类设计是对各类毛皮服装提出总的设计要求,设计师应该在对这些分类的总设计要求理解的前提下,再具体针对每类具体的设计指令进行分析,得到一个既综合多项设计要求又针对具体设计指令的最佳设计方案。

毛皮分类服装的设计也受到很多方面的限制,开始设计前必须明确目标客户类型或具体的设计对象,及任何可能影响服装选择的因素;并清晰这类服装的设计目的;然后以预算确定服装的价位;考虑季节因素,是否符合那个季节的时装潮流,确保为这些客户设计的服装是适合和恰当的。

第一节　毛皮服装分类设计原则

毛皮服装的分类设计主要遵循:角色明确、用途清晰、定位准确三个原则。

1. 角色明确

角色是指毛皮服装穿着的对象。设计毛皮服装前,首先要明确穿着者是男性、女性还是儿童。此外仅仅按性别、年龄划分穿着者类别仍是比较抽象的,还应该对穿着群体的社会角色、经济状况、文化素养、性格特征、生活环境等进行分析。批量生产的服装是求得穿着者在诸多方面的共性,单件定制的服装则要找出穿着者的个性,并且要注意穿着者的身体条件。除了设计角色外还要进一步明确设计用途,没有明确的用途,设计构思将是盲目的。

2. 用途清晰

这里的用途是指设计的目的和服装的去向。设计者为什么要设计这件毛皮服装? 是参加服装设计比赛用,还是投放市场销售用? 是作为日常成衣,还是作为社交服装等等。服装的去向决定了服装存在的环境条件。即使同样是作为日常成衣,但是消费群的性别、年龄、喜好及消费水平都不尽相同,因此设计构思前要综合考虑服装穿着者及用途。设计不能概念化、程式化进行,明确了服装用途,设计才能有的放矢。

3. 定位准确

毛皮服装的定位包括风格定位、内容定位和价格定位。风格定位是毛皮服装的品位要求,成熟的穿着者明白自己需要什么样的风格,需要什么样的品位。内容定位是毛皮服装的具体款式和功能,不能给穿着者张冠李戴的服装。毛皮服装的款式可以千变万化,其内容却要相对稳定。毛皮服装价格定位将涉及生产者和消费者的经济利益。定位过高虽然利润丰厚却会引起滞销,定位过低虽能畅销却利润微薄,因此,合理的服装价格比值是设计者应该了解的内容。掌握了以上三项毛皮服装总的设计原则之后,具体的设计才能根据具体要求展开。

第二节　毛皮男装设计

一、毛皮男装设计的概述

男性与女性在各方面都存在着极大的差别,特别是性别不同形成的审美取向和着装要求上的差异,毛皮的男装和女装设计也同样有很大的不同。随着时代的变迁,女式毛皮服装一改以往保守端庄的面貌,变得千姿百态、绚丽缤纷。而男式毛皮服装则仍相对保持着传统型,风格变化也较为单一。男性一直认为毛皮华丽和虚饰,太过女性化,不能表达男性的价值,这是因为男装款式和色彩的多样化,习惯上不易被人们所接受。因此毛皮男装一直被忽略。而男装设计的这种局限性,使得当今的毛皮市场,仍然主要聚焦在女性身上。

男装设计大多数讲究的是经典、简洁和可穿性。廓型变化不大,着重在细节上的表现。细节是服装设计成功的决定性因素,微小的不同会形成最大的不同。创造大众化、有特色、具功能性的且有精致细节的毛皮男装产品，才能广泛的被接受。

二、毛皮男装设计的要点

设计毛皮男装在寻找灵感方面有更多的限制。从设计要素的角度上讲，男式毛皮服装与女式毛皮服装并无太大的差别，设计时主要应考虑毛皮材料的色彩选择，例如同样是选择毛革两用的毛皮，男装的毛皮较之女装毛皮就不能太华丽，皮革面亦不能太炫目。此时毛皮的美丽、闪亮、高贵，尽可展示女式服装的优点，却反而成为了设计制作男式毛皮服装的障碍。在毛皮男装的设计中，需要找到一些适当的切入点，一方面仍可保留毛皮的优势，另一方面又能体现男性化的特征。可以从以下三个方面进行考虑：

(1) 在造型设计上，可采用整体、大气、含蓄的设计技巧，使毛皮在男性身上体现出更多的厚实质感。

(2) 在整体搭配上，利用经典、利落的层次，甚至带点粗犷感的穿法，使男士充满坚毅阳刚的气质。

(3) 在创意思维上，采用灵活多变的设计工艺手法，使男装毛皮突显个人品位及年轻化和轻松化。

1. 廓型方面

毛皮男装的廓型相对毛皮女装来说较为简单，因为男性的体格健壮、肌肉发达、上身躯干造型线条较直，呈明显的上宽下窄的倒三角形。人体的体型特点是服装造型的基础，肩宽、腰围、臀围支撑着服装的外型，也控制了服装的体积。为避免服装的女性化，毛皮男装的廓型比较适合采用宽阔的正方形、直身长方形、截短三角形、大容量梯形等几何造型的特点。

正方形廓型的毛皮服装外形轮廓呈四边相等长度的四边形，夸张肩和胸围，缩短服装的正常长度，能烘托出男性庄重和健壮的特点。典型的款式就是毛皮短夹克。

长方形廓型的服装呈直筒形，也是毛皮男装常见的廓型，标准的长方形一般为黄金分割，也基本符合人体躯干比例，具有很强的视觉美感。其中也有长度及膝和超长下摆，长及小腿两类，常见的款式有毛皮饰边的西装和风衣外套等。

三角形廓型就是通常所说的倒三角形，肩部或领部夸张，截短款式，收紧下摆。常见的倒三角形廓型是毛皮收腰小夹克。

梯形廓型也包括正梯形和倒梯形廓型，正梯形廓型的外型特点是上小下大，而倒梯形则刚好相反。这种廓形的服装一般比较宽松，具有宽大的体积，厚实的材质，强调了肩部的特点，烘托出男性稳健、魁梧、健壮的感觉，主要集中在半长外套与及膝毛皮长外套等(图7-1)。

2. 色彩方面

一般认为男装大多是以黑、白、灰、蓝等凝重的颜色为主色调，根本不需要色彩设计，这个想法太过片面。现在的男装领域也探索性的使用鲜亮的色彩，比如明亮鲜蓝、华丽暗紫、致醇酒红、闲适灰绿、墨绿新贵、怀旧黄调、孔雀粉彩等等。在毛皮男装设计中对毛皮颜色的选择也是多样性的，有的颜色比较张扬，极具视觉挑战性；有的颜色要与搭配的面料颜色和谐一致；有的颜色则要衬托男性化的肤色特点。

根据色彩带来的视觉效果，毛皮男装的色彩可归纳为古典风格，自然风格，运动风格和都市风格。古典风格的服装色彩给人稳健、深沉、典雅的感觉，主要集中在明度偏低的深蓝色、咖啡

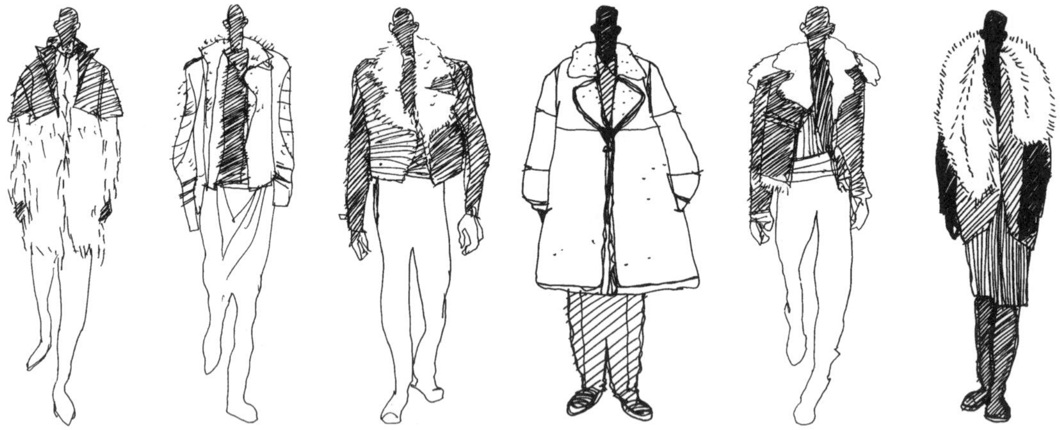

图 7-1　男装的典型廓形

色、红色、灰色、黑色等。自然风格的色彩灵感来源于自然界的花草树木，泥土沙石等，主要的色彩有黄色、绿色，以及柔和的米色、白色、灰色等。运动风格通常为比较强烈的色彩，如纯度较高的红、橙、黄、绿、蓝等色搭配黑白灰等无彩色系，形成强烈的视觉效果。都市风格的色彩主要集中在黑色、白色、灰色，还有一些金属光泽的中性色系古铜色等，给人以冷静、沉着、知性的感觉(图 7-2)。

图 7-2　毛皮男装的风格色彩

毛皮男装色彩的搭配规律有调和和对比两种方式。一般多采用搭配调和的方法进行配色，突出单纯、和谐、统一的特点。毛皮与大身面料的色彩采用同一色系，这样的配色显得平稳、安定、舒缓；采用明度为主的色彩组合，虽然色彩不同，但服装的整体效果或明亮、舒畅，或凝重、抑郁，个性鲜明；采用纯度为主的色彩组合，虽然色彩不同，但相同纯度的色彩融合会产生平静、朴实、怀旧、时尚等各种不同的视觉感受；以同色调为主的色彩搭配，使服装处在整体感很强的一个特定的色彩基调中。当然也可采用色彩之间的对比效果做毛皮男装的配色处理，利用色相、明度、纯度的对比，在对比中产生变化，起到强调的设计作用。

3. 材质方面

毛皮男装可以充分体现丰富的运动、休闲、舒适、随意和低调、内敛的风格。要体现各种男装风格，则应选择恰当的毛皮与纺织面料组合搭配来表现。气势磅礴充满原始质朴气息的羊羔毛、羊剪绒；仿豹纹、羽毛、奶牛皮的印花滑子皮；沙狐、海狸、卡拉库尔羊、貉子、貂、灰鼠皮等用于饰边或与上装局部结合进行巧妙的混搭设计等；与毛皮进行搭配的面料则有尼龙、针织面料、毛呢、皮革、织锦缎、丝绒、牛仔布等。通常来说，针织物、革皮以及休闲的斜纹、涂层布服装在男士的衣柜服装里是不可或缺的。毛革两用服装的出现，正适应了男士喜欢穿着舒适，休闲服装的爱好。前沿的科技处理与后整理工艺如度膜、抛光、水洗、打磨、压纹等为皮革面增添了特殊的纹理，细腻的质感与精美的图案，使毛革两用服装不仅拥有了保暖的功能，且质感分外柔软、光泽温润、色彩明丽；而毛皮与针织物、布料结合的服装轻松自如，既能减少毛皮给人的华丽感觉，又体现了轻松与随意。貂皮剪毛制作的轻便运动型外衣，款式实用性较强，正适应了男士购买服装时，通常更注重用途，其次才考虑服装质地的特性。

设计师除了掌握材质使用和搭配约定俗成的定式外，也该有打破常规的大胆使用。从毛皮与不同质感的面料搭配中创造出独特的造型，毛皮与光泽面料的组合，毛皮的自然含蓄的光泽融合入到变幻丰富的光泽面料中，呈现出或高雅或时尚或前卫的服装风格。轻薄柔软型的面料舒适贴体，和毛皮材料搭配轻盈潇洒，适合制作前卫和都市风格的造型。随着现代科技和纺织技术的发展，立体感的面料越来越多的使用在男装设计中。表面有明显肌理效果的立体感面料和毛皮材料和谐搭配，彰显夸张的风格特点。

4. 图案方面

男装不仅在结构上以稳求变，在色彩上含蓄内敛，在图案上也较为谨慎和保守。由于人们的需求男装日趋个性化，男装上的图案也日趋丰富、灵活多变。毛皮多用于制作秋冬外套，其中大致分为高档经典类和中档休闲类。高档经典类毛皮服装款式简洁大方，色彩以传统常用色为主，材料上主要选择高品质的毛皮，细节工艺考究，注重整体感和成熟感，较少使用单独纹样来装饰，常以毛皮天然的背纹色泽变化，经过拼接所形成的花纹图案形式来表现，比如狼皮、狐皮身上的肩背部颜色较深，腹部较浅，原只工艺拼接后呈规则的色泽深浅分布，含蓄而生动（图7-3）。中档休闲类毛皮服装受流行风潮影响较大，款式变化多，造型新颖，色彩丰富，面料多样，且图案的设计要服从服装的风格，注重服装的功能性，要贴切服装款式和结构，更要关注图案的立体层次与肌理变异的表达。08/09 秋冬，图案在男装中表现出新的装饰主义情调，民俗、古典、科技与自然生态进行交织，产生了古典艺术、视幻游戏、几何撞击、街头涂鸦、溶解游戏、格纹效应、微观艺术、矿物肌理及民俗民风等几大代表主题。图案是服装的一部分，图案的设计恰倒好处，能增强服装的艺术魅力和精神内涵。虽然毛皮材质的特点局限了毛皮服装的图案装饰表达，也同样可以通过如镶花、印花、染色、剪花等加工工艺制作出毛皮男装的丰富图案效果（图7-4）。

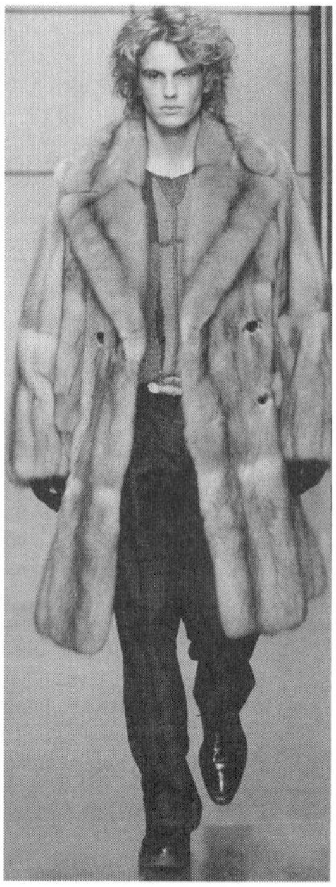

图 7-3　利用原只拼接工艺形成的毛皮表面的图案肌理效果

图 7-4　毛皮男装上的各种图案装饰效果

5. 工艺方面

毛皮男装设计中工艺也是很重要的一个因素，什么工艺可以使衣服看起来更阳刚，什么工艺可以使穿着毛皮大衣的顾客显得年轻，什么工艺做出适合不同生活方式的衣服，这些都是很重要的。毛皮男装多采用比较传统的毛皮拼接工艺，比如原只拼接工艺、抽刀工艺、加革工艺或编织工艺等。这些工艺特点表达出的共性是毛皮表面整体感强、大块面的拼接、硬朗的直线条，无疑是体现阳刚气质的最佳设计元素。

在男装的设计中，材料本身远不如款式风格来得重要，制作工艺的选择也要服从款式风格特点。毛皮男装的设计可以在几个基础男装款式：夹克、针织套衫和羽绒服中获得灵感。夹克具有短小合体的轮廓，两面穿，在皮革一边处理分割辑明线，另一侧是雄性水貂毛皮粗糙的外观；针织套衫是男性服装中一个重要产品。针织服装穿着舒适，最重要的是能和其他各种服装搭配。从温暖舒适的针织服装中得到灵感，吸收羊毛针织服装的特点，但用毛皮材料的柔和优雅和它的所有个性特点编织出套头针织衫；在制作羽绒服的技术中找到灵感，把毛皮工整的切割，使表面呈现正方形的块状。手工把毛皮固定在很轻的麂皮或很轻的尼龙面料上，使毛皮呈现出运动型的外观。

6. 细节方面

毛皮男装的廓型变化相对比较小，那细节方面的设计就显的尤为重要，细节也是体现男装风格的重要因素。构思巧妙的细节往往是设计的点睛之笔，能给观者以美的享受。和谐整体的细节设计不仅能与男装的造型、风格和裁剪技术融为一体，也能展现出毛皮男装的独特品质。

毛皮男装的细节设计可以涉及到服装的每个部位，例如领形设计、衣袖设计、口袋设计、肩部设计、门襟设计等。毛皮男装上线条的设计包括结构线、装饰线和分割线等。此外还包括连部件设计、装饰设计等。毛皮男装的细节设计受男装总流行趋势的影响尤盛，以 08/09 秋冬流行趋势为例，强调的柔软成褶下垂的领线搭配松弛无结构的大翻领、披肩领和领尖纽扣领、暗门襟、层叠效果、材质对比、超大尺寸、窄腰带等细节特征在毛皮男装上也同样表现的淋漓尽致。毛皮男装除了遵照普通男装的细节设计原理外，尤其要与毛皮的特殊加工工艺结合展示与众不同的细节风格，并从服装的连部件的选择上突出毛皮服装的华贵的品质特点。扣件的材质有镀金、镀银、金属、有机料、天然料等，如与狐皮大衣搭配选择镀金金属扣会更显示高贵气派。

7. 市场角度

毛皮的市场是比较有限的，有的人可能因为毛皮服装的高昂价格望而却步，但很多时候是男士们找不到合适他们的毛皮服装。现在市场上的男式毛皮服饰大多偏向经典、传统的风格，所以要根据市场的需求进行变化，设计出适合不同生活方式的毛皮服装。现代的男人也具有时尚意识了，但是现在市场上的毛皮服饰并不适合男人不同的的生活方式，其实毛皮是一种可以在设计上多样化的材质，因此我们要根据人们的生活方式来设计不同风格的服装款式。市场也是靠服装设计师去创造的，根据不同的生活方式，配以相应的颜色，运用合适的工艺做出不同风格款式的衣服，就能成功的抓住市场。比如可以为喜爱运动、外向的男士设计毛皮针织服装、运动型夹克，为喜欢休闲生活方式的男式设计毛皮休闲夹克，毛革两用外套，为经常出入正式场合的男式设计毛皮大衣和毛皮饰边西装等。

第三节　毛皮女装设计

一、毛皮女装设计的概述

女性的美丽优雅、窈窕多姿的身姿加上热情奔放、害羞腼腆、温和敏感的多变性格，构筑形成了女装特有的丰富多彩的模式。随着时代的变化，女性解放自我，参与到社会中，服装也越来越趋向简约实用，但较之男装而言，还是显得有些繁复矫饰。毛皮女装是女装中的一个分支，它具备了女装的所有共性，比如：款式丰富多变、色彩艳丽明快、面料细柔优雅、装饰工艺繁复、配饰丰富多彩等。毛皮女装的设计过程也需要遵照美的形式法则，如反复、韵律、均衡、对比、比例等。然而毛皮材料的高贵和典雅依然赋予了毛皮女装与众不同的精神理念。

二、毛皮女装设计的要点

毛皮女装的设计要表现的方面很多，在设计主题确定的前提下，运用形式美法则对设计元素进行相应的调整。当构成服装的各要素统一和谐时，即服装的廓型、材料组合、形式构成、图案配置和谐统一时，会产生和谐之美。当恰到好处的把握服装构成元素的大小、多少、强弱、轻重、虚实、长短、快慢、曲直等变化时，便产生韵律美和节奏美。所以要从最基本的构成元素入手，考虑其廓型、色彩、工艺、图案等元素与毛皮质料之间的组配感觉。

1. 廓型方面

毛皮饰边女装的廓型比较接近一般女装的廓型，是以人体为依据的变化，用单一的几何型和多个几何型的排列组合做概括，如长方型、正方型、三角型、正梯型、倒正梯型、椭圆型等；全毛皮女装的廓型由于材质特性受到一定的局限，而变化也是精彩纷呈。全毛皮女装的体积感相对较大，在人体的基础上形成一个立体的三维廓型，更适合用各种几何立方体来概括，如长方体、正方体、椎形体、沙漏型、鼓梯形、橄榄型、球型体等。

长方体是传统全毛皮女装的经典廓型。自然的肩线，不收紧腰部，强调直线造型，是毛感厚实的珍贵毛皮最适合表现的廓型。由长方型派生出的瘦长型则是毛感短密、或剪毛类大衣的外造型。当下在纽约流行的新朴素款式，清教徒式的直腰身毛皮大衣正是这种廓型的典型代表。正方体的外形轮廓呈各边长度大致相等，放松肩和胸围，缩短服装的长度，能体现出个性、休闲的特点。典型的款式就是全毛皮短大衣。椎型体包括正椎型和倒椎型。正椎型体上窄下宽，下摆展开，腰线上升，肩部缩小。倒椎型体正好相反，上宽下窄，这种廓形的服装一般比较宽松，强调了肩部的特点，下摆收小。衬托出女性优雅、古典的美感。沙漏型有自然的肩线，夸张的下摆和收紧的腰身，纤细腰身是全毛皮服装变得日益轻巧的一个必然需求。鼓梯形是在梯形的基础上发展而来，两侧线条呈自然鼓起的曲线，体现典雅可爱的风格。球型体是连续球面组合成的形体，是由曲线结构线和分割线的作用塑造而成的圆球型，具有滑稽、生动、活泼的风格，是毛皮服装非常容易实现的一种效果（图7-5）。

图7-5　女装典型廓形

2. 色彩方面

色彩在毛皮女装设计中是一个积极而重要的因素，是有效的表现毛皮女装的风格形象的最为重要的手法。女装更注重着装的整体效果，更加风格化。风格化色彩主要从色彩的组合入手，通过不同色调的表现，传达特定的色彩情怀。

随着毛皮的受重视程度越来越高，每年的秋冬季国际时尚舞台都有专门为毛皮服装发布的流行趋势：无彩色系黑色和灰色搭配出的高贵典雅风格，黑色和白色组合营造的中性风格已成为下一季的流行主题；鲜艳的颜色和高贵朴素的颜色以矛盾的形式出现在高贵奢侈风格的毛皮女装上；还有嬉皮士感觉的鲜艳富有激情的颜色如桔色、紫色的大块面运用，色彩的交汇融合形成清新的风格特点。设计师们应大胆的运用色彩的对比、色彩的明暗及深浅变化的关系来突出适合不同场合、不同用途、不同年龄段穿着的毛皮服装的风格特征。

3. 图案方面

图案是女装构成要素中的重要组成部分，它的应用意义在于增强服饰的艺术魅力和精神内涵。图案通过本身的美以及与色彩、材质、工艺的协调形成多种风格，协调女装的情调表现并烘托穿着者的气质涵养。毛皮女装的图案有以下几种表现形式：用毛皮天然的花纹图案表现，比如猞猁皮、狸子皮、猫皮身上的背纹呈自然的不规则分布，极具生动性；用印花形式表现，有在毛皮上印制图案和在纺织面料上印染图案两种。这种形式的使用性很广，通过在毛质普通的毛皮上做印染，获得五彩斑斓的仿珍贵动物的毛色花纹或人工装饰性图案；用工艺形式表现的有电脑绣花、镂空工艺等，这类型图案一般以二方连续或单独纹样的方式出现在女装上；采用扎染等防染手法在毛皮上的表现，这种形式会产生自由随意的图案效果；采用镶花或拼贴等表现形式，这种方法表现的单独纹样效果简洁明朗，整体明快醒目。当然，这些表现形式还可以相互组合使用，变化出更为丰富精彩的图案效果（图7-6）。

图7-6　毛皮女装上的各种图案装饰效果

4. 材质方面

毛皮材质的表情是丰富的，自然的毛皮美丽、光泽、高贵、精致，银狐皮野性张扬；蓝狐皮华贵性感；貂皮奢华优雅；毛丝绒鼠皮高贵亮丽；波斯羔羊皮柔和含蓄……都是毛皮女装设计中不可或缺的材料。加上经过人工的染色和毛面处理，再变幻出的更为精彩纷呈的表情语言。制作女装的面料风格也是如此多样化。风格不一的材质与毛皮搭配更加体现出鲜明的服装个性。代表着柔美和浪漫主义风格的雪纺、巴里纱、乔其纱、蕾丝与银狐搭配；有与柔美截然相反的质感坚实、挺括的华达呢、哔叽呢、花呢、法兰绒、皮革等面料与染色蓝狐毛搭配；能表现传统女装风格的优雅、高品位的缎纹织物、塔夫绸、织锦缎、天鹅绒等高级织物与貂皮搭配；也有运动风格的代表，牛仔布、针织布、弹性纤维等面料与羊羔皮搭配；朴素风格的代表，棉布、手织布、灯心绒、亚麻布与兔毛搭配；前卫风格的网眼布、皮革、PVC、涂层、闪光面料与貉子毛搭配等。

5. 工艺方面

毛皮女装根据加工特点不同可以分为全毛皮女装工艺、毛皮饰边女装工艺和毛革两用女装工艺。全毛皮女装工艺独具特点，除了传统的原只裁剪、抽刀、加革工艺以外还有很多不断开发出来的新型加工工艺，另外全毛皮女装的装饰工艺也从普通女装中获得不少灵感，比如刺绣装饰、水钻装饰、铆钉装饰、垂缀装饰等。毛皮饰边女装工艺更接近普通服装的工艺，由于毛皮在这类型的服装中使用的面积较小，因此在机缝工艺、手缝工艺、分步制作工艺方面均与普通服装的无太大差别。而在关系到毛皮材料的部件中，制作工艺主要采用具有毛皮特色的工艺方法，这部分内容在第五章节已做详细论述，这里不再赘述。毛革两用女装工艺的特殊之处在于它兼具了毛面和皮面的双重特征，设计中尤其要注重拼缝位置的工艺选择和缝线颜色与毛革两用皮的搭配，此外还可以选择浮凸效果、窗口工艺等效果，与皮板面的染色、印花、轧花、激光刻花、刺绣、手绘等图案装饰很好的结合成一体。

6. 细节方面

细节是最能体现设计的匠心独具，毛皮女装的设计也一改传统全毛皮服装大块面、长线条的设计理念，细节设计方面越来越受到关注。毛皮女装的细节设计首先是由材质特性决定的，比如将貂皮的针毛拔去，只留绒毛，不仅减轻了重量，同时在感官上少了一些奢华，多了一些含蓄和优雅。其次毛皮女装的细节设计不只局限在领子、袖口、门襟、腰身、下摆、口袋等处，更在于打破常规，突破限制，做些吸引人眼球的非常规设计：平面与立体结合，结构线与装饰效果融合，在人体的基础上设计出超越形体结构的细节等等。服装上的细节装饰也越来越丰富，一切的装饰语言都能成为毛皮服装的细节来源（图7-7）。

图7-7　毛皮女装细节设计

第四节 毛皮童装设计

一、毛皮童装设计的概述

童装是从出生到16岁这个年龄段的孩童所穿的服装的统称。毛皮童装是用毛皮材料做为制作童装的面料,或者作为童装上的装饰用料。各个年龄阶段的童装设计具有一定的共同性。从刚出生到一周岁之间的婴儿,由于身体特点和生活习性的原因并不适合穿着毛皮服装,因此毛皮童装的设计首先要除去这个年龄段的孩童。孩童大多思想活跃、活泼好动,个性突出,对衣着已有自己的认识,对衣着品位的要求也越来越高。毛皮童装的款式受到成人服装的影响,品种非常齐全,大衣、斗篷、夹克衫、连衣裙、棉服等等,同时毛皮童装的款式更注重保暖性、舒适性和活动性,在风格上和装饰上也以体现儿童的天真浪漫为主。

毛皮服装在经历了一段时间的冰冻期后,商家开始寻找新的毛皮市场,在开发了毛皮饰边服装和毛皮配饰市场后,又把目光放在了童装市场。毛皮材质的高贵品质和高昂价格与童装似乎搭不上边,儿童发育成长较快,童装穿着周期较短,从一定程度上决定了童装的价位。但随着童装品牌整体形象的提升,品牌附加值提高,也使毛皮作童装面料成为可能,毛皮也因此成为童装的常用装饰元素。虽然目前市场上的童装更多使用的是人造毛皮,但毛皮童装仍然是一个未开发的潜在巨大市场,北欧世家皮草公司一直致力于毛皮童装市场的开发,在连续几年的毛皮服装设计比赛中均推出童装专题,成为毛皮行业界的领头羊和为市场填补空缺。

二、毛皮童装设计的要点

童装设计的原理与方法源自于普通服装设计,但童装设计不能等同成人服装设计,童装不等于成人服装的缩小版。童装的设计更应该考虑孩童的生理变化和心理特征,童装的设计不能失去童趣。国际上流行的童装成人化主要强调色彩的简约,在简约中寻求童趣才是童装的发展方向。从实用的基础上讲,童装设计应该是最"浪漫和纯真"的设计。

1. 毛皮童装的廓型

外轮廓造型是童装设计的重要视点,既要讲究人体肩部、腰部、臀部的舒适和合体,又要留出足够的活动空间。秋冬童装是毛皮材质表现的主要载体,适合用A型、H型、X型和O型廓型来表现。A型线具有活泼、可爱、富有活力的特点,适合表现斗篷形披风,喇叭式大衣等秋冬童装;H型服装有简约、宽松、舒适的特点,这类造型的款式品类有外套、大衣、直筒背心裙等;X型具有柔和优美的女性造型,有连衣裙、收腰大衣等款式;O型外形比较饱满、圆润,造型活泼可爱,极具趣味性和艺术效果,适合连衣裙、斗篷式外套等。

2. 毛皮童装的色彩

毛皮童装的色彩要以符合孩童的性格特点为出发点,鲜艳明快的高纯度和高明度的色彩是秋冬童装的最常用色。在幼童和小童的秋冬服装中常用以三原色的搭配或者对比色的搭配形式出现;在高纯度色中搭配适量的无彩色系黑、白、灰;利用高明度色之间的调和配色等搭配方法。大童服装的配色比较接近青年人的,青春活力是这个年龄段的孩童色彩表现的主题,色相环上的任何色彩都是设计的着眼点,然而色彩纯度会适当降低,中性色也是常用色。除此以外,毛皮童装的色彩还要考虑国际流行趋势,及色彩的民族性和地域性。流行色对童装的面料、服装、配饰都有指导意义，但由于每个民族和不同地域的用色习惯上均存在一定的差异，所以要根据各自的特点对国际权威机构发布的流行色做适当调整后，再确定符合本民族的童装流行色。

3. 毛皮童装的材料

日常毛皮童装常以毛皮饰边或毛皮作小面积的点缀形式出现，需要与其他面料类别做组合搭配设计。童装的面料首先要具备柔软舒适，吸湿散热，最好有适当的弹性，这样才符合孩童活泼好动的天性。童装中的饰边毛皮多选用中低价位的貉子皮、各类羊皮和兔皮，少量得也会使用到狐皮和貂皮。与毛皮匹配的童装面料以厚实保暖、柔软带弹性的秋冬季料为主，有棉织物如平纹织物、斜纹织物、灯心绒等，主要用做夹克外套、棉衣、背心裙等；毛织物有大衣呢、法兰绒等，主要做大衣和外套；针织物品种繁多主要用于针织毛衣等；皮革类有牛、羊、猪皮以及人造革，主要于夹克外套；化纤类面料在童装中的使用也非常普及，在秋冬装中和毛皮搭配主要于羽绒服等。

4. 毛皮童装的细节

毛皮童装上运用的装饰手法丰富多彩，主要有镶拼装饰、贴布装饰、花饰装饰、图案装饰等。镶拼装饰是童装中常用的一种方法，用毛皮与普通面料进行套裁，与服装的裁片直接拼接，如做领子、袖子、口袋、袋盖等。贴布装饰是用毛皮材料剪成需要的形状，用合适的线沿着图案边缘缝在服装上。用毛皮制作具有立体感的装饰性花、小球和蝴蝶结，装饰立体感强，装饰部位突出，与平面服装对比形成层次感。另外还有以毛皮做花边装饰领口、袋口；毛皮做门襟、下摆、帽沿的滚边；毛皮小条结合编织针法在针织毛衣上装饰。

5. 毛皮童装的工艺

毛皮童装工艺分成两部分：全毛皮童装工艺和毛皮饰边童装工艺。

全毛皮童装上所采用的毛皮工艺应该尽量简洁，大方。由于童装面积较小，分割太多，工艺过于繁琐不仅会影响到童装的整体效果，还会提高制作成本，导致童装的售价过高。应以剪毛貂皮、兔皮和羔羊皮等毛皮材料为主，辅以镶花、拼色、剪花工艺和毛皮表面的二次设计等手法增加“浪漫、纯真”的装饰语言。

毛皮饰边童装工艺具有普通童装的工艺特点，毛皮以小面积的形式出现，与其他种类面料拼接多采用普通车缝机。

6. 毛皮童装的配饰

童装中常用的配饰品种齐全，包、鞋子、帽子、围巾、头饰、耳套、手笼、手套等等。把毛皮作为配饰上的装饰，犹如画龙点睛般，更有效的烘托出儿童天真烂漫，活泼可爱的特点。童帽上的装饰是设计不可忽视的部分，惯用手法是在帽顶上点缀毛球，在帽沿上添加一圈毛皮围边，在帽子的拼接缝处镶上毛条，配合情境给帽子加上两个毛皮小耳朵。幼童的小包以装饰为主实用为辅，形式可以有很多变化，挎包、拎袋等等，绒布、化纤面料与毛皮搭配，设计成各种可爱的形状或装饰以卡通形象，深受喜爱。实用的童鞋上用毛皮来装饰的甚少，以装饰为主的幼童的保暖冬鞋相对适合用毛皮来表现，在夸张的鞋面上用毛绒制作可爱的动物形象，或用毛皮作为冬鞋的夹里主要起保暖作用。围巾是秋冬童装中必不可少的服饰品，针织物和毛皮是最佳搭配，毛皮在围巾上做点状、格状、抽象图案、卡通形象的变化繁多的装饰。另外儿童的头饰、耳套、手笼、手套也是毛皮的极佳表现载体。

第五节 毛皮系列设计

年轻的设计师通常更愿意设计单品服装，因为这样可以保证其个性化的表达方式。然而在设计一件毛皮服装单品的过程中，可能会产生许多想法，这些想法可以孕育出另一件作品。以此类推，由此产生更多的设计变化。想象如何通过色彩、图案的关联性，造型、比例上的增添或简化，风格上的统一把一件单品发展设计出一个系列。

一、系列设计的概念

系列是表达一类产品中具有相同或相似元素，并以一定的次序和内在关联性构成各自完美而又相互联系的产品形式。在毛皮单品服装的基础上发展出一个连贯的系列，重点要抓住色彩、造型、图案、比例、风格等方面进行大胆的横向思维设计，最大限度的利用每个设计理念，使之形成系列的一致性和和谐感。在系列设计中，单件毛皮服装之间必定有着某种相互关联的元素，有着鲜明的使服装形成系列的动因关系。每个系列的毛皮服装在多元素组合中表现出来的关联性和秩序性是系列毛皮服装设计的基本要求。

二、毛皮服装系列设计定位

系列毛皮服装设计首先也要遵循服装设计的5w条件，即何人(who)、何时(when)、何地(where)、为何(why)、为谁穿(whom)，然后在此基础上根据具体设计要求完成设计的系列化。系列设计的条件主要包括设计主题、风格定位、品类定位、品质定位和技术定位。

1. 设计主题

设计主题可以对毛皮服装系列设计进行宏观的把握，是设计的深层的东西。不论采用何种设计方式，只要围绕主题展开，让作品的各方面因素全部融合于主题内容之中，设计师就可以通过作品主题与观者进行沟通和交流。

2. 风格定位

从构思开始的那一刻对服装风格进行准确定位也是毛皮服装系列设计成败的关键，在设计进行的过程中对成组、成系列服装的风格的感觉、表现、控制和把握要致。

3. 品种定位

系列毛皮服装在确定服装的设计主题和设计风格以后，还要确定系列服装的品种种类、系列作品的色调、主要的装饰手段、各系列主要的细部以及系列作品的选材和面料等。如设计系列是以毛皮长大衣为主，还是以毛皮夹克为主等。

4. 品质定位

品质定位决定系列毛皮服装所用面、辅料的档次。对服装的品质希望达到或者能够达到的要求做一个综合考虑，以此来决定使用哪种类型的毛皮，什么样的面料、辅料或者是否使用替代品等。这是对系列毛皮服装在成本价格上的限定，尤其在品牌系列设计中，是必须考虑的一个重要条件。

5. 技术定位

技术定位是指决定系列设计所使用的加工制作技术。在进行系列设计时，要考虑到设计的技术要求以及是否能够在现有的条件下实现这种要求，尽量选用工艺简单又比较出效果的制作技术。

三、毛皮服装系列设计形式

毛皮服装设计元素很多，确定把什么元素作为系列毛皮服装的关联设计因素是关键。这些关联性因素主要有主题、廓型、细节、色彩、面料、工艺等。

1. 主题系列

主题系列是指在某一设计题材指导下完成的主题性设计。主题是毛皮服装设计的主要因素之一，任何设计都是对某种主题的表达。毛皮服装也是由款式、色彩、材质组合而成，三者要协调统一就得有一个统一元素，这个统一元素就是设计的主题内容。它使得设计围绕主题进行造型、选择材料、搭配色彩，否则，造型、色彩、材质各自为政，就会使得系列设计缺乏主题而变得毫无意义。如主题为“吉卜塞玫瑰”，那么所有的构思与灵感都要围绕“玫瑰”这个字眼，力求体现这个带着民族特色的主题，然后根据自己的具体想法确定具体设计内容。

2. 廓型系列

廓型系列是指毛皮服装的外部造型大致相似，以此形成系列的形式。这种系列毛皮服装可以在服装的局部结构上进行变化，如领口的高低、口袋的大小、袖子的长短、门襟的处理等进行变化与设计。廓型系列要注意外轮廓造型要具有较强的特征，还要注意外造型的整体性，使整套服装的造型有明显的系列特征，里面的局部细节不能影响外造型的特征。如果为了更突出系列性，在色彩的表现和毛皮材料的选用上也可使用某些相同元素，使服装的系列感更强。

3. 细节系列

细节系列是指把毛皮服装中的某些细节作为系列元素，作为系列设计重点的细节要有足够的设计力度以压住其他设计元素。相同或相近的内部细节可利用各种搭配形式组合出长短的变化和丰富的层次。或通过改变毛皮使用的大小、颜色和位置，就可以使得服装产生丰富的层次和美感。比如用风格一致的分割结构线条作为系列设计的统一元素，就可以将分割线的位置进行变化性的位移设计。长短的变化是比例关系上的问题，细节系列的服装款式在长短变化、内外组合中，应使部分与部分、部分与整体之间构成一定的比例关系，使之在视觉上既有统一感又有丰富的层次变化。

4. 色彩系列

色彩系列是以一组色彩作为毛皮服装中的统一元素，然后通过色彩的渐变、重复、相同、类似等配置手法取得形式上的变化感。是运用色彩的纯度、明度、冷暖等变化去表现服装的设计，使服装既统一又有变化。色彩系列可据此分为色相系列、明度系列、纯度系列和无彩色系列。色彩系列服装在设计过程中可以是几套服装的上下装色彩形成交替的变化。在运用色彩系列的表现时，服装的造型可以随意变化，以造型特征的变化去影响色彩的统一，使得服装在色调统一的基础上，由于造型的形状、大小不同，在视觉上表现出丰富的层次和变化感。另外，由于造型的搭配灵活多变更容易引起人的注意，所以色彩系列服装在色彩的运用上一定要注意色彩的明度和强度要压住造型，否则，色彩太弱就会减弱其系列性，使得设计系列重点不突出。同时在毛皮材料与纺织面料的选用上要注意其风格反差不能太大，否则同样会破坏系列效果。

5. 面料系列

用面料组成系列的服装是利用纺织面料和毛皮材料的特色，通过对比或组合去表现系列感的形式。通常情况下面料的特色比较鲜明，此形式的系列表现中，造型特征可以不受限制，色彩也可以随意应用，靠面料的特色来造成强烈的视觉冲击力，形成系列感。比如有些毛皮本身具有非常强烈的风格和特征，在设计时即使造型和色彩上没有太大的变化，也会有丰富的视觉效果，如果再通过造型的变化、色彩的合理表现，其系列效果就会有非常强烈的震撼力，面料系列以它特殊的毛皮材料形式，不论采用什么样的色彩形式和造型特征去表现，仍然具有较强的材料特点。例如，毛革两用服装系列，毛皮与针织搭配系列等，其他构成要素再怎样变化，特有的材质感也会控制着整个系列的整体感觉。面料系列的服装设计，必须考虑面料的风格与造型特征相互协调。

6. 工艺系列

工艺系列是强调毛皮服装的工艺特色，把工艺特色贯穿其间成为系列服装的关联性。毛皮服装工艺特色包括剪毛、拔针、拼接、饰边、结构线、喷染、印花等。工艺系列设计一般是在多套服装中反复应用同一种工艺手法，使之成为设计系列作品中最引人注目的设计内容。比如，在系列设计时可在每一套服装上使用相同或类似的拼接工艺，并通过对毛皮的色彩和表面质地的处理形成对比或者其他变化，以此丰富设计，同时由于拼接工艺使之在服装表面形成特殊的肌理效果，与其他设计元素相比较很容易出跳，从而在设计中成为系列设计的统一元素。工艺在系列服装上的应用，必须以主要形式出现，形成设计力度，成为整个系列设计的视觉点，这样再经过服装造型和色彩的配合，就能使服装有很强的系列感。

四、毛皮服装系列设计步骤

系列毛皮服装设计的步骤不同于单品毛皮服装设计，它是对组成系列元素的宏观把握和局部调节的统一与协调，使单品服装既可以组成系列而又不失其个性特征。系列设计步骤主要从以下几方面考虑。

1. 选择形式

当系列设计的主题、风格等确定以后，就可以进行具体的系列设计，系列设计的第一步是要选定系列形式，如确定是以造型款式组成系列还是用色彩组成系列，如果是用造型组成系列，是用外轮廓进行统一还是用内部细节进行统等等，所有这些问题必须考虑清楚，然后才可以根据系列形式来罗列组织素材，否则在设计过程中就会出现混乱，面对众多的系列要素时就会觉得无从下手，条理不清。

2. 罗列要素

系列形式选定以后就可以根据所确定的形式罗列系列要素，从毛皮服装的面辅料、色彩的选择、结构工艺以及局部细节设计到服饰配件等的搭配都要一一进行罗列组织，进行合理安排分配，系列要素一定要与服装的主题风格和系列形式相互协调。例如以毛皮印花豹纹图案作为统一元素来组织系列元素，在挑选与之搭配的面料时就要考虑到是否突显设计重点，什么样的结构造型更适合表现豹纹图案以及细节设计与配件是否与整体风格统一协调。

3. 选定套数

当我们进行系列设计时，还要考虑系列套数，系列有大小之分，最少是两套，一般是三套或三套以上。小系列跟大系列的构思是不太相同的，系列的套数多少完全取决于设计任务的需要，而系列套数的多少在一定程度上会影响到面料的运用、造型的简洁与否、工艺的复杂程度等。此外还要考虑到展示环境、设计师对整体系列的把握能力。系列套数较多,则设计难度相对较大,对设计师的设计能力要求也高。

4. 绘制图稿

所有的系列元素一经选定并在设计构思中进行了合理的组织安排后,就要用图稿的形式将每一款设计逐一画出,在画的过程中要注意服装整体系列感的表现以及系列元素的合理安排。由于灵感的作用,尽可能先画系列草图,这些草图大多是漫无边际、不成系列的。从中可挑选觉得比较优秀的设计,然后在这些设计的基础上再进行构思整合,进一步完善造型、细节,最后完成完整的系列设计。由于构思草图的可选择性,这样生成的系列设计往往更具设计力度。

5. 细节调整

一般情况下,在纸面上表达的设计与设计构思总会有差异,所以整体系列画完以后,还要看看每套服装之间的关联协调性是否真正达到理想效果,细节设计、布局安排是否到位,然后再根据设计意图进行局部调整,这样就会使设计更加完整统一。

6. 系列搭配

参赛的设计作品,一般都要求按系列设计。但在完成单一系列设计后,还需要为之进行系列之间的饰件搭配。用帽饰、包袋或是符合系列毛皮服装风格的其他道具来增强服装的系列感觉。所有服装上的配饰可以是相同的,也可以是不尽相同成系列的。在品牌毛皮服装的设计中,服装产品系列设计有时是相互并列,不分主次的,有时却是以某几个系列为主,其他系列是次要的辅助系列,因此系列搭配可分为系列之间搭配和主、副系列搭配。

第八章 毛皮服装设计表现

毛皮服装设计图是以描绘和表现毛皮材料的特点为主要对象的设计图，因此在表现的技法技巧上也具独有的特性。无论采用何种工具、何种材料来表现，都要充分体现毛皮服装与其他纺织面料不同的，特有的体积感、毛绒感和独特的斑纹效果。毛皮服装的表现工具和手法是多样的，传统的水粉、水彩颜料可以表现毛皮，色粉笔、彩色铅笔也同样可以表现出风格化的毛皮设计图。也不要认为只有彩色才是表现毛皮材质的唯一选择，铅笔、碳笔、墨水等工具的无彩色黑白表达也是毛皮服装设计表现很好的一种方式。正因为设计风格的多样化，决定了表现手法的丰富性，这里介绍的手法和方式是比较通俗的，有志于潜心在这个行业发展的设计师还可以自由地创作，创作出属于自己的表现风格。

第一节　不同类型毛皮的表现

一、毛皮的绘制要点

毛皮材料与一般的纺织面料相比有很大的不同。其特征表现在毛皮材料天然的毛绒长短以及不同的斑纹效果上。一方面，毛皮服装材料按毛的长度可分为长毛，中绒毛和短绒毛三种类型；而另一方面，动物毛皮的表面一般都具有明显的斑纹特征。如豹皮、狸猫皮及猞猁皮等，其独特而鲜明的天然斑纹，是比较容易表现和识别的。大多数的动物毛皮均在脊背中心部位，从头至尾地贯穿一条有宽窄变化和清晰度变化的脊背条纹，往往在背颈处还有一道横向的条纹与背纹会合，整体呈现"十"字交叉形，如狐皮、貂皮等，都具有这样的特征。

毛皮的绘制关键在于表现毛的厚度，不同毛长的表现方式是不同的。长毛类的厚度表现主要考虑两方面：毛皮的边缘通常没有明显的轮廓，毛越长轮廓越不明显，适合以半圆弧和曲线条来表现；另外还要对长毛的层次感和成组分布状态有很好的把握，才能惟妙惟肖的表现出长毛类的针毛和绒毛的外观效果。短绒毛类则主要是对毛面上的斑纹和肌理的仔细刻画，结合毛的光泽感和明暗的处理。而毛皮的厚度和体积感并不是短绒类的表达重点。中绒毛的绘制方法介于长毛类和短绒类之间，既要在廓型上表现出一定的毛皮厚度又要重视毛皮的细节如毛色、色泽、斑纹和细小毛针等。

二、不同类型毛皮的绘制

（一）长毛类

长毛类的毛皮主要有狐皮、貉子皮和滩羊皮。绘制长毛类毛皮服装时需要掌握的要点是：以夸张的弧线形态，表现出比一般的毛皮更长、更浓密的绒毛以及在服装轮廓边缘表现出更大的体积特征。由于长毛类型毛皮的毛绒比较长，所以随着服装的起伏转折关系的变化，毛的倒向会产生相应变化。具体表现是：长毛类的外轮廓线具有较为突出的、自然的、参差不齐的效果，所以在描绘时不宜将轮廓线画得过于光挺，以采用较干的笔锋来表现为宜。切记：合理的在服装的边缘轮廓上表现出毛的自然倒向，是表现毛皮材料的关键。当然不需要在所有的轮廓线上都这样的表现，而是集中在毛向变化比较大的部位（图 8-1）。

（1）狐毛：毛长，绒密，廓型膨胀，毛尖颜色略不同于底绒。

（2）貉子毛：毛长，针毛硬，毛尖颜色与底绒反差较大。

（3）滩羊毛：毛长均匀，毛穗自然成绺，纹似波浪。

（二）中绒毛类

中绒毛类毛皮材料的描绘与长毛类存在一定的差别，中绒毛类的毛皮毛感细腻，毛长适中，轮廓比较自然、柔和。表现这类毛皮材料时，常在主要的轮廓边缘上，采用湿笔把颜色自然晕开，再用较小的笔触画出小绒毛的肌理效果，或用钢笔等工具按毛的方向画出短毛绒。同样不能面面俱到，应选择主要部位进行表现。中绒毛类毛皮主要有貂皮、黄狼皮和青紫蓝等，这类毛皮通常皮张较小，多以拼接形式使用于服装中，且脊背中间的颜色通常较深，逐渐向腹部过渡，自然会产生规则的块面效果和色彩肌理，这些都是表现过程中不容忽视的（图 8-2）。

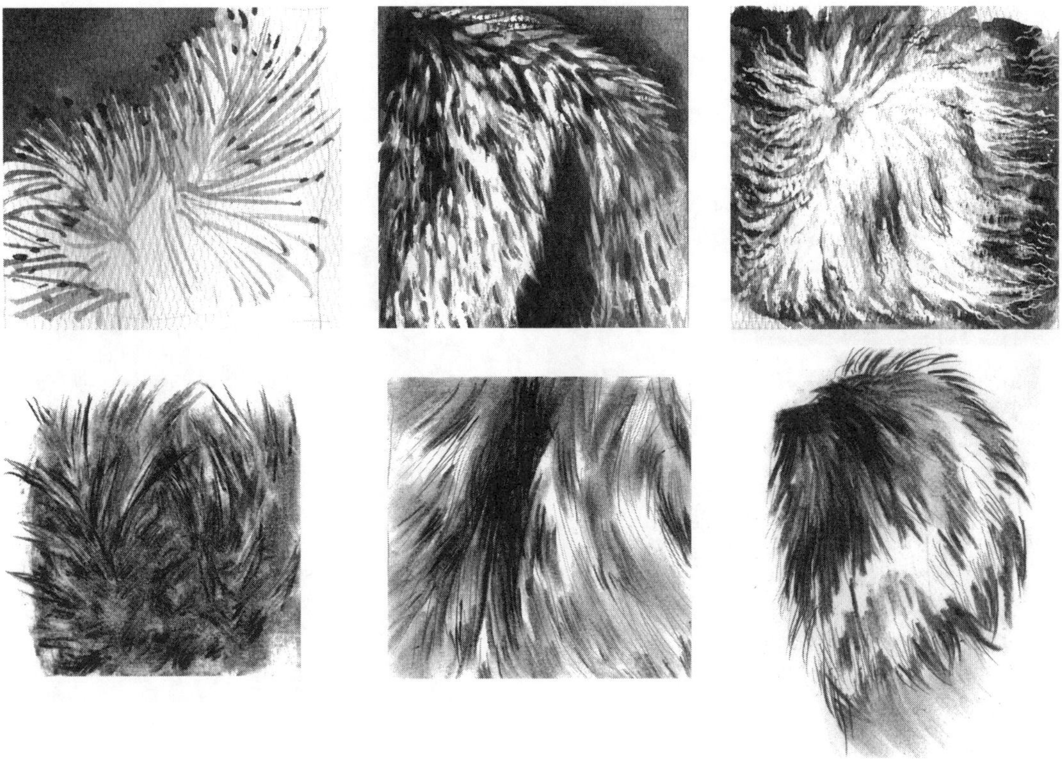

图8-1 长毛类毛皮画法

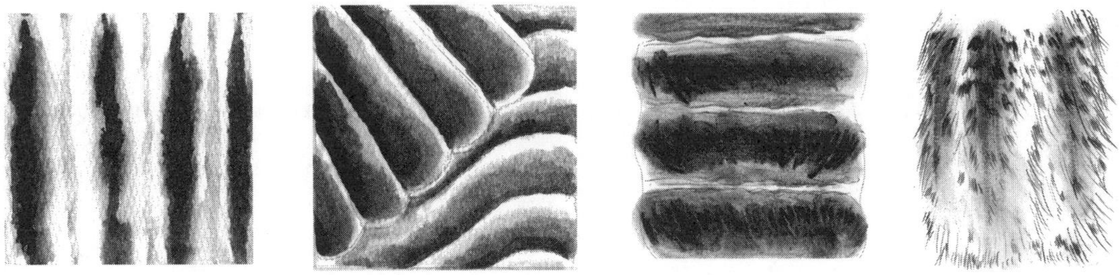

图8-2 中绒类毛皮画法

(1) 貂皮:毛长适中,光泽柔和,边缘绒毛短密,脊背颜色略深。

(2) 青紫蓝皮:皮张较小,多拼接,脊背上有明显宽条纹。

(3) 加拿大山猫皮:中等毛长,不规则分布斑纹,脊背颜色略深。

(三) 短绒毛类

波斯羔羊、小湖羊、山羊猾子、水貂剪毛等短绒毛类型的毛皮,虽由于种类不同,毛皮斑纹各具特色,但其表面所呈现的弯曲、连续、转折变化花纹,像阳光照射下不停流动的水波一般的特点却是相通的,它们同样都颇具形式美感。在绘制此类毛皮服装设计图时,一般把绘制重点放在充分利用其不同的斑纹效果来表现不同的毛皮质感、天然独特的斑纹肌理效果上,而较少强调其体积感和绒毛感。另外,毛皮材料的特征还同时表现在毛皮材料的天然光泽上。这是由于带色彩的毛皮其凸起、转折部位毛的方向有着细微的变化,产生了对光线的反射,形成特有的光泽。而此光泽在环境的衬托下,一般为比较柔和的散射光(图 8-3)。

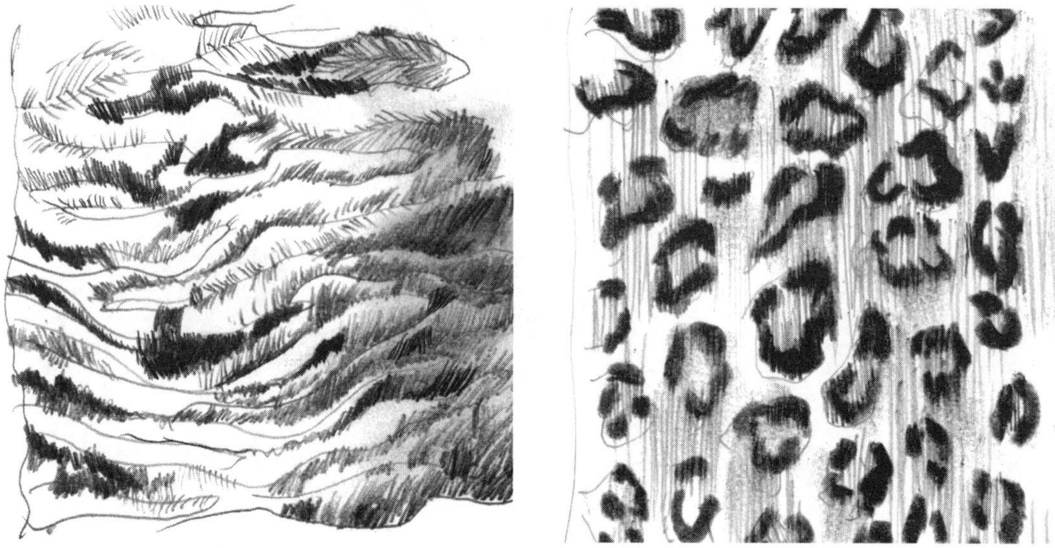

图 8-3 短绒类毛皮画法

1. 波斯羔羊毛

波斯羔羊毛皮的描绘,采取了疏密、弯曲和转折的笔触,表现出天然羔羊毛皮的不同纹路,再陪衬流畅而圆润线条描绘的羔毛,生动而轻松。

2. 印花豹皮

利用毛皮材料的天然光泽及浓淡转化特点,并描绘出斑纹效果,毛皮拼接结构和褶纹起伏,以及短绒剪毛拼花效果却恰到好处。

第二节 毛皮服装设计图的分类

按照一般服装设计图的分类方法,可把毛皮服装设计图分为设计草图、设计图和款式结构图三种类型。

一、毛皮服装的设计草图

设计草图是服装设计师在服装设计过程中的环节之一,是必须经过的阶段。一般设计都是在大量的设计草图勾画的基础上,选择其中比较理想的草图做进一步的修改和变化,最终完善其设计思想,形成较为正规的设计效果图。毛皮服装的设计草图,主要是表现毛皮服装的外形轮廓、款式结构、独特的细节处理以及毛皮材料的拼合方式等。服装设计草图包括服装记录性草图和服装设计创意性草图两种。

(一) 记录性草图

服装设计师对在市场调研中和日常翻阅杂志时获得的资料进行记录,这就产生了记录性草图。它与创意性设计草图有着许多相近之处,可以使用任何易于携带的笔、纸或速写簿,随时对所见到的毛皮服装实物、资料中精彩的款式、结构或细节进行速写式的记录。勾勒此类服装设计草图要求具有一定的速写功底,具有一定的概括事物的能力,要能抓住所有服装最能打动人、最具巧思的特征。人体部分可以省略不画,有时还可以借助一些简单的文字,记录出服装的色彩搭配及难以描绘的精彩细节等。一般在草图上要大体表现或记录出毛皮服装的体积感、拼合和斑纹的效果(图 8-4)。

图 8-4　记录性草图

（二）创意性草图

在毛皮服装设计的最初阶段，这类草图主要用来记录创作灵感、设计变化的过程，落实研究和视觉理念。它对于绘画工具及纸张的选择运用要求并不高，是比较随意的，甚至是信手涂鸦。它的基本特征是：不要求完整，也不要求成熟。而画面往往表现的是简洁的、局部的、细节的，是意向性的。它是通过寥寥数笔生动、夸张的勾画形式，并以简短的文字对设计构思加以辅助说明，从而反映出设计师的创作激情，鲜明地表达出设计的意图（图8-5）。

图8-5 创意性草图

二、毛皮服装设计图

毛皮动物特征所表现的天然肌理和外观状态，反映在服装外形轮廓的表现上，与其他的纺织面料服装相比较其特征是：无明显的结构显现，无明显的尖角及无明显的转折线等。即使是在服装结构非常明显的领子、口袋、下摆等部位，其服装的线条也多呈现出不同程度的扩张、弧线形。而毛皮服装的衣纹处理，亦视毛绒的长短、厚薄，反映出简洁、圆浑、虚实相结合的特征。

设计效果图可以用线条、块面及点线面结合的方法来表现。用线条表现毛皮服装的外部形态和衣褶特征要简洁、高度概括、提炼，避免线条堆砌。勾勒出的线条既要圆滑，又要多弧线，特别是在表现毛皮服装的起伏、转折部位时。要充分考虑到毛皮材料较厚的特点，两条线之间不要轻易相连接，而应有意识地留出表现厚度的断开距离。应较多地采用回笔、顿笔的技法，使勾勒出来的线条具有粗细变化，生动而富有体积感。

以块面来塑造人物及毛皮服装，主要是利用大小面的组合，依靠人的形体、动态与明暗关系，以毛皮面料的起伏、斑纹的分布为基础，不拘泥于表面细节的描绘，大胆取舍，着意夸张那些最具有表现力的部分,注重画面的视觉效果。由于毛皮材料具有与平挺的纺织面料截然不同的毛绒肌理效果,毛皮上的背纹明暗过渡是十分柔和的,所以在线条勾勒的基础上,选用较为适合的绘图工具和技巧表现明暗层次,适当衬画出毛皮上的条纹及明暗,将有助于强化毛皮材料的质感表现,同时也使得画面丰富而有活力。采用块面的技法要注意的是:选择毛皮服装的重点部位进行表现,而不要整体表现,以免使服装设计图成为索描。

点线面表现是在面的基础上发展而成的多层次表现,能更深入细致的刻画形象。在黑白世界里,都会化为点、线、面的运动形式和黑白空间量。利用点、线、面构成的方法表现毛皮设计图,结合服装上的结构线、毛皮斑纹、光影效果,把点线面等造型要素本身的特性实现出来,可以使画面产生更丰富、生动的表现力。点线面组合表现的一大特征是醒目、明了,除了完成造型表现以外,还赋予平凡的画面在变化中产生出强烈的视觉效应,可用水粉色、水彩色,或其他绘画材料表现。

毛皮服装设计效果图从其用途角度进行分类,可以分为实用设计效果图、创意设计效果图和系列服装效果图。

(一) 实用设计效果图

实用设计效果图是先有了毛皮服装的成品,然后才对成品进行描绘。所以无论从色彩,材质上,还是款式、细节上,设计图所表现的形象与成品毛皮服装都是一致的。这种设计图主要用于产品的宣传推广上(图 8-6 ~7)。对毛皮饰边服装成品进行了效果图的描绘。此时服装的一切信息均已明朗,描绘时不必考虑设计的问题,而是把精力集中在对毛皮服装各种材质、人物动态等的刻画上,追求设计图画面中的人物构图组合的完美性和描绘的真实性以及艺术性。

图 8-6 法国某品牌产品宣传册上的毛皮服装效果图。用线条加块面的手法高度简洁和概括地表现出毛皮的结构线及拼接效果。

图 8-7 产品宣传册上的另一款效果图,同样采用线面结合的表现方法生动地表现了服装上貂皮衣领拼接和衣身上的光影效果。

（二）创意设计效果图

创意设计效果图与实用设计图相比较，两者的表现形式大体相同、但作用却不一致。创意设计效果图是反映设计师头脑中的服装原创意念的设计图。这类设计图因其是“凭空而造”的，其本身就会有一些不尽如人意的地方需要调整，加之各方面因素的制约，在生产实践的过程中，会剥其原创的设计进行一定的修改，它与生产出来的毛皮服装成品之间具有一定的差距，有时这种差距还很大（图 8-8 ~9）。

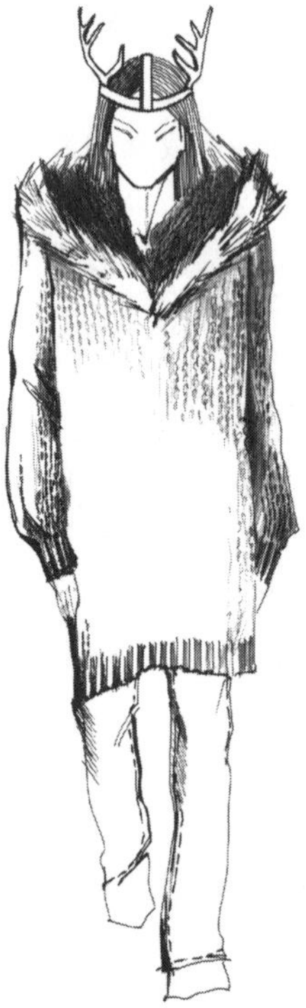

图 8-8　依照毛皮大翻领结构的起伏变化，采用简洁流畅的弧形线条表现，并用铅笔对画面施以简单的明暗，突出了毛皮服装蓬松、柔软、厚实的体积感，达到了简洁、生动、鲜明的视觉效果。

图 8-9　设计师用钢笔结合马克笔以速写形式快速将创意表现于纸上，并于空白之处记录下重要的设计细节。似是随手涂鸦，但却使效果图和文字说明浑然成一完整的作品。

（三）系列服装效果图

服装设计比赛通常都要求设计一个系列的服装，而在表现系列毛皮服装的效果图时，特别要注意在表现风格上的统一，人体造型及动态选择，设计元素包括款式细节、色彩比例、毛皮面料使用的一致性。有创意的展示会增加设计方案的效果。然而也不能只追求设计作品的展示风格，以至盖过了作品的本身内涵。关键是在清晰表现设计理念和展示风格之间寻求一种平衡，把所有的目光都吸引到你的作品中，把设计理念传达给别人。系列服装效果图上的排版不能太拥挤，如果太空的话可以选择服装款式结构图、面料小样、设计说明来丰富画面（图 8-10 ~11）。

图 8-10　作者:徐笑寒

图 8-11　作者:段晓鎏

三、毛皮服装的款式结构图

毛皮服装款式结构图又称毛皮服装工艺结构图,起到以图代文的设计说明作用,是生产中的最重要环节,它有着承上启下的作用。在毛皮服装生产制作过程中,借助款式结构图来传达设计意图和指导生产,确保服装产品的工艺质量。因此款式结构图往往极其严格,要求一丝不苟,画法规范,清晰明确,强调毛皮服装的工艺结构和实际比例,表现毛皮服装类别和局部特殊设计,表达详尽(包括正面、背面、侧面、剖面、局部)。此外,这类设计图上还需标有具体的规格尺寸,配合实际选用的毛皮材料小样以及详细的文字说明加以补充。由于毛皮的拼合方式是毛皮服装设计的一个重要特点,对其工艺要求比较细致,所以在毛皮款式结构图中,要明确地反映出结构拼合方式的内容,通常是采用箭头标记来表现毛皮拼合方向的。这样,在服装生产流程中的每个环节上,人们都能通过图纸,对设计者的设计意图有清晰的、一目了然的认识(图 8-12)。

图8-12　毛皮服装款式结构图的表现方法。在毛皮服装的正面和背部结构图中，分别以简洁的线条和箭头标志反映出毛皮的拼合方式和毛皮的放量方向，服装的长短、结构的分割与细节修饰一目了然。

第三节　不同画材的毛皮服装设计表现

一、干画法

（一）水粉表现

与水彩颜料相比，水粉中含有大量的粉质，因而具有不透明感，可反复进行覆盖，或提亮、或加深。且色彩艳丽浑厚，具有较强的表现力，非常适合表现秋冬服装，尤其是毛皮服装。在画面上做多种肌理效果，能充分表现出毛皮受光、背光的层次感和厚实的质感。特别是当描绘长毛类型的毛皮材料时，只要水份调和恰当，采用干枯的笔锋以及准确的表现长毛皮典型特征的笔触，加上叠盖的技巧，能使所画的毛皮服装其边缘产生自然而生动的变化，产生丰富而传神的艺术效果，使整个设计图富有感染力。除此之外，水粉画虽然属于粉质颜料，但同样是以水作为调配色彩的媒介，故也可以用它表现湿画法，作画时在颜料中加入较多地水份，会产生某种水彩画的效果。

（二）色粉表现

色粉画这一特殊的绘画形式，对毛皮服装的质感表现具有独到之处。它是粉质的颜料，在有色的粉彩纸上或较为粗糙的表面作画，画出的线条，笔触效果比较蓬松，与毛皮服装外形轮廓呈现的状态相易于产生绒毛的质感。同时，色粉画也易于表现服装上的条纹及明暗。可选择的颜色又多，深沉颜色可作为背景对较亮的毛皮服装设计图起衬托的作用，这是色粉画最独到的特点之一（彩图64）。由于色粉笔质地脆而易断，画在一般光滑平面的纸上容易脱落，可以在画好后喷上一层保护胶，才易于保存。

（三）油画棒表现

蜡质固体颜料，色泽不易混合，适合用作平涂和绘制粗线条，使用方法和彩色铅笔一样，具有浓厚的层次感，有油画般的写意效果（彩图65）。

二、湿画法

（一）水彩表现

利用水彩的干湿变化渗化效果及渲染效果，结合枯笔的技巧，使所表现出的毛皮服装的质感自然、生动且富于变化。与水墨画相比，水彩画更讲究色彩的表现，而水彩颜料比较透明，以水来调节色彩的浓淡、纯度等变化，因此绘图的技巧偏重于对水分干湿的控制和对用笔、用色的把握上。一般在上第一遍色时候，先将大体明暗铺出来，待纸面半干时，将衣纹较深暗的部位进行刻画。运笔时，注意笔触边缘与底色的衔接要自然。当然，虚实的变化也是必要的。画面干了以后，色彩一般会变淡，这时可根据需要对整个画面及局部进行罩色和反复局部罩色处理，直到满意为止（彩图66～67）。用水彩画技巧绘制毛皮服装效果图方便而快捷，表现出来的效果清新而润泽，能够较好地体现毛皮服装松软的质感特征，是一种常用的表现技法。

（二）透明水色表现

也是一水性的色彩颜料，其实用性质和水彩类似，色彩很鲜艳。利用透明水色浓淡、干湿变化的效果，特别是透明水色的渗化效果来表现毛皮材料的质感，具有轻松、柔和、自然、明快的效果。此种技法主要是采用中国画写意的形式，追求笔墨的技巧和情趣。对绘画的水平要求比较高，描绘时应一气呵成，不允许对画面进行反复的修改。其与水彩画的表现方式有许多相似之处，但不太注重色彩的表现，而更加注重笔墨浓淡的表现。

三、干湿结合画法

（一）水溶性彩铅表现

采用普通的彩色铅笔表现毛皮服装，具有灵活、便利、易修改的特点。线条可粗可细，可浓可淡，可涂抹，可覆盖，比较容易把握，也不需要许多的绘画工具，十分方便。但彩色铅笔存在着很大的局限性，主要表现为画面上的线条排列僵化，色彩的明暗层次拉不开，画面上容易出现平淡和缺乏生气的感觉。

另外一种可溶性彩色铅笔，笔芯粗而软，容易上色，并兼有铅笔和水彩的特点。即用彩色铅笔涂画之后，还可以用毛笔蘸水在上面进行渲染处理，如把握得好，不仅可以获得大块面的色彩效果，而且还可以保留一定的线条笔触，比较灵活。根据具体的需要，对渲染过的地方用彩色铅笔进行再刻画，粗软的笔芯，同样能像水粉画中的枯笔那样营造出毛皮服装所特有的边缘效果，因而具有比较理想的表现力。

(二) 马克笔表现

一般说来,马克笔画出的线条比较刚硬,不太适宜表现毛皮材料蓬松、柔软的质感。但是马克笔有它方便、快捷的优点,特别是色彩品种齐全,各种明暗层次的色彩以及各种型号的笔头应有尽有,因而仍是一种常用的绘画工具。此外,当马克笔在笔芯中的颜色快用完时,画出来的线条或块面会产生毛糙的感觉,因此可以利用这个特征,在铺好的色块上,按毛皮生长的方向,做一些肌理效果,以弥补马克笔线条过于直挺、刚硬的不足(彩图68)。

四、电脑表现

电脑表现法使服装画突破了传统的表现方法和技巧,表现出丰富多彩,变化莫测的效果。目前专门用于服装绘图和图像处理的软件有 Photoshop、Coreldraw、Illustrator、Freehand 和 Painter 等,它们强大的功能为创作提供了一个很好的施展舞台。

采用电脑软件来表现毛皮服装效果,有着速度快和修改方便的优越性。当然前提是除了要有一定的绘画基础外,还要熟练地掌握所用软件的各种功能,以便能够得心应手地对所需要的图像进行各种技术处理,从而充分地表现自己的设计构思。用电脑绘制设计图,最好是配备扫描仪和彩色打印机等全套的电脑绘图设备。采用先手工绘制设计图,再通过扫描系统将其输入电脑,然后在电脑中进行着色、材质选择及各种绘画效果的表现和处理。由于使用鼠标绘图不够灵活,所绘线条不易掌握而显死板。因此也可以配备一套电脑绘图板,也就节省了手绘和扫描的环节。在整个绘画过程中,可以进行多种尝试,反复修改,不断比较,最终选取最为理想的画面(彩图69)。

为了便于利用电脑进行毛皮服装绘图的各种表现和处理,平常应该注重对人物动态、服装款式、花纹图案、面料质地,尤其是各种毛皮肌理等资料的收集和整理,并将其输入电脑,建立丰富的资料库。这样,在设计时就能随意调取所需要的内容,以弥补毛皮服装设计资料不足的缺陷。

五、综合技法表现

除了以上列举的一些常用毛皮服装设计图的绘制工具及表现技法之外,还有许多其他的表现方法。值得一提的是在具体的绘图过程中,可以根据不同的情况,同时采用几种技法来表现,如此可以巧妙地利用和发挥各种绘图工具及表现技法的特长,使毛皮服装设计图更具表现力。

综合工具技法的运用是十分普遍的。例如水彩与色粉笔相结合,水粉和彩铅相结合,手绘与电脑相结合等。特别是在绘制毛皮饰边服装效果图时,所涉及的面料比较多,质感不同,综合工具技法的运用,对其面料的表现有着独到的优势和长处。

总之,每位设计师都有自己的擅长,可以根据自己的特点来选择设计绘画语言。但不论采用什么样的绘图工具和表现技法,都是为设计服务的,都应根据不同的绘画对象,选取相对适宜的工具和技法,以达到较好的表现效果为最终目的,绝不能生搬硬套。

第九章 毛皮服装工业制板

制板技术是服装工业化生产中的重要环节，它为服装缝制、后整理提供了便利，同时又是检验产品形状、规格、质量的技术依据。在服装企业中，采用何种制板方法与所生产的服装品种、款式、企业的生产习惯、制板师的制板习惯、客户的要求等诸多因素有关，但不管采用哪种制板方法，工业纸样都必须与生产体系相匹配，且在不影响设计效果的情况下，纸样还需经过多次修改，由初始纸样到第二次设计纸样，到第三次工业纸样，再到最后的产前样。工业纸样应针对工业化批量生产的特点，尽可能地提高缝制效率，并防止错误等。

第一节　毛皮服装工业制板术语

毛皮服装工业制板术语大致可分为两类：结构制图术语，以及毛皮材料相关术语。

一、结构制图术语

结构制图术语主要是指服装部位名称。通常在工业制板中使用的服装部位名称存在区域上的差异。如北方的毛皮服装加工厂和江浙沪一带存在一定的区别，广东地区的专用术语更接近香港，而香港的毛皮加工厂习惯和国外的保持同步，使用的是从音译而来的术语。也有因为制板师的地域流动性带来的同个地区的不同企业的制板术语也存在区别，如袖窿也称作夹圈，克夫也就是袖头等。在做毛皮服装的工业制板前，需要对这些专业术语做全面的认识和了解，不能主观臆断，否则不但会造成作业失误，进而可能造成经济损失。其中较为常见的服装部位别称可参考表9-1。

表9-1　常见服装部位别称

服装部位	常见别称
1. 袖　窿	夹　圈
2. 育　克	约克、担干、过肩
3. 袖　头	克夫、介英
4. 前裤裆	前　浪
5. 后裤裆	后　浪
6. 大腿围	髀　围
7. 裤子门襟	钮　牌
8. 裤子里襟	钮　仔
……	……

关于服装部位的术语，虽然由于地域和操作人员的习惯存在一定的差异，但随着各区域间的业务往来以及相关技术人员的流动，这些差异化的名称也慢慢被作为别称而被人们所接受。

二、毛皮材料通用名称

毛皮的原产动物种类丰富，现代毛皮分类基本按其所属种群做划分后，同族的动物再按产地冠以不同的名称。近二十年来，我国的毛皮行业慢慢与国际接轨，除采用国际通行的标准术语外，也继续沿用着中国传统的毛皮材料称谓，也因此形成了现在行业内、市场上五花八门的原料皮名称。比如国际毛皮市场上三大支柱之一的波斯羔皮或卡拉库尔羔皮，我国于20世纪50年代从国外引种到华北、东北、西北地区发展成群，称之为“三北羔”，三北羔北生后三天内宰剥的皮即三北羔皮。还有一部分毛皮材料并不以原产动物的名字来命名的，如元皮是东北三省及内蒙古呼伦贝尔盟、大兴安岭、哲里木盟、赤峰市和河北北部的部分地区所产的黄鼬皮。另外还有少部分国产野生动物皮，为方便国际贸易，而使用简化的名称，积日累月并形成固定称谓。花面狸，别名白面狸，白鼻狗、果子狸或青番，从其身上取得的毛皮称为青猺皮。

表 9-2 毛皮材料通用名称

序号	毛皮材料名称	原产动物名称
1	猾子皮	山羊羔
2	山羊绒皮	山羊，是指毛长绒足、张幅大、皮板厚壮的山羊皮。
3	三北羔皮	卡拉库尔羊或波斯羔羊，是从出生三天的羊羔身上剥取的皮。
4	口羔皮	我国张家口产的小羊的皮。
5	珍珠羔皮	羔羊，是从细毛羊、半细毛羊和杂交改良绵羊的羊羔身上取得的皮。
6	象羔皮	羔羊，是从流产的或出生后很短时间内的羊羔身上取得的皮。
7	元　皮	黄鼬，东北三省及内蒙古呼伦贝尔盟、大兴安岭、哲里木盟、赤峰市和河北北部的部分地区所产的黄鼬皮。
8	京东条	黄鼬，指在河北省唐山地区和天津部分地区所产的黄鼬皮。
9	青根貂皮	麝　鼠
10	彪皮	斑灵狸
11	青紫蓝	毛丝鼠
12	青紫蓝兔	家兔，毛被呈青蓝色的家兔皮
13	玛瑙皮	兔狲，猫科猫属
14	草猫皮	漠猫，系猫科猫属
15	青猺皮	花面狸
16	黑猺皮	巨松鼠
17	黄猺皮	青　鼬
18	香猺皮	椰子狸

第二节　毛皮服装工业制板要点

制板是服装工业化生产中的一个重要技术环节。毛皮服装制板即制作毛皮服装工业样板，是将设计师或客户所要求的毛皮服装款式根据一定的尺寸规格分解成平面的服装结构图形，或通过立体构成的方法获得服装的加工样板。在服装结构图的基础上，结合服装的生产工艺要求加放一定缝份，制作成的工业纸样也称毛样板或裁剪样板，是服装工业化生产中进行排料、划样、裁剪的模板，其载体通常为软质的白纸，也被称为裁剪纸。服装的工业样板还包括将一些部件如衣领、袋盖、前衣身驳头等，制作成以硬质卡纸为载体的服装净样板，这类工业纸样也称为缝制样板，便于在缝制过程中控制服装部件的形状，从而控制服装的加工品质，因而也是检验产品形状、规格、质量的技术依据。

毛皮服装的工业制板原理和普通服装基本相同，但制板前必须参考毛皮材料的毛长和厚薄，以确定制板过程中各个部位加放松量的大小以及一些制板参数的调整量。样板完成后，每件毛皮服装都是依据纸样逐件进行配皮、拼皮，最后完成整件服装的制作。因此，毛皮服装工业制板不仅具有普通服装的制板特点还要兼备毛皮材料的特性。

一、常用工业制板方法

1. 比例法

比例法制板在毛皮服装企业中应用最为广泛。它是将既定的成品规格尺寸按一定的比例关系来计算或推导各控制部位尺寸的制板方法。传统的比例法制图中，对那些无法或难以通过测量人体得到的规格尺寸，如上装的袖窿深、袖窿宽、袖山高、袖肥和裤子的前后档宽、中档宽等，均用相关的易测的人体尺寸（胸围、臀围等）为基础按照一定比例来推算。此方法适用于内销型服装企业的生产加工模式，国内产销单中的毛皮成衣规格通常只是一些主要部位规格，这些规格是以人体测量、模特试衣或国家号型规格为依据，结合服装品种、款式特点、衣着要求等加放松度而制定的，按照一般比例法的制图思路易于得到所需的样板。

然而对于我国产销型企业和外贸加工型企业而言，由于客户所要求的需测量的成品部位和比例法制图常用的规格尺寸不同，以至这些企业在运用比例法进行生产加工时存在较大的差异。外单对成衣规格的要求较为详细，其成衣规格的设定除了能够控制服装的成品尺寸外，还要利于在质量检验时能够较为准确和方便地测得这些控制部位的数据。例如，在上装的制图中常用到袖窿深这一细部规格尺寸，比例制图法是将袖窿深与胸围的回归关系作为计算的依据确定该尺寸，制图时袖窿深则表征为一根水平的基础线，在结构图中很容易辨认基础线的位置，而在成衣中这一部位尺寸不易于测量，而且可能因为操作者的习惯而产生误差，因此在外单的成衣规格要求中没有袖窿深这一控制尺寸，取而代之的是前袖窿弧长和后袖窿弧长，这两个尺寸不仅可以在成衣上被直观地测得，而且指向性明确，不易因为操作者及其习惯的不同而产生误差。类似的成品规格尺寸还有裤装中的前裆弧长和后裆弧长，在外单中也常被翻译为前浪和后浪，而在比例法制图习惯中与之相对应的细部规格尺寸为直裆。

了解外单成衣规格与结构制图细部规格间的差异，才能更有效地进行结构设计和制作工业样板。鉴于国内毛皮服装企业多以外销型为主，改进制板技术提高工作效率，也是企业提高自身综合竞争力的重要表现之一。

2. 原型法

原型法起源于日本并一直盛行于日本服装界，对世界各地的服装裁剪方法均有不同程度的影响。以日本较为盛行的文化式原型为例，至今已发展为第七代新文化原型，新原型的制图公式是在大量人体测量数据的基础上归纳形成的，体型覆盖率较高，满足基本的日常动作需求，充分反映出结构设计原理。在服装专业教学中，多用原型进行省道转移变化来解释服装结构变化原理。随着我国服装专业教育的发展，越来越多服装院校毕业生成为服装企业技术骨干，从而原型打板法也渐渐地在毛皮服装业中流行，以日本文化式原型的应用为多。原型法制板在日本服装企业应用广泛，是在原型的基础上对相关部位进行数据调整，以原型为依托进行结构设计，制作工业样板。虽然原型法制板操作简便，但由于其制图依据为日本国人的人体测量数据，所以其板型适合日本及其周边国家体型特征接近的人群，然而对于许多以欧美为主要市场的外贸加工型企业而言,原型法制板得到的板型不能满足欧美地区消费者的体型特征,因而难于在这些企业得到应用。

3. 基型法

基型法制板是指以某一接近所欲打制的服装款式的品类中款式最简单的纸样作为基型,通过对基型局部造型的调整来打制所需服装款式纸样的制板方法。从广义上讲,基型法制板所用的基型可分为两种,一种是在原型基础上进行适当修正而成,用作某一特定类别服装的基础样板,如大衣基型、夹克基型等;另一种是指某一特定款式且成品规格较为适中的、已投产的服装样板,当所欲打制的服装款式和成品规格与之变化不大的情况下,企业常常在现有的样板上作适当的修改而产生所需的服装样板。这种制板方法方便快捷,一般能达到预期效果,但使用面较窄,一般适合于同一客户对往年畅销款式的追加生产,或是对某些细节稍加修改的款式。基型法制板在服装产销型企业和外贸加工型企业中皆有应用。

4. 立裁法

立体裁剪法是将布料覆于人体或人台上,利用材料的悬垂性能,将布料通过折叠、收省、聚集、提拉等手法,进行服装款式的造型设计,修剪多余面料,达到款式造型要求后,通过点影、取片等操作可得到二维的布样,再进一步拓片制作生产用样板。立体裁剪法能直接将款式造型以三维立体的方式呈现出来,解决平面构成难以确定的不对称、多皱褶等的复杂造型。立裁法制板对标准人体模架、操作者的技术素质等要求较高,且要耗用大量的坯布或本料,制板成本高。在毛皮服装企业实践中,完全采用立裁法进行制板的比较少,通常把立裁法与平面法结合使用。立裁法制板在毛皮创意服装和高级毛皮女装类工厂使用较多。

5. 剥样法(又称实寸法制板)

剥样是按照指定的服装实物(样衣)的款式和规格尺寸要求设计和制作样板。通俗地讲剥样就是把某款服装"分解"复制成生产用样板,用该样板裁剪、缝制出的成品能最大限度地接近样衣。在外贸加工型服装企业中,有时客户只提供样衣,要求按样衣不折不扣地进行生产。因此,在制板时必须依照样衣各部位的尺寸,结合工艺特点进行合理的复制。服装剥样分全件剥样和局部剥样。剥样法制板在产销型服装企业和外贸加工型服装企业中皆有应用。

二、毛皮服装工业制板依据

制板依据是制板师制板前所接到的制板指令,即客户所提的要求,制板师依据这些要求来进行制板。服装工业制板依据与企业的生产方式密切相关,一般有以下几种形式:

(1) 按效果图制板:制板时成衣规格由设计师给出或制板师自定。这种形式常见于产销型企业。

(2) 按制单(制板通知单或大货制造通知单)制板:通常制单上有款式图、成品规格和工艺说明。这种形式常见于加工型企业。

(3) 按样衣制板:款式、成品规格和工艺要求通常是完全按照样衣。这种形式在产销型和加工型企业中皆有出现。

(4) 按制单和样衣进行制板:通常制单上给出款式图和成品规格,样衣作为款式和工艺要求的补充。这种形式常见于加工型企业。

三、毛皮服装工业制板技术要点

根据企业的生产方式和服装工业制板的依据，在制板过程中其表现出的技术要点亦不相同，大致可分为两大类。一类是按照效果图制板，这种形式常见于产销型企业，企业具有自主开发服装产品的能力，其样板技术部门往往是根据效果图、照片、款式图等来制板，成衣规格尺寸由设计师给出，或样板师自定，对于制板的要求主要是能够达到款式造型的要求，不强调成衣的细部规格尺寸。另一类是按照制单或样衣，亦或两者相结合的方式进行制板，这种形式常见于加工型企业，企业以接单加工为主，因此其制板依据通常是成衣规格尺寸较为详细的制板通知单，而这些规格尺寸同时又是客户衡量企业加工质量的标准之一，加工型企业必须严格按照客户的尺寸要求进行生产。为了便于对成衣的加工质量进行控制，客户所提供的成衣规格尺寸经常涵盖一些细部的尺寸要求，因此对于制板的要求主要是使所加工的成衣能够满足客户提供的成品规格尺寸。

根据以上两类工业制板的模式，以毛皮服装为主体，分别介绍两种模式下毛皮服装工业制板的技术要点。

1. 按照效果图制板

根据效果图、照片或款式图进行制板，要求制板师与设计师要有很好的默契，制板师能够了解设计师的表达意图，并通过对款式进行合理的结构分解，将设计师的设计意图转化为二维的平面纸样，同时还要结合材料和生产工艺的特点，通过纸样来控制和消除可能由加工过程造成的生产误差，尽可能达到设计师所要求的款式造型效果。按效果图制板要把握的技术要点一般有：

（1）审视成衣效果图

款式效果图是设计者对所设计款式具体形象的表达，是款式设计部门与纸样设计部门之间传递设计意图的技术文件，它包括对款式的线条造型、材料色彩、材料质地、饰品、加工工艺等外观形态的描写和艺术风格的表达。认真审视效果图，对于精确分析造型外观特征、结构关系，深刻理解造型所赋予的艺术风格是十分重要的。

款式造型的审视与分解是审视效果图所显示的款式的功能属性、结构组成和工艺处理方式，剖析款式的结构形式、规格和结构可分解特性，是从款式造型图解成为结构图的第一步设计工作，是结构设计的重要组成。

效果图的审视包括对效果图的类别、款式的功能属性、平视与透视结构、结构的可分解性、材料性质与组成、工艺处理形式等内容。

（2）款式造型的结构分解

款式造型的结构分解是将立体的款式造型图解成平面衣片的过程，其程序包括设计图的准备，控制部位的规格确定，细部结构的计算比例，特殊部位的结构分析，内外层结构的吻合关系等步骤。

（3）确定服装规格

在确定服装规格之前，还要对服装的销售市场，面料的基本性能及其加工特点等做一些必要的了解。服装的销售市场暗示了该地区潜在销售人群的体型特征，这将是服装规格设计的重要依据。面料的基本属性和其加工特点在一定程度上会影响服装的成品尺寸，因此在规格设计时必须将这些因素考虑在内，以确保有效地控制服装的加工品质。

服装规格设计方法有两种:第一种按款式效果图(设计图)中人体各部位与衣服间的比例关系来设计。例如审视效果图中衣长(L)和腰节长度的关系,根据我国人体测量统计结果可知,前腰节的长度为41厘米,那么可以根据审视效果图判定的衣长和腰节长的比例关系,计算出衣长的大概数据。第二种是将设计的产品与生产过的产品(资料)进行对比,参照生产过的产品资料来设计。第一种方法注重款式造型的审视,第二种方法是依据所参照的服装对规格数据进行调整,因为有了参照物,第二种方法获得数据更快捷,对于服装生产出来的预期效果也更直观。

(4)选择合适的制板方法

服装的结构设计方法有平面构成和立体构成两大类。这两种方法各具所长,平面构成简洁、方便、绘图精确,但纸样与服装之间缺乏形象、具实的立体对应关系。立体构成在人体或人体模型上直接进行,直观效果好,便于设计思想的充分发挥和及时修正,还能解决平面构成难以确定的不对称、多皱褶的复杂造型。但立体构成法对操作条件要求高,要有标准人体模型、与款式用料性能相近的坯布。对操作者的技术素质和艺术修养要求高。

国内毛皮服装企业多以平面构成的方法进行结构设计,在各种平面制图方法中又以比例制图法见长,具体方法的选择与企业的生产模式和样板技术人员的专业素养密切相关,各种方法之间也不是绝对孤立的,在应用的过程中也可能几种方法交错使用。

2. 按照制单或样衣制板

根据制板通知单进行制板,必须了解制板通知单上关于成衣规格尺寸的确切含义,避免任何理解上的偏差所造成的生产失误。根据样衣进行制板,则要准确把握样衣的测量部位和所测得的数据。根据制板通知单或样衣进行制板的共同点在于,样板师要对所打制样板的细部数据进行控制,不能只强调款式造型,而是要在达到造型要求的同时有效地控制成衣的细部规格尺寸。欲达到这样的效果,制板师还需了解材料的性能和生产工艺的特点,通过纸样来控制和消除可能由加工过程造成的生产误差。根据制板通知单和样衣进行制板,要把握的技术要点可归纳为:

(1)了解成衣规格尺寸的含义

通常国外客户提供的成衣规格尺寸,其测量部位和含义与国内具有相同代号的规格尺寸的含义不尽相同。例如胸围这一成衣规格尺寸,欧美国家对于这一规格的定义为袖窿底点向下1英寸处的衣身围长,而在国内的制板习惯中袖窿底点是测量成衣胸围的参考点。在国外客户提供的成衣规格尺寸中还有国内制板习惯中不考量的数据,例如前袖窿弧长或后袖窿弧长,在国内制板习惯中相对应的做图依据是袖窿深。还有表征肩宽的数据,国外的规格尺寸一般指成衣肩部缝合线处的长度,国内俗称小肩,而相关的国内惯用的制图依据为肩宽,指的是左肩点经后颈点至右肩点的长度。诸如这些数据在定义上的差别,相关技术人员必须要了解。

(2)规范样衣测量方法

对于根据样衣进行制板的技术人员,要掌握规范的测量样衣的方法。规范的测量方法确保得到可靠的数据作为制板的依据,同时也是检验样衣品质的依据。然而所谓的规范的测量方法也不是具有某种绝对严格的定义,而是要遵循客户的测量习惯,测量误差满足客户的误差标准。

(3)结构设计的逆向思维

能够熟练应用结构设计原理进行结构设计,并运用一定的逆向思维达到控制成衣规格尺寸的目的,这是对制板技术人员较高层次的要求。国内服装企业的样板师大多都接受过正规或非正规的技术培训，处于初级阶段的技术人员基本是按照常规数据按部就班的制图，碰到难于解决的技术问题，通常会依据自身有限的经验采取一些调整措施，随着这种经验不断的积累，从经验中总结出一些规律并应用到类似的工作中，这种从量变到质变的飞跃可以看成是技术能力上的一种成长。结合根据制板通知单或样衣进行制板的工作模式，要达到控制成衣规格尺寸的目的，有时候需要运用逆向思维得到结构设计的制图参数。

例如关于袖窿部位的制图，国内的制图习惯是根据袖窿深与胸围的回归关系确定袖窿深，根据前、后胸围的分配确定侧缝位置，分别从前、后肩点向袖窿底点做前、后袖窿弧线，记录前、后袖窿弧线的测量值作为衣袖结构设计的参考。此时得到的前、后袖窿弧线的长度是作为结果被记录的。而在制板通知书中通常关于袖窿部位所给出的相关成衣规格尺寸不是袖窿深，而是袖窿弧长，这就要求制板师要根据经验先暂定袖窿深，待初步确定袖窿弧线的形状后再检验是否满足成衣规格尺寸，若与规格尺寸不符，还要做一些必要的调整。由此可以看出，袖窿弧线的长度变成了袖窿部位结构制图的依据，或者说是先决条件，这与常规的制图过程和习惯是相反的，因此这要求制板技术人员要运用逆向思维的模式，通过对袖窿深和袖窿弧线数据的观察和分析，能够做到根据袖窿弧线的数据反推出袖窿深的数据，这样就能提高制板的效率。

第三节　毛皮服装工业制板及推档应用实例

一、毛皮服装的号型规格

加工型服装企业的成衣规格尺寸均由客户提供，而产销型服装企业需根据服装的款式特点、目标销售市场潜在消费者的体型特征和穿着习惯等，来设计企业的服装号型规格。虽然我国在 1997 年颁布的 GB 1335—97《服装号型》中规定，成品服装上必须标明号、型，号、型之间用斜线分开，后接体型分类代号。如：160/84 A，也可以说是服装规格代号。但各地区对该标准的实施程度是参差不齐的，在毛皮服装业企业仍倾向于使用被消费者普遍接受且熟悉的代号制服装示明规格。以内销为主的毛皮服装企业一般做 S、M、L、XL、XXL 五个尺码，南方市场以 M、L 两个型号为主，北方市场一般做 L、XL、XXL 三个型号。虽然毛皮服装的标识形式为代号，但每个代号所表征的成衣规格尺寸仍是以国家标准的人体测量数据为参考依据的，企业在生产实践中结合消费者在区域上的一些体型特征差异以及着装习惯的不同，来调整企业自身的产品规格尺寸。

二、毛皮服装工业制板应用实例

1. 例一：全毛皮服装

较合体风格的全毛中长大衣，衣身和袖身上有不规则的锯齿形分割将整个服装分为三段，上、下两段用口羔毛，中间用兔毛，不同质感的毛皮在锯齿形分割线处进行拼接。款式图如图 9-1。

图 9-1 全毛皮服装款式图

在结构处理上，选用纵向的分割线，如背缝和前后衣身的公主分割线来消除腰部的松量和衣身的浮余量，以达到令服装收身合体的效果。横向锯齿形的分割线为装饰性分割线，拼接不同质感的毛皮材料。这种拼接分割的设计不仅仅是款式的造型，也取决于所使用的动物毛皮的皮张大小，这种分割的设计既可以充分利用动物毛皮，也能达到不同凡响的设计效果。全毛皮服装是用毛皮机进行缝制加工的，根据毛皮服装的加工特性，通常全毛皮服装样板的放缝量很小，仅为 0.2～0.3 厘米。

以此款作为内销服装介绍其工业制板的过程。工业化批量生产的过程中，设计纸样是以中间号型为依据制作的，其他号型是以中间号型为基准进行推板得到的。根据内销服装的制板习惯，该款式的规格尺寸设计可参见表 9-3。对毛皮服装进行规格设计时应当充分考虑毛皮材料的厚度对穿着舒适性的影响，一般随着材料厚度的增加，胸围的放量比常规服装的放量要略大一些，才能减少由材料厚度引起的穿着时的拘束感。

表 9-3 基准码规格尺寸表

单位：cm

基准码	(后中)衣长 L	胸围 B	腰围 W	臀围 H	领围 N	肩宽 S	袖长 SL	袖口 CW
M	75	98	84	106	38	40	60	14

结构设计要点：

衣身结构平衡采用箱-梯型相结合的平衡方式，简言之，有约 1 厘米的前衣身浮余量用下放的形式消除，约 2.5 厘米前衣身浮余量转入肩部分割线，还有少量浮余量做为袖窿松量消除；关于后衣身的浮余量，约有 1/3 左右转入到肩部分割线，剩余 2/3 浮余在袖窿做为松量。根据 GB 1335—97 服装号型标准，我国女体基准码的前腰节长度为 41 厘米，袖窿深看根据其与胸围的回归关系计算得到，如约为 $96 \times 0.2 + 3 + 2 \sim 3 = 25$ 厘米，再由腰围线和臀围线的距离等一些细部制图参数，可得到结构制图的基础线，参见图 9-2。

在后衣身上取肩宽、开大基础领窝，确定后背缝、侧缝线，画后衣身的轮廓线，再根据后衣身公主分割造型画分割线；取前肩长 = 后肩长，确定侧缝线、叠门线，以及装领位置，画前衣身的轮廓线，再根据前衣身公主分割线造型画分割线。注意保留待处理的衣身浮余量。衣身结构设计

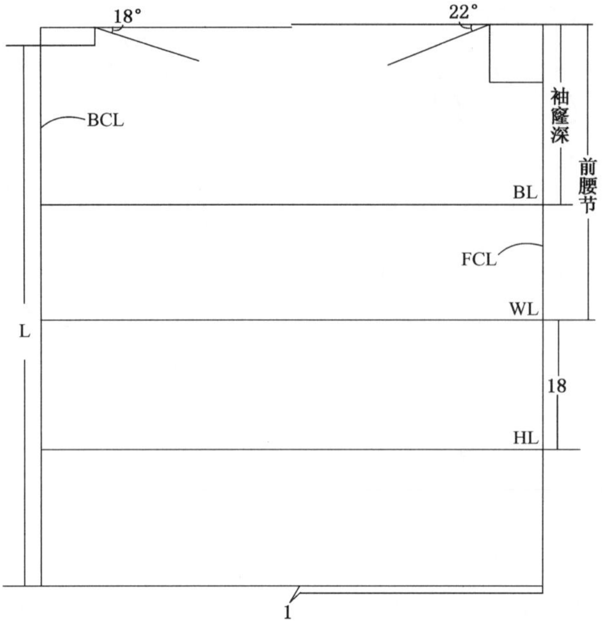

图 9-2　衣身基础线

时还应注意工业化服装生产中“胸围做小”、“腰围做大”的生产误差，制板师要能根据生产工艺的特点来调整胸围和腰围等数值，以提高成品的质量。衣身结构线的设计可参见图 9-3。

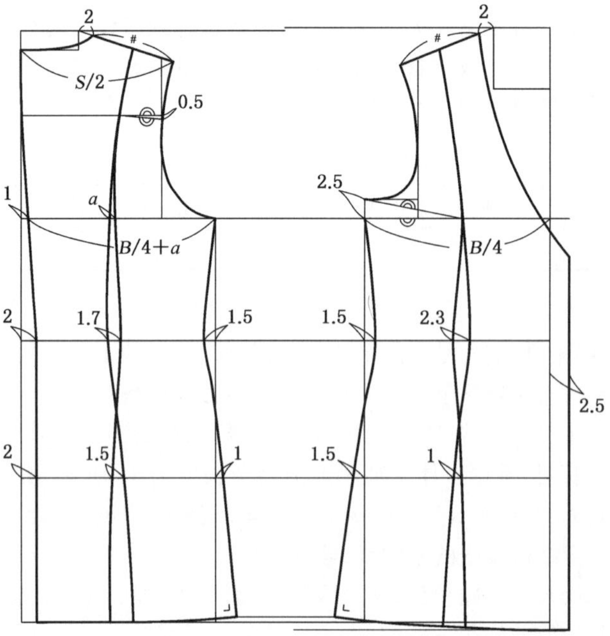

图 9-3　衣身结构线

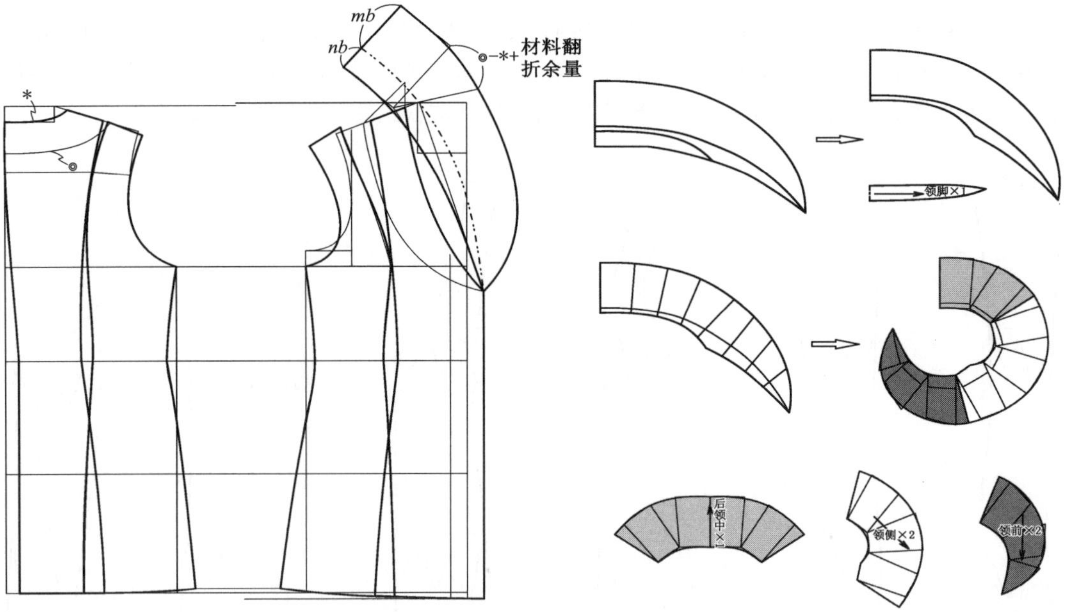

图 9-4 衣领结构制图与变化

分别将前、后衣身的浮余量转入到肩部的公主分割线内。在前衣身颈肩部位进行衣领结构设计，首先设计波浪领的基础领型，该基础领型可确定为领口翻折线为弧线型的青果领。得到基础领后在后领和颈侧部位做领身分割，即俗称“挖领脚”，分别对翻领和领脚进行结构变化，即在分割线处去除一定量，以得到合体的翻领结构。最后对翻领部分进行波浪展开的变化，再依据毛皮材料的特点对其做分割处理，既节省毛皮材料，又富于变化。由于领身被分割成几部分，拼接时应考虑毛向的延续性，其丝绺线的方向需根据毛皮材料本身的特点而定。结构制图及变化过程可参照图 9-4。

以衣身上的袖窿形状为依据进行衣袖的结构设计，前后肩点连线的中点，向袖窿底点水平线做垂线，取该垂线的 4/5 ~ 5/6 为袖山高，此为贴体风格的袖山高取值。从袖山高点分别向前后袖窿方向引袖山斜线，落于袖窿底点的水平线，取前袖山斜线 = 前袖窿弧线-调节量 a，后袖山斜线 = 后袖窿弧线 + 调节量 b，调节量 a、b 的大小视袖山缝缩量（俗称吃势）而定，分别帮助调整前、后缝缩量。袖山缝缩量的大小和面料的缝制性能以及袖山的造型密切相关，制板人员应熟练掌握袖山与袖窿结构的配伍关系。衣袖的结构制图可参见图 9-5。

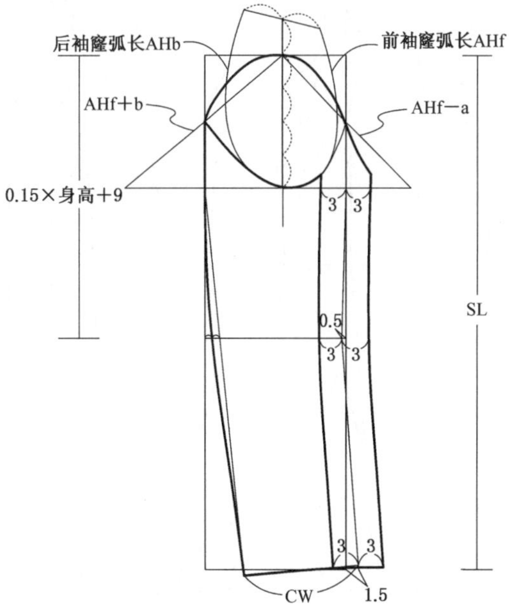

图 9-5 衣袖结构设计

最后根据整件服装衣身和袖身上的锯齿形分割对衣身样片和袖身样片进行分割造型，见图9-6。在最终确定的锯齿形分割线处分割样片，标注样片名称、丝绺线和对位记号等信息，根据该款式的加工特性，加放0.2～0.3厘米的缝份，即得到该款式的工业样板，如图9-7。

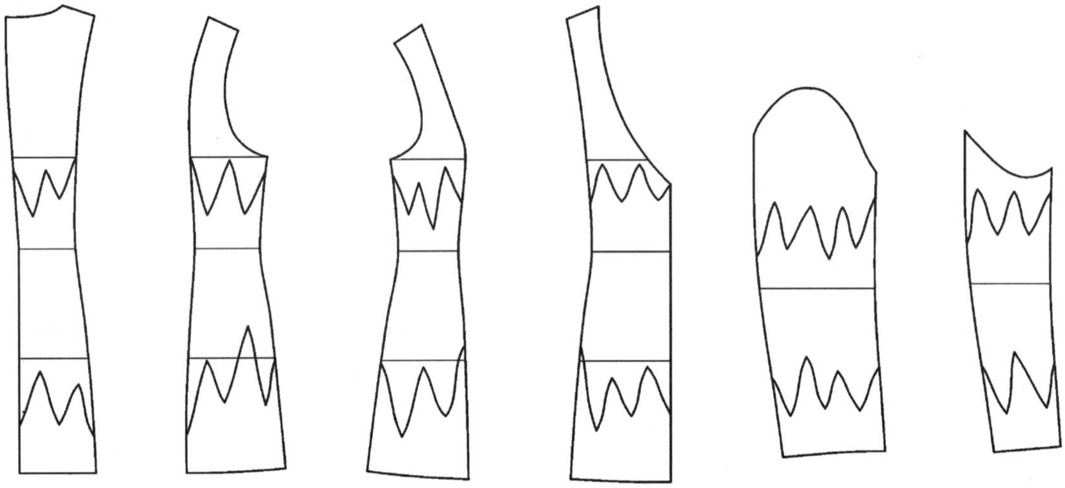

图9-6 锯齿形分割造型

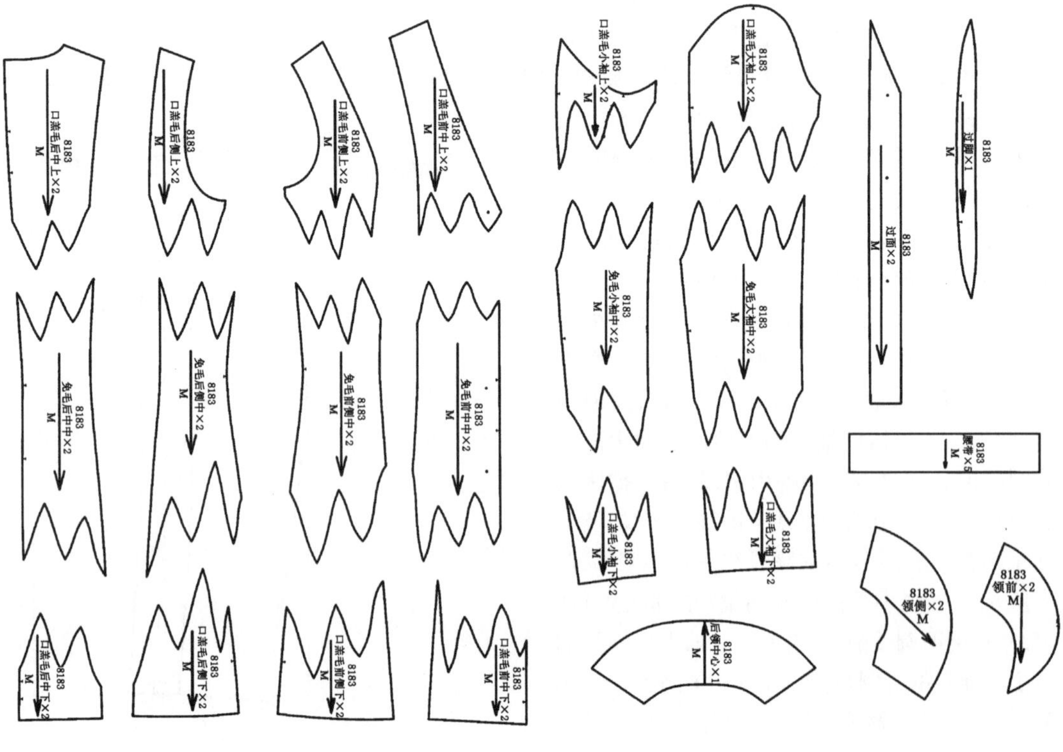

图9-7 工业样板(毛样)

2. 例二:毛皮饰边女裤

较贴体风格的牛皮长裤,裤身从内侧向外侧设计了分布均匀的斜向分割线,裤脚部位在裤片分割中加入了三条白色毛皮饰边,让裤装倍显灵动的韵律,充满青春朝气。款式图如图 9-8。

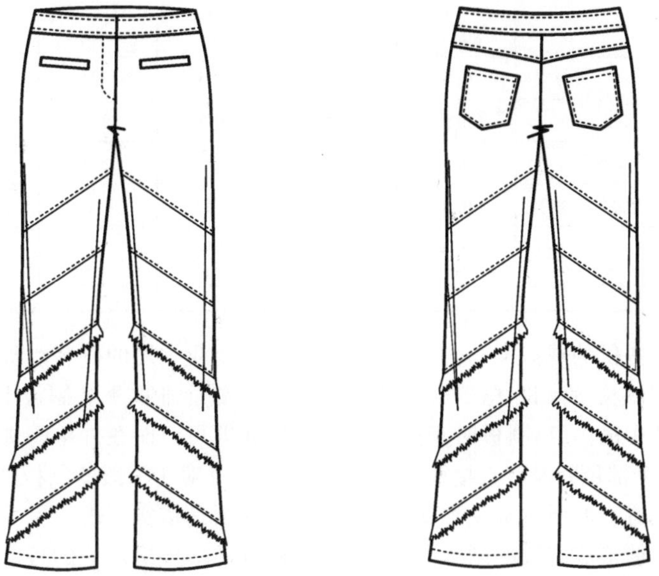

图 9-8

以此款作为外销服装介绍其工业制板的过程,其纸样设计仍以中间号型为依据,其他号型是以中间号型为基准进行纸样缩放(也称工业放码)得到。该外销裤装的规格尺寸表可参见表 9-4。

表 9-4 规格尺寸表 单位:cm

部　　位	误差 -	误差 +	S	M	L	XL
腰围(沿上口测量)	1	1	69	73	77	81
腰　宽	0.2	0.2	4	4	4	4
臀围(从裆底向上 7.5 cm 处)	1	1	90	94	98	102
大腿围(裆底处测量)	1	1	55	58	61	64
中档位置(从裆底向下测量)	0	0	28.5	30	31.5	33
膝　围	1	1	38	40	42	44
脚　口	1	1	42	44	46	48
裤内缝	0.5	1	68	70	72	74
前浪(从腰上口测量)	0.5	0.5	22.5	23.5	24.5	25.5
后浪(从腰上口测量)	0.5	0.5	31	32	33	34
前单嵌线袋距装腰线的距离	0.5	0.5	4.5	5	5.5	5.5
前单嵌线袋距侧缝的距离	0.5	0.5	3.5	4	4.5	4.5

（续 表）

部　　位	误差 -	误差 +	S	M	L	XL
约克在后中的宽度	0.5	0.5	5.5	6	6.5	6.5
约克在侧缝的宽度	0.5	0.5	3	3	3	3
后袋袋口到约克的距离	0.5	0.5	3	3	3	3
后袋袋口宽	0.5	0.5	11.5	12	12.5	12.5
后袋总高	0.5	0.5	11.5	12	12.5	12.5
门襟长（装腰线到门襟线的底端）	0.5	0.5	13	13.5	14	14
门襟宽（门襟线到门襟边缘的宽度）	0.2	0.2	4.1	4.1	4.1	4.1
裤脚折边缝宽度	0.2	0.2	2	2	2	2
拉链长（门襟处实际可拉合的长度）	0.5	0.5	12	12.5	13	13

根据国外客户提供的规格尺寸表进行制板，与内销企业常用的裤装制板方法有较大区别。主要的区别体现在裤长、直裆和总裆宽这三个部位，在内销企业的裤装制板中，这三个部位尺寸本身就是规格尺寸中的内容，制板时直接采用规格尺寸即可。而在外单的规格尺寸表中，对照表9-4可知，这三个部位并没有直接提及，缺少这三个尺寸对于一般的制板师而言，在最初根据外单的规格尺寸表进行制板时难免不知所措，需要反复测量核实制板的尺寸，不仅花费时间而且难于将积累的经验形成有效的制图方法，下文将针对外单规格尺寸的特点，介绍外贸裤装的制板方法，希望能够抛砖引玉，对业内人士有所帮助。

观察和分析外单的规格尺寸表，虽然没有直接给出裤长、直裆和总裆宽这三个数据，但对照裤装的结构图，不难发现可以通过其他部位的数据得到相关的信息。如外单规格尺寸表中的前浪和裤内缝结合起来可以控制裤长，通过前浪即可控制直裆，而大腿围和半臀围的差值可看作总裆宽。

根据以上的分析，进而讨论一下外贸裤装的结构制图要点。

（1）总裆宽及前、后裆宽的分配

大腿围与半臀围的差值可被看作总裆宽，但在应用时应注意，需在这一差值上增加1～1.5厘米的调节量。如图9-9所示为大腿围、臀围及总裆宽的关系。由图中可知：

$$\text{前裆宽} + \text{后裆宽} = (\# + a) + (* + b) - [(H/4 - 1) + (H/4 + 1)]$$
$$= (\# + *) - H/2 + (a + b)$$

其中（# + *）为大腿围，（a + b）即为调节量，根据经验可知（a + b）约为1～1.5厘米。

前裆宽与后裆宽的分配一般为：前裆宽∶后裆宽 = 1∶2。

（2）直裆的确定

根据前文的分析，确定前裆宽后，可以先画出HL到横档线BR间的一段前裆弧线，并测量其长度标记为△，用前浪 - △ + 前中心处腰围的下落量m（见图9-9），即为基础线WL的位置，前中心处腰围的下落量m根据裤装风格的不同取值亦有所变化。

把握住总裆宽和直裆的确定，即是抓住了外贸裤装制板与内销裤装制板方法的差异，具体的制图步骤可参考如下：

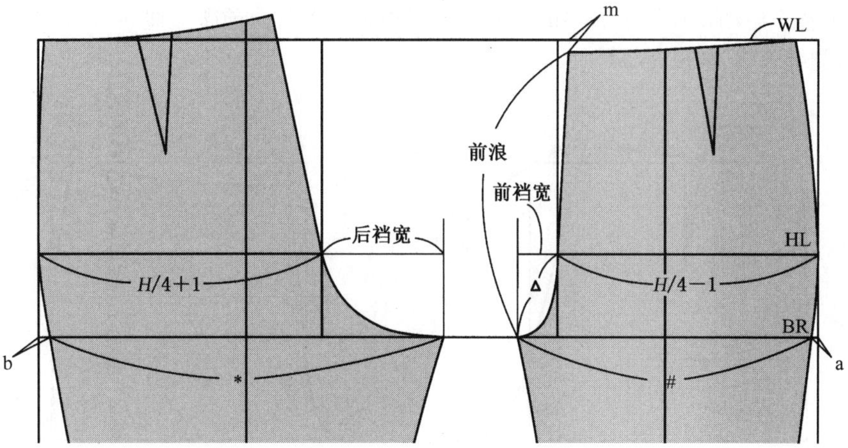

图 9-9 大腿围、臀围和总裆宽的关系

(1) 前上裆部分的结构制图

以前裆底点为起点开始制图。根据表 9-4 外单规格尺寸表中的数据,和相关的结构要点分析,计算出前裆宽,再由裆底向上 7.5 厘米处确定 HL,取前臀围 H/4 - 1。画出 HL 到横档线(BR)间的前裆底弧线,并测量其长度,前中心线向内收进 1 ~ 1.5 厘米,根据前浪的数据可确定前裆倾斜线与腰围上口的交点,如图 9-10(1)。由该交点向上取腰围下落量,确定腰围基准线 WL 的位置。根据臀腰差,以及该裤装的款式造型,可先确定侧缝处的去除量,再由中心侧向侧缝画出腰口弧线造型,并测量前腰口弧线的长度,标记为 *。侧缝处以 HL 部位最为饱满,画侧缝弧线,如图 9-10(2)。

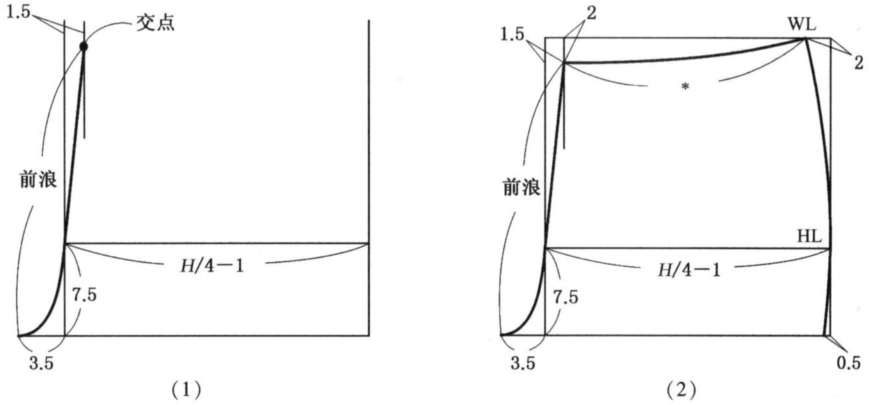

图 9-10 前上裆部分的结构制图

(2) 后上裆部分的结构制图

以后裆底点为起点,参照前片确定后臀围大 H/4 + 1。画出 HL 到横档线(BR)间的后裆底弧线,并测量其长度,根据裤装的款式风格取后裆倾斜角 15°,即后中心线的偏移角度,结合后裆底弧线确定整个后裆弧长等于后浪的长度。取后腰围 = W/2 - 前腰弧线 * + 省道(1.5)，画后腰口弧线，侧缝弧线，如图9-11。

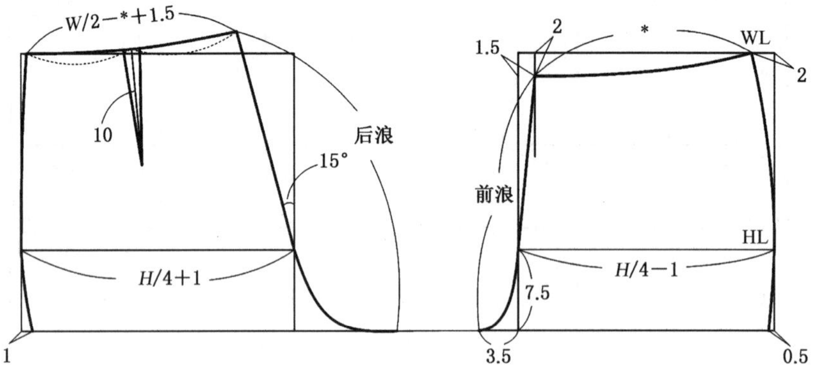

图9-11 后上裆部分的结构制图

（3）裤身部分结构制图

取前横档宽的中点做垂线为前烫迹线，垂线在横裆线（BR）以下的长度为70厘米，取横裆线以下30厘米处为中裆线，分别取前中裆宽和脚口宽，画顺裤身轮廓线，注意内裆缝处略向内收，检验内裆缝的长度。取后横档宽的中点向侧缝偏移1厘米为后烫迹线，分别取后中裆宽和脚口宽，画顺裤身轮廓线，内裆缝处向内收进，检验前、后内裆缝的差值，可通过后裆底点下落来调节前、后内裆缝的差值，调整时需注意后浪长度及大腿围的细微变化。结构制图可参见图9-12。

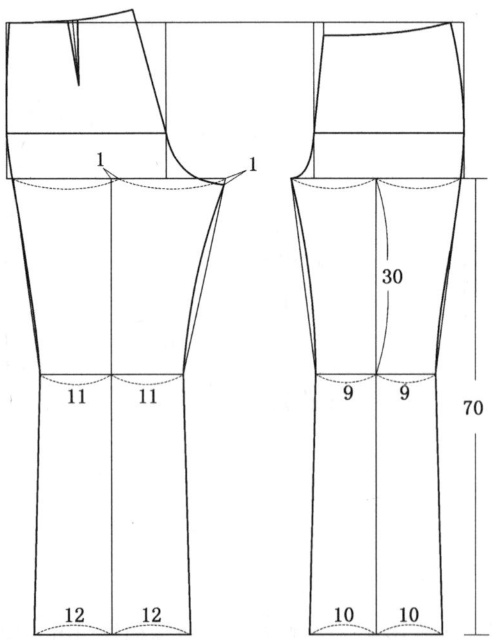

图9-12 裤身部分结构制图

（4）部件制图及分割线造型

如图9-13，分别在前、后片结构图上截取腰宽，在后片分割约克造型，如图相关的尺寸确定前、后袋的位置及大小。裤身上由内侧向外侧做斜向的分割线。

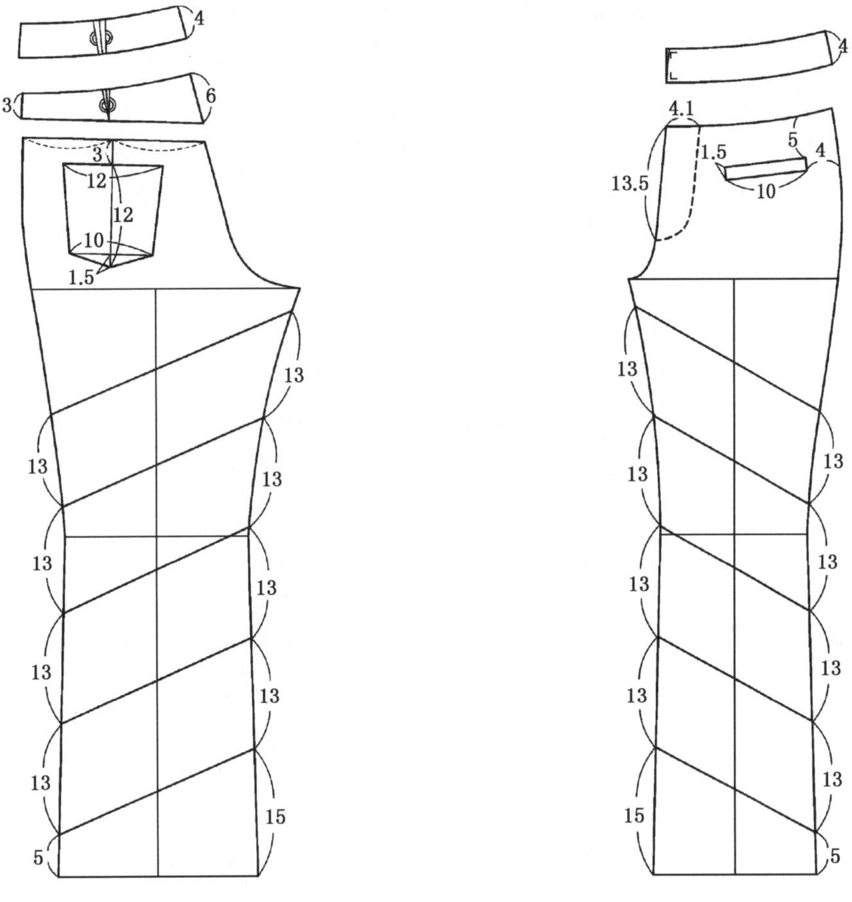

图9-13　部件制图分割线

（5）工业样板制作

将后腰和约克的省道关闭，后腰在后中心线处对称生成整片后腰。根据门襟造型配门襟和里襟样板，根据右前腰加上里襟的宽度生成左前腰样板。取后袋造型、前袋嵌条生成样板。根据裤身分割线将裤身分割生成样片，每一个样片上都要标注相应的样片信息，如：材料名称、号型、款号（企业对客户订单产品的编号）等，此例的款号在图中省略，样板生成可参见图9-14。

图9-14所示的工业样板为净样板，在实际生产中需根据工艺特点进行放缝，皮革材料服装的放缝和梭织面料的放缝方法大致相同，本书从略。裤脚部位的毛皮饰边，采用狐狸毛，沿动物脊背方向裁割0.5厘米宽的皮板，缝在相应的分割线中即可。

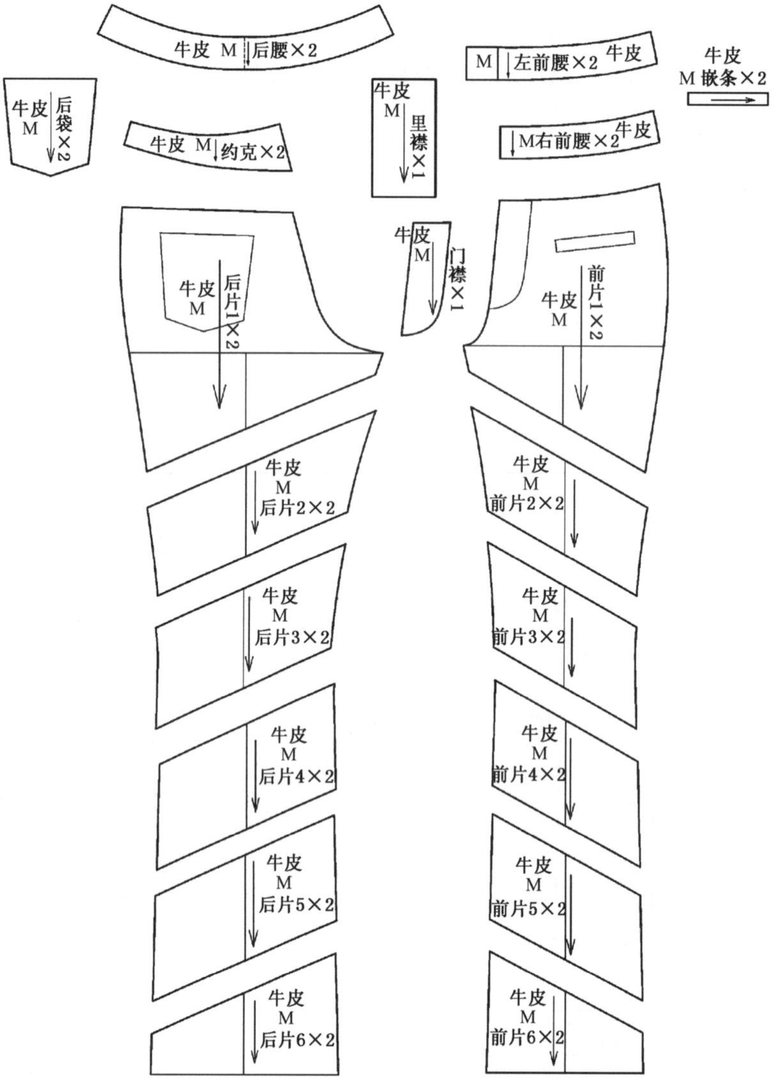

图 9-14 工业样板

三、毛皮服装工业推档应用实例

1. 服装工业样板推档的方法

在服装批量生产的过程中,纸样的设计是以中间号型为依据制作的,所以还需要以中间号型为基准进行推板,从而得到各规格的系列样板。推板是针对各个号型将基础纸样展开的制作过程,也称为工业纸样缩放。

在我国 GB 1335—97《服装号型》中规定了上装的推档采用5·4 系列,下装的推档采用5·4 系列或5·2 系列,其中“5”是指身高的档差,“4”和“2”是指胸围或腰围的档差。企业中号型规格的设置和产品的种类、销售地域、生产规模等都有关系,一般而言企业在遵循国家相关标准的基础上，根据自身的特点都形成适合自身产品的档差规格，推档时按照档差规格的设计进行纸样的缩放，生成系列工业样板。

目前国内企业应用较多的推档方法为点放码，即把样板看作基础图形，图形各端点被视为图形特征点，在图形上设定一个原点，根据服装推档的缩放规律，图形特征点相对于原点在 X 和 Y 方向上发生位移，用原图形的近似形状连接新特征点。推档过程中要保证服装的造型特征不变，相关结构线的匹配关系不变。根据各服装款式的特征，具体的推档操作方法也有所不同。鉴于毛皮服装受动物毛皮大小的限制较大，对于分割较多，且分割线造型不规则的款式而言，衣身样片琐碎，单个样片无法表征服装的款式特征。因此，必须先将分割的衣片合并成完整的衣片结构，对整体衣片结构轮廓线的特征点进行缩放，然后再根据分割线的造型按比例对衣身进行分割。虽然操作较为繁琐，但对服装造型的把握最为有效，技术精准度高。

随着计算机辅助（CAD）技术在服装工业中的应用，CAD 技术为服装的工业化生产起到了推波助澜的作用。服装 CAD 从上个世纪 70 年代起步，发展至今。在国内服装 CAD 也已进入普及阶段，很多中小型企业都购买了适合自身发展状况的服装 CAD 软件，其中推板这一模块可谓是企业应用最广，软件效益最为突出的模块。应用服装 CAD 软件进行推档其基本操作原理和手工点放码的原理一致，但工作效率是手工放码无可比拟的。涉及到分割衣片的推档，先整体推档再按照比例进行分割，用服装 CAD 软件实现这一推档过程是相当便捷的。在点放码的基础上，有些软件还开发了“线放码”的功能，形象地讲，线放码的原理是在样片上设计切开线，根据样片尺寸规格的放缩量设定切开线的切开量，完成样片图形的推档。切开线放码能够最大限度地保留样片端点的形状，从而确保各规格样板的造型特征不变。线放码关注样片图形的绝对变化量，和图形的原点以及特征点的坐标没有关系，因此无论样片是什么形状，只要知道其在长度和宽度方向的绝对变化量，就能对其进行推档。

2. 点放码实例分析

以毛皮服装工业制板应用实例一为例，介绍不规则分割衣片的点放码方法。

首先确定该款式各规格部位的档差，按照 5 · 4 系列进行推档，“5”代表身高的档差为 5 厘米，“4”代表胸围的档差为 4 厘米，由此进一步计算各规格部位的档差如下，见表 9-5。除了这些主要部位的档差，在实际操作的过程中还会涉及到一些细部规格档差，也要根据细部规格与“号”或“型”的比例关系确定其档差值。

表 9-5 主要规格部位档差 单位：cm

规格 项目	（后中） 衣长△L	胸围 △B	腰围 △W	臀围 △H	领围 △N	肩宽 △S	袖长 △SL	袖肥 △AW	袖口 △CW
档差△	2.5	4	4	4	1	1	1.5	1	0.5

点放码在推档过程中要先确定推档的原点，根据原点确定其他各图形特征点的相对变化量，用 x、y 坐标变化来表示图形的变化规则，最后用与原图形相近的线条将新的特征点进行连接。

（1）衣身的推档

针对不规则分割样片进行推档，必须先将分割的样片合并复原成具有显著推档特征的完整样片进行推档。以后衣身为例，将上、中、下三个部分合并成完整的衣身后进行推档。后中片的推档原点确定为后背缝和 BL(胸围线)的交点,BL 以上的变化量为袖窿深的变化量,袖窿深的档差一般是根据袖窿深与衣身胸围的关系确定,由样板师把握,本文取袖窿深的档差为 0.7 厘米,腰节和背长的档差取 1 厘米,后公主分割线的造型位置约在肩线中间部位,向下延伸至衣摆,在分割线延伸过度的过程中,从 BL 到衣摆约将整个后衣身的宽度两等分,因此要依据所参照的部位确定分割线在不同部位的档差。下摆的纵向档差由 △L - △ 袖窿深 = 2.5 - 0.7 = 1.8 厘米。衣身总体推档图可参见图 9-15,为了便于说明和观察样片变化,图中只列举了三档样片的图形。衣身上锯齿形分割线的造型按照衣身整体的变化量按比例进行缩放,保证原造型基本不变。完成整体衣身的推档后,将各档各衣片拷贝取片,并加放缝份,标注对位记号和样片信息等,制作成规格齐全的全码工业样板。

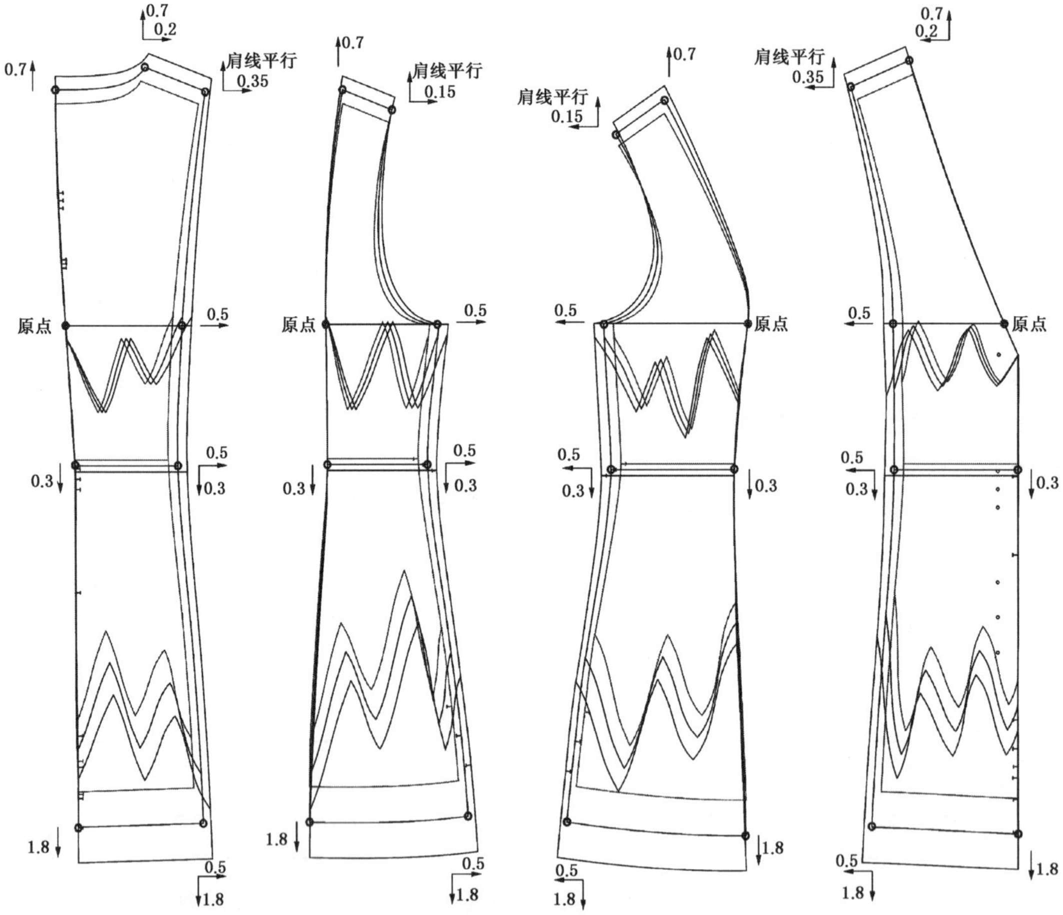

图 9-15　衣身推档叠图

(2) 衣袖的推档

如图 9-16 确定大、小袖片的推档原点。根据大、小袖的分割比例,确定大袖袖肥和袖口的档差为 0.6 厘米,小袖袖肥和袖口的档差为 0.4 厘米。袖山高的档差取 0.5 厘米,衣袖的推档图可参考图9-16。按照图示数据进行推档后，要注意检验推档后各档样片的袖山弧线与相对应的袖窿弧线的匹配关系，即袖山缝缩量是否不变，若袖山缝缩量变化较大，会影响袖山的造型，缝制中会出现弊病。可通过调整袖山高的档差来调整袖山与袖窿的配伍关系。袖口推档时要注意沿袖口线的方向推。锯齿形分割线按照其在衣身上的造型比例进行缩放，保证原造型基本不变。分别对各档各衣片进行取片、放缝、信息标注等制作成全码的工业样板。

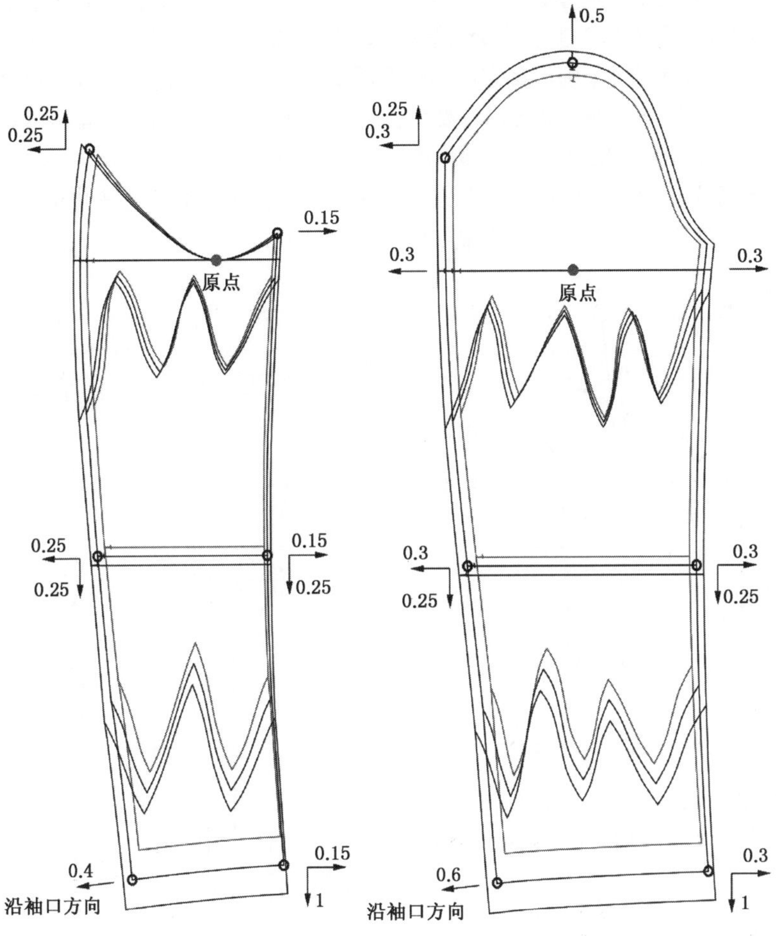

图9-16 衣袖推档叠图

（3）衣领等部件的推档

衣领等其他部件的推档需参照衣身或衣袖相关部位的变化量确定档差。如衣身领窝的实际变化量，决定衣领装领线的档差，进而决定领脚与翻领缝合线的档差；挂面的推档需参照衣身前中心门襟的变化，一般挂面的宽度不变，长度随衣身长度的变化而定；腰带的长度需根据腰围的档差确定，腰带的宽度一般不变。具体的推档图从略。

3. 线放码实例分析

和点放码不同，线放码关注相邻图形特征点间的绝对变化量，以此作为该部位的档差进行缩放。线放码不受样板形状的限制，特别适合不规则样片的推档。参照表9-5的数据，用线放码的方法实现该全毛服装的工业样板推档。

(1) 衣身的推档

如图9-17对后中片及后侧片设计切开线，其中切开线①、②、③、④、⑤为纵向切开线，控制衣片围度方向的变化量；切开线A、B、C、D为横向切开线，控制衣片长度方向的变化量。图形特征点1和2间的绝对变化量即横偏移量受领围控制，实际变化量为领围档差的1/5，则确定纵向切开线①的切开量为0.2厘米；图形特征点2和3的绝对变化量为$(\Delta S/2-\Delta N/5)/2=(0.5-0.2)/2=0.15$厘米，则可确定纵向切开线②的切开量为0.15厘米；切开线①和②的切开量之和为0.35厘米，而后中片在胸围、腰围以及下摆部位的档差为0.5厘米，纵向切开线③是为了补足后中片在胸围、腰围以及下摆部位的变化量，因此其切开量为$0.5-0.35=0.15$厘米；切开线④和②意义相同，切开量为0.15厘米；图形特征点5和6的绝对变化量为$\Delta B/4-\Delta S/2=1-0.5=0.5$厘米，即切开线⑤的切开量为0.5厘米。

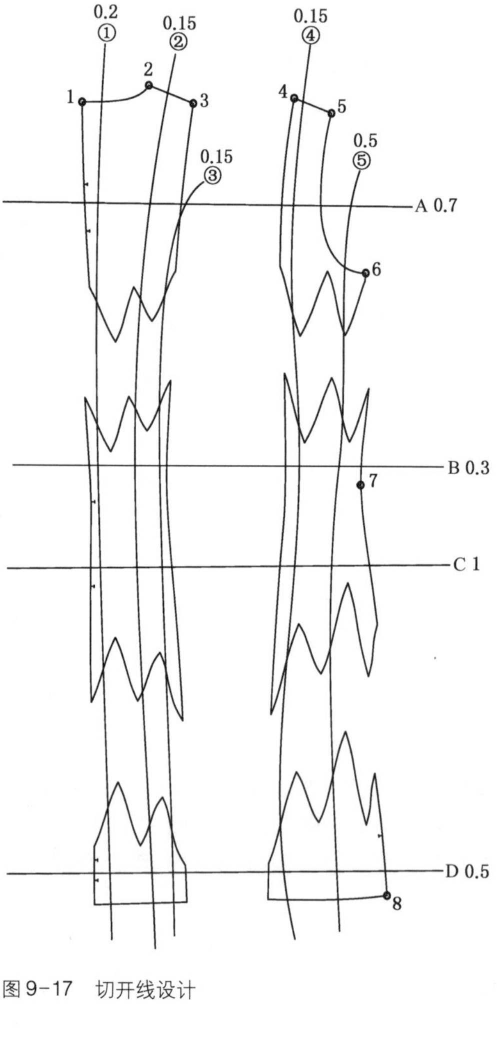

图9-17 切开线设计

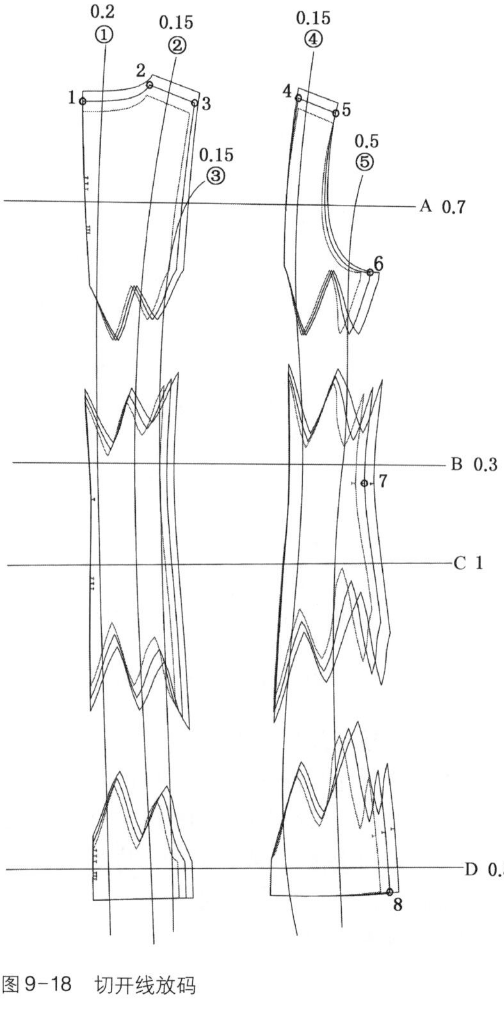

图9-18 切开线放码

横向切开线 A 控制袖窿深的变化量,因此其切开量为袖窿深的档差 0.7 厘米;图形特征点 6 和 7 间的绝对变化量为 △ 腰节 - △ 袖窿深 = 1 - 0.7 = 0.3 厘米,横向切开线 B 分别通过后中和后侧衣身的中间样片,可以同时控制两个样片加入切开量;横向切开线 C 和 D 的切开量之和应为 △L - △ 腰节 = 2.5 - 1 = 1.5 厘米,根据中间样片和下部样片的大小比例关系,将总变化量 1.5 厘米分为切开线 C 和 D 两个位置加入,切开线 C 和 D 的切开量分别为 1 厘米和 0.5 厘米。

根据以上各切开线的设计原则以及切开量确定方法的分析,经服装 CAD 软件推档后,可得到如图 9-18 所示的样片推档图。

参照后衣身对前衣身设计切开线,最后的推档图如图 9-19 所示。

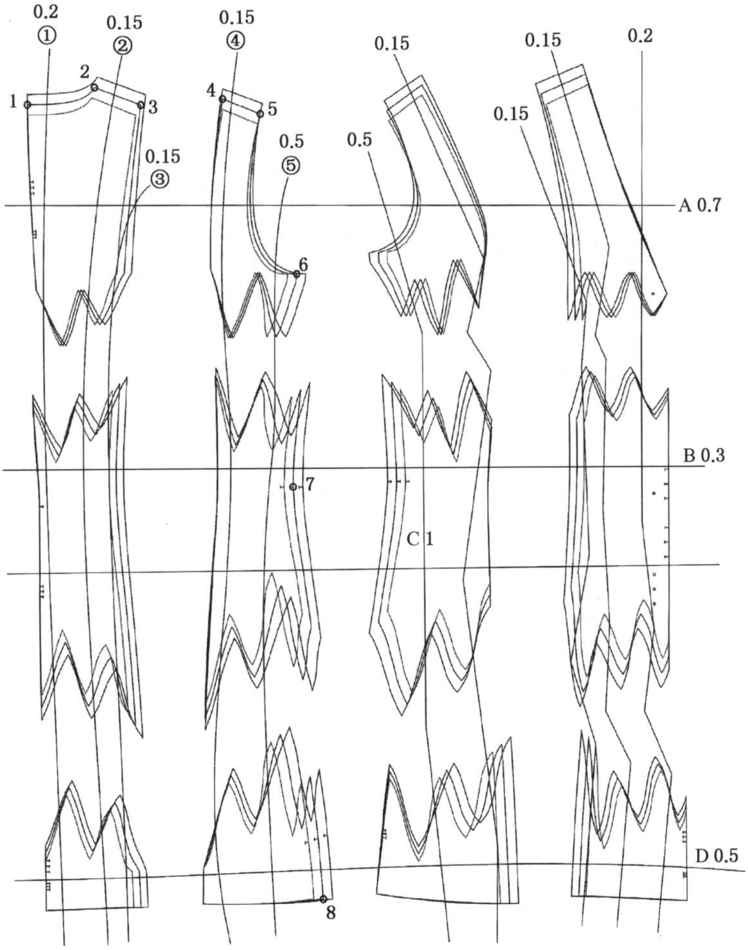

图 9-19 衣身线放码叠图

(2) 衣袖的推档

根据袖长、袖肥、袖口各部位的档差,以及大、小袖片分割的比例关系,衣袖的切开线设计如图 9-20 所示,并可观察推档后的样片叠图。

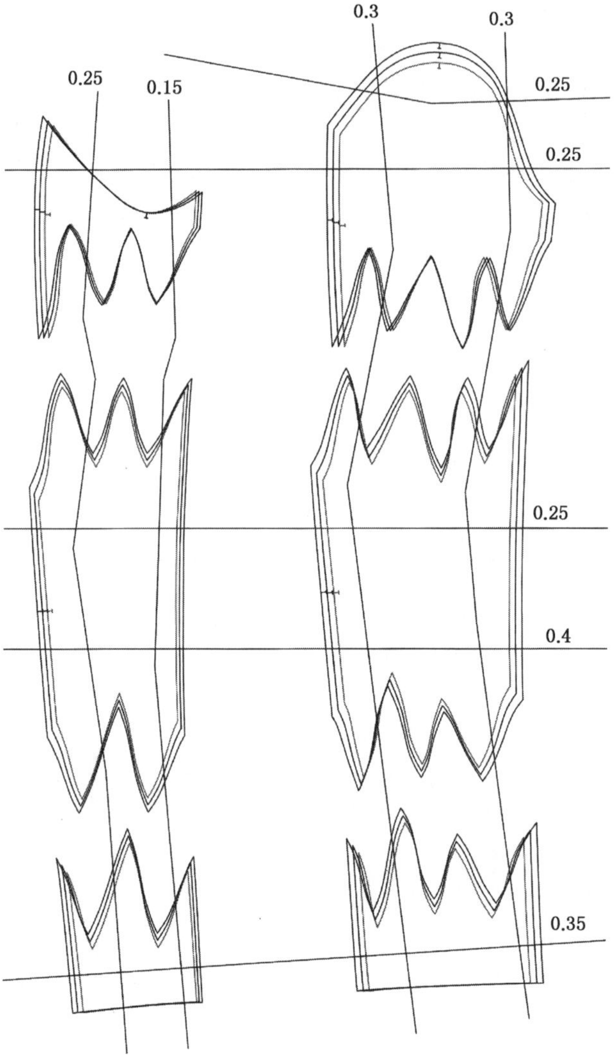

图9-20 衣袖线放码叠图

（3）衣领等部件的推档

衣领等其他部件的推档需参照衣身或衣袖相关部位的变化量确定档差。如衣身领窝的实际变化量，决定衣领装领线的档差，进而决定领脚与翻领缝合线的档差；挂面的推档需参照衣身前中心门襟的变化，一般过面的宽度不变，长度随衣身长度的变化而定；腰带的长度需根据腰围的档差确定，腰带的宽度一般不变。具体的推档图从略。

4. 工业制板推档方法分析

点放码方法在企业中应用较为广泛，易于学习和掌握，但对于款式复杂，分割较多的样片，有些图形特征点的档差很难确定，而且操作非常繁琐，一般必须先将分割衣片合并成缩放特征较为显著的基础衣身，推档后再分别将各档各个样片进行取片复制，工作量较大。

服装 CAD 技术的发展为线放码技术的应用开拓了天地,与点放码方法相比,线放码的计算量明显较小,而且最优越的特性体现在线放码不受图形的限制,任何图形只要知道长度和宽度方向的绝对变化量就可完成推档,因而款式适用性强。切开线可以对多个样片进行控制,对于分割较多的样片也可以一步完成推档的工作,大大提高了工作效率。虽然线放码技术依托于服装 CAD 技术来实现,但 CAD 技术在服装企业的应用是企业与国际接轨的必由之路,是企业在样板技术方面综合竞争力的体现,因此线放码技术的应用普及可谓拭目以待。

第十章 毛皮配饰和家居产品的设计和制作

人类使用毛皮配饰和家居产品的历史由来已久,似乎毛皮与人类有着天然的亲和力,它柔软的质感和绵绵的暖意使人身心愉悦,它的光泽和肌理使人感觉舒畅。毛皮动物的养殖也为更多领域大量使用毛皮提供了可能,而今毛皮时尚产品已经融入人们生活的方方面面。从身上穿的戴的,脖子上围的,手中拿的,到家里摆放、陈列的,毛皮无处不在。在每年的国际服装展览会和家具博览会上,都有设计师们设计的精美毛皮产品,向大众传递着一种最新潮的生活概念。毛皮成为了传统家居产品材料的替代品,在人们生活的每个环节,无论是浴室、饭厅、书房、化妆间还是卧室,现代毛皮产品都以其不同的形态全面涉入。

第一节 毛皮配饰

早期的毛皮配饰产品仅限于各类手笼、手袋、披肩和帽子等传统的款式。如今，伴随着个性化、多样化的时尚潮流与趋势，毛皮配饰产品的设计已登陆时尚舞台，且来势汹汹。如今，在传统毛皮配饰产品的基础上，采用全毛皮或是运用毛皮的边角材料，与普通服装衣料相结合，设计出与服装相搭配的毛皮配饰产品。这类产品不仅带来整体装扮的系列感，而且还产生整体的配套感和艺术感，同时使得现代毛皮的新工艺、新方法得以广泛的运用，赋予了毛皮配饰产品以更加璀璨的生命力。

在进行毛皮配饰的单品设计时，设计师可不必考虑与其他服装相配套的问题，设计时就相对较少受到具体服装的制约。而针对某一具体服装进行毛皮配饰产品的搭配设计时，设计师则需要在材料的选配、特殊工艺的细节处理等方面，尽可能地保持与服装的一致性，尤其是要把握住服饰风格的一致性。

关于毛皮在配饰产品中使用的大小比例以及摆放位置等问题，均可参考具体配饰的特点，按照毛皮饰边服装的设计方法进行。同样，还可以运用设计思维、设计技巧，将毛皮配饰产品转换成多样化的、多功能的产品设计。

一、毛皮配饰的类别

常见的毛皮配饰产品主要有：包袋、帽饰、围巾、披肩、头饰、腰饰、鞋靴、手笼、手套、护耳及胸饰等。

1. 包袋

包袋是使用最为广泛的配饰之一。种类繁多，包括各种类型的手袋、挎包、背包、腰包和提包等，不仅具有功能性，其审美价值也越来越受到重视，且远远超过了实用功能。加之名牌效应有效的融入，著名品牌手袋的美观大方，质量优良，价格高昂，也使毛皮常常成为设计师们衷爱的表现材料（图 10-1）。

图 10-1 著名品牌毛皮饰边手袋

2. 帽饰

帽饰是最能完美体现服装整体美感、艺术风格及服装品位的配饰。在高级时装发布会上，设计师常常用夸张、突出的帽饰来为服装增添精彩的一笔亮色。帽饰设计大都以单品形式出现，当然也要考虑与服装风格协调搭配的问题。帽饰的造型和用途多样，使用毛皮制作的帽饰按款式特点来分，有贝蕾帽、鸭舌帽、钟型帽、三角尖帽、前进帽、青年帽、俄罗斯帽等（图 10-2）。

图 10-2　高级时装发布会上风格迥异的帽饰

3. 披肩、围巾

披肩、围巾可以说是最重要的毛皮配饰。披肩、围巾具有的神秘迷人的变幻力和特殊表现力，不同的披挂、打结、缠绕形式能为使用者增添特殊的效果。因此广受大众喜爱，不分男女老幼，人人都用之。披肩和围巾也是毛皮材料最佳的载体，不仅能满足保暖的实用性和美观的装饰性，而且有一定的表现面积，设计师可以采用全毛皮和毛皮饰边的各种工艺手法在这个平面上尽情发挥（图 10-3）。

图 10-3　由著名设计师们创造的表现力非凡的毛皮披肩和围巾

4. 头饰

头饰是在头上或头发上佩带的装饰。近年来,洛丽塔(Lolita)风格和波西米亚风格(Bohemian)的流行,使毛皮越来越多的出现在头饰上。用毛皮制成天真、浪漫的纯真风格或热情绚烂的民族风格的各类发箍、发夹、耳罩,不仅能表现时尚女孩可爱的一面又能显露出其成熟的魅力(图10-4)。

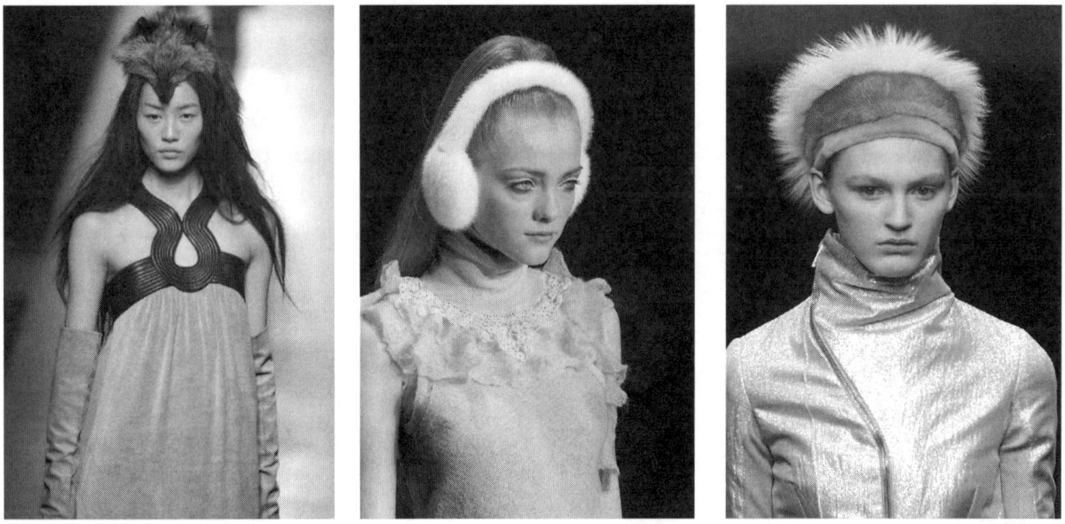

图10-4 百变魅力的毛皮饰品

5. 手套

手套是男女服饰中非常重要的内容,尤其是冬天必备的服装配饰。在寒冷的北方,常常以毛皮做里,皮革做面,设计制作出保暖性极佳的手套。采用皮革、针织品配合局部毛皮或整张毛皮设计制作的手套,也是既美观又保暖。

6. 腰饰

腰带是束于腰间或身体之上的起固定衣饰,装饰美化作用的配饰,它与服装一样有着悠久的历史,在服装中所起的作用也可想而知。在腰饰的装饰性越来越被重视的今天,各种材质都被设计师广泛运用于腰饰上。用皮条或碎料等非常少量的毛皮,穿于皮带或金属的腰链中做腰带的装饰。可表现出多种设计风格,表现出或俏皮的、或民族的、或狂放的不同个性。而高贵的腰饰也常运用貂皮来设计制作。

7. 鞋靴

鞋靴种类繁多,不同风格的鞋靴给人们更广阔的选择和享受,设计风格随服装的流行、社会观念、审美倾向、艺术形式等各种因素变化很快。现代鞋靴除使用传统的材料外,各种新材料也不断被设计师所采用,以使穿着的更加舒适性和美观性。在日常休闲服装日趋晚装化的潮流中,非常流行在足下、腿部做文章,饰面处、靴腰处或者是鞋后跟处,都成为了装饰的要点,特别饰以毛皮令足下生辉(图10-5)。

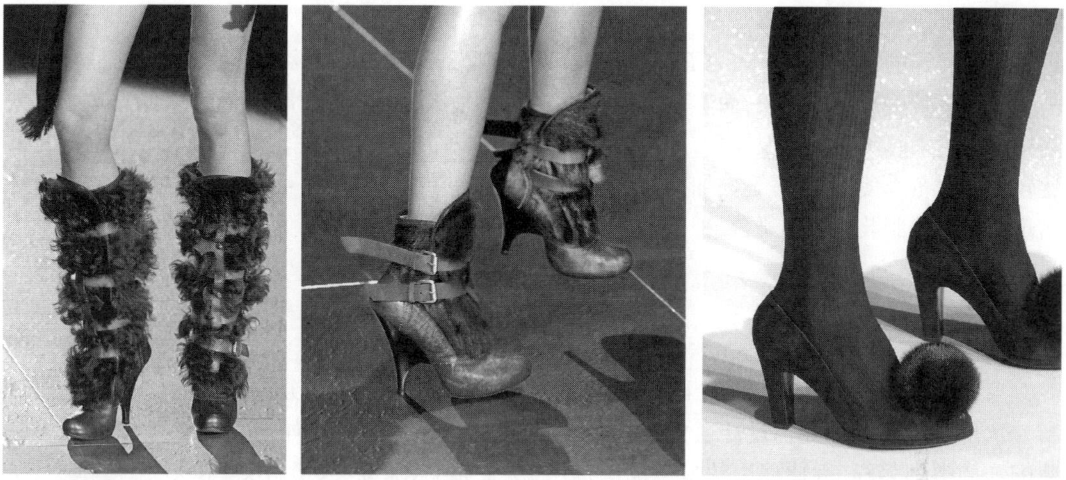

图 10-5 优雅含蓄的毛皮饰边鞋靴

8. 首饰

将少量毛皮与其他原料相结合,设计出前卫、潮流、可爱风格的项饰、耳饰、手镯、脚镯等,更加适合年轻时尚的品位。甚至在秋冬季的女士腕表上也出现了皮草元素,斯沃琪(swatch)曾推出一款驼色短皮草腕表,风格简练,成为搭配皮衣和毛皮服装的最佳选择。此外,近年来还流行用毛皮制作各式各样的毛绒手机挂件,绒绒乎乎,玲珑可爱。可见毛皮已融入了人们生活的方方面面。

二、毛皮配饰的特征

1. 象征性

从历史角度看,人们在不同社会和环境背景下穿着、佩带各种饰品,都有一定的含义,从多方面多角度体现出不同的象征性。现代社会各种毛皮配饰的发展,仍体现出一定的象征意义。虽然不再像古代那样明文规定毛皮的使用等级制度,但是用珍贵毛皮制作成的配饰仍然是品位和高贵的象征。象征富有就是一些人佩带饰物的心理特征之一。另一方面,历史承袭下来,毛皮的配饰还象征了一种民族、地域风格。毛皮材料自古被冠以野蛮的特性,一直以来挥之不去,自然成为波西米亚风格配饰的常用原材料。毛皮配饰的使用间接体现出人们的文化修养和精神面貌和艺术品位。

2. 时尚性

求新的心理使人们不断在传统基础上创新,任何一种新的风格和创新都会给人们带来兴奋和刺激,时尚潮流正是符合了人们的这种心理。现代社会的多元化发展,人们审美情趣也变得广泛而多变,而以配饰尤为突出。现代通讯技术和大众传播媒体的发展,使时尚潮流在最短的时间内在全球范围内传播。但民族传统和生活方式以及人们个性表达,使同一时尚风格经过传播后的渲染,带上各自独特的形式,在趋同中得到变异,在共性中获得个性。配饰的时尚性促使设计师不断推陈出新,用毛皮材质表现个性独特鲜明的时尚配饰。设计出符合大的流行背景下的配饰产品,满足人们的审美心理,从众心理。

3. 装饰性

服装配饰的起源动机是多方面的,从配饰所表现出的外观形态及装饰形式上看,是实用的需要导致了某些配饰的出现,而客观美感的存在及其对人们的感染力又导致了配饰的发展,使实用配饰越来越美观。时至今日,人们似乎对配饰的装饰性更为关注。传统观念认为毛皮配饰比较适合秋冬季使用,随着毛皮加工技术的发展,毛皮变的无比轻巧,毛皮以它的全新的多面性出现在四季的服装及配饰舞台,种类繁多,涉及面极广。

三、毛皮配饰的设计

(一) 材质搭配设计

毛皮配饰的一个共性是不论配饰的具体款式,都在外观上或部分或全部的使用了毛皮材料。这也决定了毛皮配饰设计通常会涉及到毛皮材料和其他材质如何合理搭配的问题。服装配饰的类别多样,因此使用的材质范围很广,从金属类、珠宝类、塑料类、木头类、皮革类、纺织面料类到绳带类都有涉猎。精彩的毛皮品种与丰富的材质进行搭配,产生无数种风格语言。如何选择恰当的材质搭配去表现设计师预想的风格效果,自然成为毛皮配饰设计的重中之重。

传统材质的搭配仍然是主流,比如狐皮、貂皮、貉子皮、滑子皮、獭兔皮与皮革、开司米、毛呢、织锦缎等搭配,然而时尚创意需要不断寻找新材料和新的组合方式。有设计师将貂皮缝制在包袋的弹性带上,让貂皮更丰厚轻盈;而真利时(Zenith)推出的粉色毛皮腕表,把银色镶钻表壳埋在毛茸茸的粉色皮草表带中;意大利时装奇才 Gabriele Corto Moltedo 设计的一款挎包由剪毛貂皮和蟒蛇皮制成,他将精细与粗糙两种元素结合,把复杂元素和混合材料制成简洁明快的产品。

1. 合理利用

合理的选择材料是毛皮配饰设计最基本的要求之一。每一种材料都有自己特定的形式和特殊的肌理效果,不同质地、纹理所产生的美感不同,在配饰的设计中可以利用这些天然的质地与纹理,再施以一些人工的组织变化,使其在视觉和触觉上赋予新意。

2. 综合应用

配饰的外观效果是多样性的,选用多种材料组合也是其中的要素之一。相同类型材料组合使配饰产生统一协调的感觉,而不同类型材料的组合则产生对比、变化的感觉。材料的组合应用可分为单项和多项组合。组合强调的是材料搭配恰当,面积、色彩、造型比例协调,有新意、有创造。在设计毛皮配饰的过程中,应开拓思路,在选材、组合等方面有所创新,为设计提供更多的思路。

(二) 色彩协调设计

色彩是选配毛皮饰边材料和材质搭配的另一重要依据,设计时通常采用同种色、同类色或同类色彩的深浅变化组合;黑白灰的搭配;色彩的对比搭配等效果。

(1) 相同色彩不同质地的设计方法使用会产生较含蓄、雅致的视觉效果,如相同颜色的毛皮和皮革搭配设计的包袋、手套。

(2) 同类色或同类色深浅变化的组合是毛皮配饰最常使用的配色方法,饰边的毛皮出现在配饰的边缘、分割线、或装饰的重点部位上，在协调中产生变化，因而不会由于过份统一而缺少视觉冲击力。将毛皮染成与之搭配的材质成同类色后，在包袋的四周及袋盖的边沿做滚边，或镶在鞋子的分割线，装饰在靴子的高帮周边，或点缀在高跟鞋的鞋面上等等。

(3) 毛皮配饰的黑白灰搭配通常带给人知性、迷人的感觉，这组永恒的经典色恰好符合了配饰在整体服饰效果中所起的装饰搭配作用，可以和任何单色的服装进行搭配，起着明快强调的效果。可以利用毛皮本身的花纹比如十字貂，也可以多种材质搭配产生黑白灰效果，多运用在包袋、帽子、鞋子等的配饰上。

(4) 色彩的对比搭配在具体配饰设计中使用的相对较少，在视觉上产生的是一种刺激强烈的效果，通常在需要传达一种特殊的设计风格和理念时可以采取这种配色方法。比如对比色搭配的双面毛皮设计的手笼或围巾，可以配合具有民族风格的成衣，制成立体的对比色效果的花朵或卡通形象，饰于胸前，用在腰带、手镯上做装饰。

(三) 艺术效果设计

服装和配饰构成了服饰的完整概念，服装和配饰是不可分割的整体，是相关又有不同的两个方面。因此配饰也根据服装的风格分类相应分为雍容华贵风格、优雅娴淑风格、实用多效风格、时尚前卫风格、民族风格、浪漫唯美风格、随意休闲风格和运动休闲风格。动物的天然性情特征会对配饰的艺术效果产生影响外，外观和花纹特征也同样会赋予毛皮材料不同的风格。虎、豹的威严、强壮；水貂的温顺、灵活、精美；狐皮的成熟、浪漫、高贵；貉子皮的张扬、粗放甚至野性。在配饰的整体设计环节中，就需要全面的考虑从材质的搭配，色彩的协调到艺术风格的把握等。

(1) 雍容华贵风格的丝绸、织锦、绒缎类织物，泛着金色、银色高贵的金属材质与长毛类毛皮交相辉映，一般以织物做大面积，而金属质料和珍贵毛皮勾勒轮廓的方法。

(2) 优雅娴淑风格多以高档的精纺、粗纺面料，仿珍珠、水晶类也短毛皮或拔针狐皮、貂皮相配，紧密细腻，挺括有型，富于节奏美感。

(3) 实用多效风格是皮革、绗缝织物等与毛皮的结合，与秋冬季节的服装搭配使用，多以中性色调为主，辅以黑白灰的无彩色系，稳重大方，美观实用。

(4) 时尚前卫风格采用多种质料的组合搭配，金属、塑料、绳带、涂层皮革和毛皮的强烈对比，表现夸张扩张的局部造型。色彩使用范围也极广，色相环上任一颜色，不管是高纯度色还是低明度色，都能成为这种风格的主题颜色。

(5) 民族风格则以少量毛皮搭配多样材质，如带图案的棉质麻质面料、羽毛、金属片、珠片、木头珠子等，加上对比色，高纯度色的使用，传达出一种淳朴、异域的特点。

(6) 浪漫唯美风格多使用雪纺、蕾丝织物、珠片类、各种缎带与短绒型毛皮组合产生飘逸、柔美的效果，色调也以高明度的柔和色为主。

(7) 随意休闲风格是类似牛仔、斜纹布、平纹棉布等面料，以及金属拉链、金属扣件、塑料类装饰物与中低价位的毛皮搭配，配以低纯度的灰色调体现轻松自然舒适的风格特征。

(8) 运动休闲风格主要使用功能性化纤面料、氨纶类弹性面料、透气网眼布等与经剪毛处理的轻薄毛皮，辅以单纯的色彩设计或醒目的标识图案，营造出的是一份时尚与动感。

四、毛皮配饰的制板

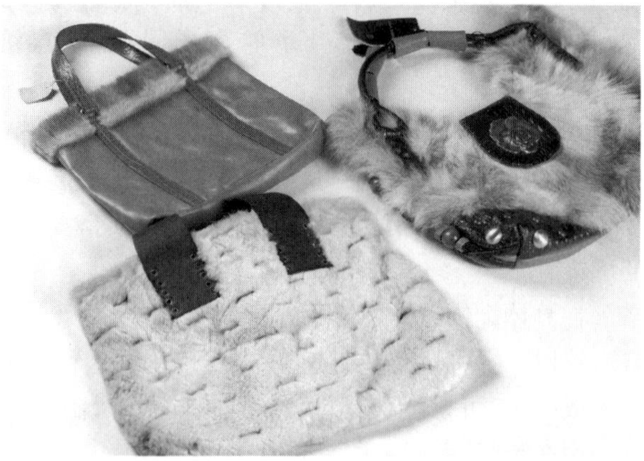

图10-6　貂皮饰边手袋(左上)、兔皮手袋(左下)、狐皮手袋(右)

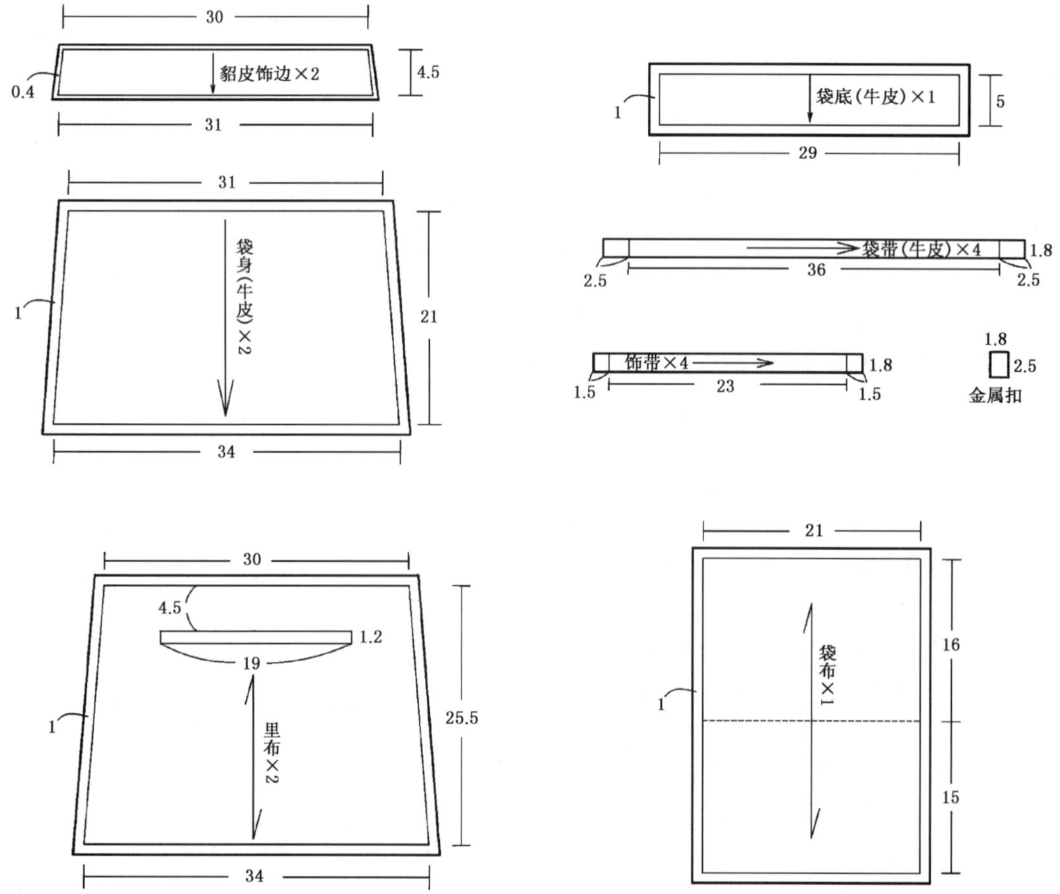

图10-7　貂皮饰边手袋板型图

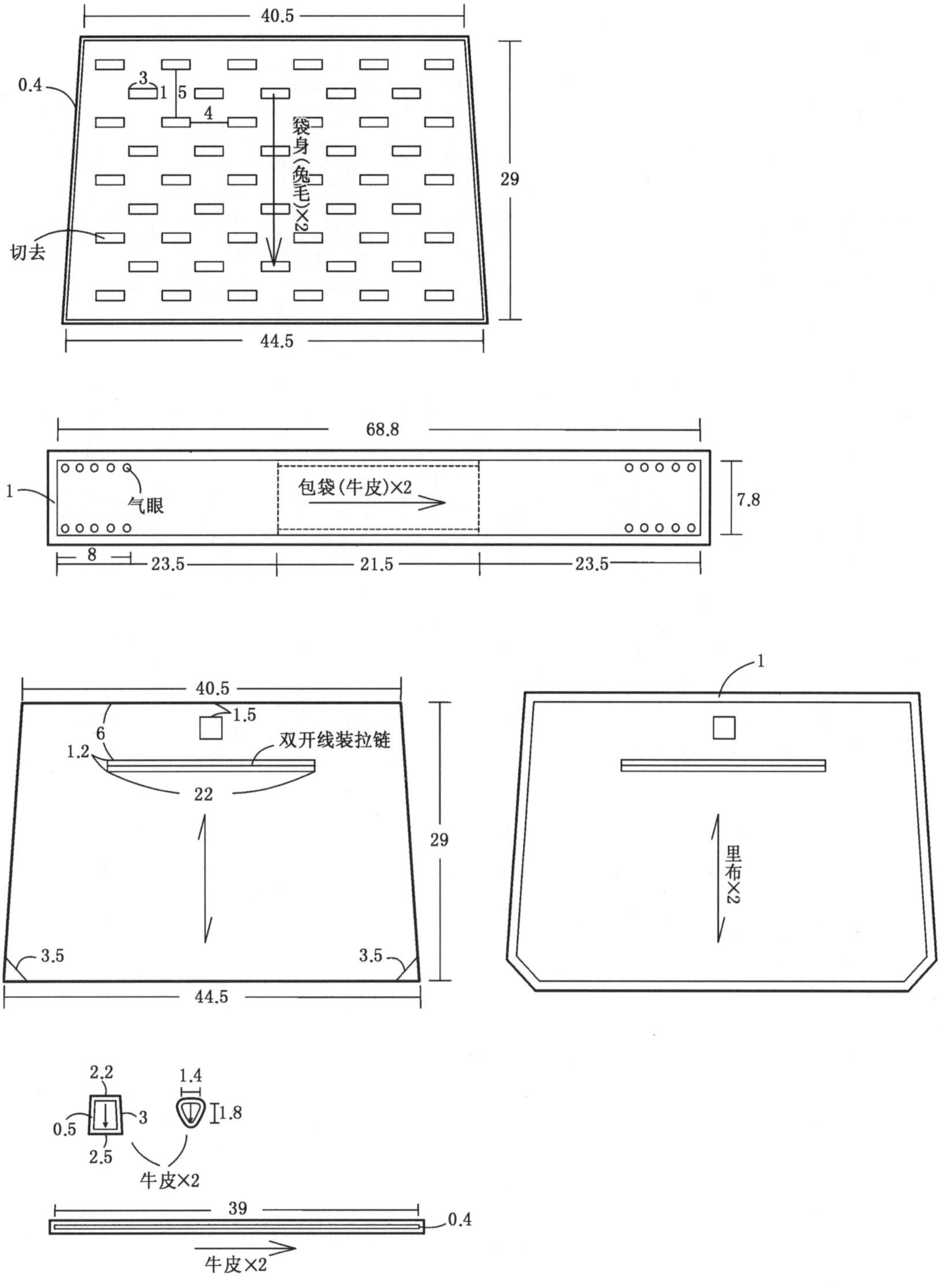

图 10-8 兔皮手袋板型图

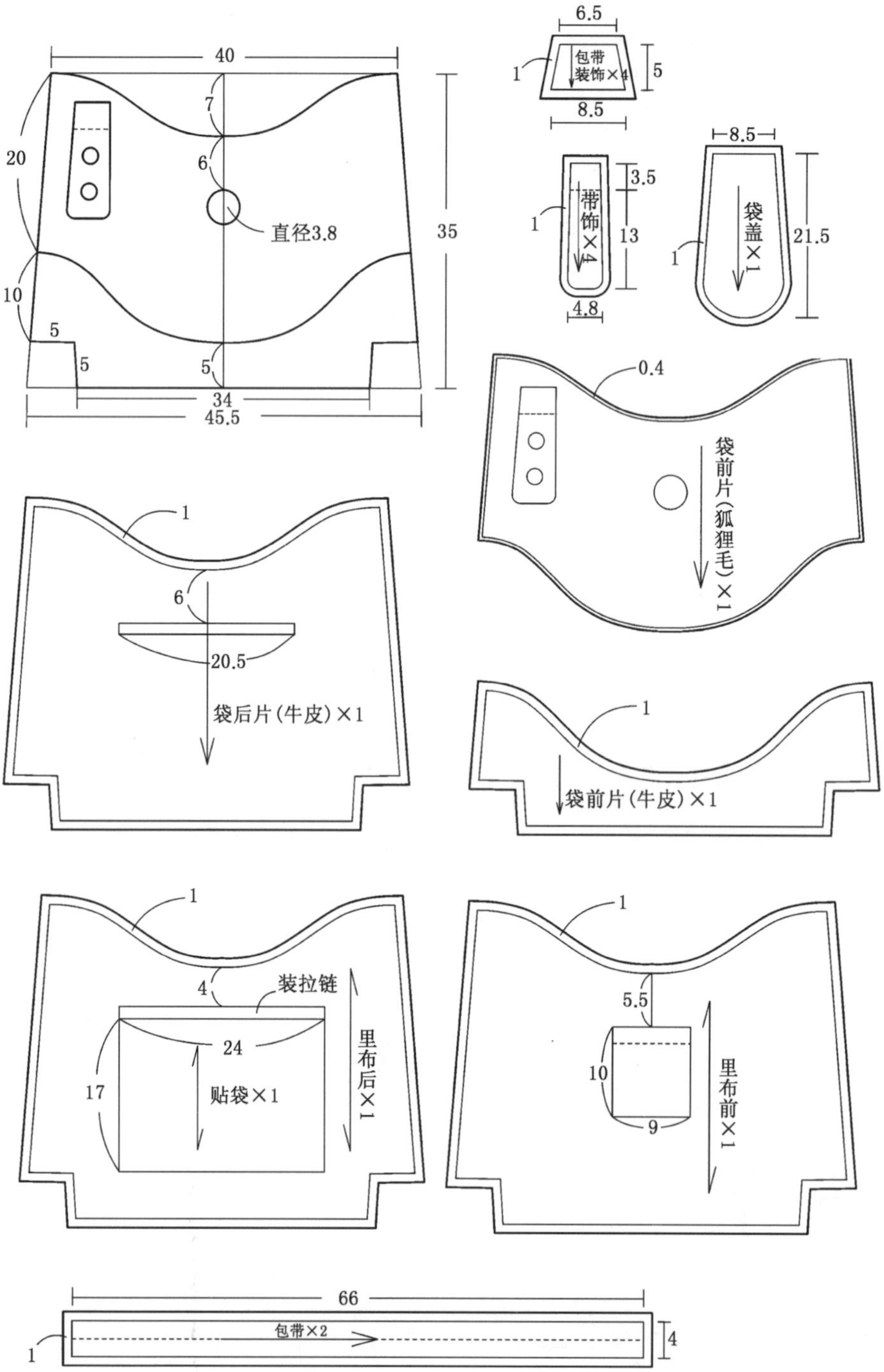

图 10-9 狐皮手袋板型图

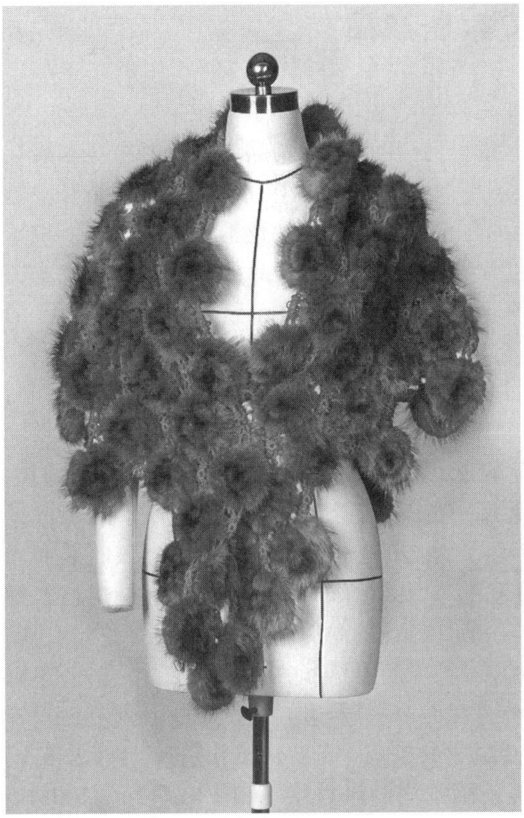

图 10-10　貂皮大披肩

图 10-11　貂皮大披肩制作图

第二节 毛皮家居产品

毛皮为人类使用之初，除了用于防寒保暖的服饰外，还用作床上用品、地毯、椅垫等家居装饰品，在中世纪前的欧洲，不管是北欧海盗维京人还是上层贵族们，在床上都用整皮来取暖。这在一些历史时期的绘画作品和中国少数民族统治的各个朝代的文献中也都有相关记载。以珍贵的毛皮装饰家居在历史上都是身份地位的象征，时至今日，在家居产品的款式风格越发丰富精彩的同时，毛皮设计师也在寻找新的设计合作领域，以更大程度的开拓毛皮市场，于是奢华的家居产品设计吸引了毛皮设计师的目光。相比较毛皮服饰配件领域或者其他更新的领域而言，毛皮家居产品设计的应用范围之广、效果之显著，早已超出了平常人的想像力。在现代生活中，它正起着越来越重要的作用。

在大量毛皮工艺技术的支持下，毛皮家居产品的设计方兴未艾。毛皮产品将出现在人们生活的每个环节，其内容范围包括了日常家居生活的每个角落，无论是浴室、饭厅、书房、化妆间还是卧室，现代毛皮产品都以其不同的形态全面涉入。早在 2000 年巴黎国际流行高级时装和成衣系列展览会上，毛皮作为奢华的材料，被北欧世家皮草 SAGA 作为新一代的家居装饰材料推出：在布置成奢华的室内空间中，除毛皮的沙发、毛皮的床罩、毛皮的皮椅、毛皮的拼花花壁毯、毛皮的地毯、毛皮的餐具垫、毛皮的书套、毛皮的枕头、毛皮的靠垫、毛皮的脚凳等摆设外，还有各类毛皮相结合的超凡创意产品：用毛皮设计的卡通玩具——“泰迪熊”置于案头，用毛皮设计制作的花朵插于瓶中，使用了混合狐毛与口羔毛而制成的毛毯——质料柔软别致，用毛皮条制成的门帘都充分体现了“毛”无处不在的主题，表现出不同的风格特征（图 10-12）。2007 年 SAGA 又与青年建筑设计师梁志天合作，创造出以毛皮为主题的家居饰品系列，并于 2008 年 2 月下旬在上海成功举办了首场展示会。这里传达着一种设计理念，珍贵的毛皮以全新而独特的方式丰富了人们的生活体验。现实生活中，适当地选择一对毛皮枕头、一块毛皮地毯或一对毛皮靠垫来装点居室，会令生活空间熠熠生辉。在北欧世家皮草设计中心，毛皮在每个房间中恰倒好处的装饰带给你的是一份视觉惊喜，毛皮成为床头的装饰，在床罩的边缘出现，是沙发上随意放置的一块毯子……或许将来毛皮设计还会出现在更新的领域，让我们翘首以待。

图 10-12 北欧世家皮草 SAGA 在 2000 年巴黎国际时装展览会上，第一次推出新一代的家居装饰材料——皮草

一、毛皮家居产品的设计

当前,毛皮在家居产品中使用的领域主要有床罩、靠垫、沙发套、椅套、地毯等,也是通常所说的家庭软装饰范围。这些家居产品的共同特点就是易更换、易变动位置的饰物。毛皮家居产品的作用有保暖和装饰的功能。采用颜色鲜亮的毛皮靠垫、床罩,使其与地板和墙壁形成鲜明对比,从而起到改变房间空旷、单调的感觉。也可以利用材料的反差、对比产生醒目的效果,如在铺有木板、亚麻地毯的地面上铺放毛皮地毯。便于搭配不同风格的空间,起装饰作用。不同的空间要配不同风格的毛皮家居产品。具体来说,选择沙发罩、椅套、靠垫首先要根据居室的装修色调和风格来确立一个统一的大效果,再根据房间的具体使用情况来确定家居产品的最佳搭配。

1. 材料使用

动物毛皮的利用率极高,整张毛皮从头到尾都能被有效的利用,几乎不浪费毫厘。利用珍贵毛皮特殊部位的皮料拼接后制成的家居产品,有特殊的纹理效果,如用水貂皮的后腿或头部等部位的毛皮按照一定的顺序拼接(如图 10-13)。

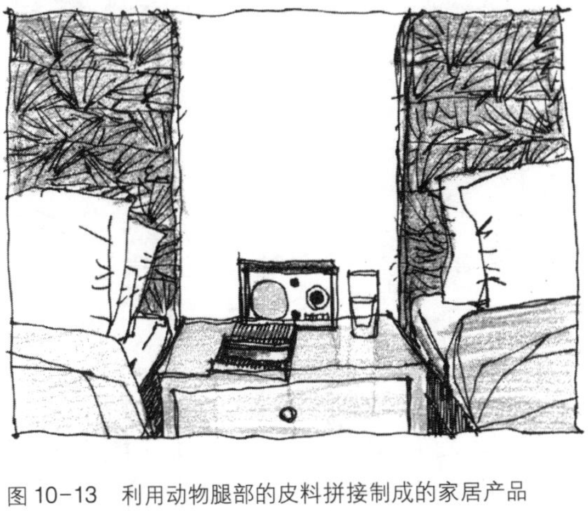

图 10-13 利用动物腿部的皮料拼接制成的家居产品

毛皮零料的拼接。毛皮在制作服装的过程中会产生大量的零料,细小的形状各异的碎料当不再适合用作服装时,就可以拼接后制作毛皮家具产品。更多的时候会采用中低档毛皮如各类羊皮、兔皮、鼠皮等来制作家居产品。还可以与其他纺织面料搭配使用,毛皮家居产品中涉及到的装饰手法相对比较单一,也决定了辅料和配料上的使用不如毛皮配饰那般丰富精彩,主要的设计手法就是拼接设计。

2. 拼接方式

家居产品的结构各有特点,床罩、地毯、靠垫以二维平面为主;沙发套和椅套则结构相对比较复杂,圆的,方的,多边形,还有几何平面组合造型。根据具体款式特点进行合理的创新的拼接设计,这也是毛皮家居产品设计的魅力所在。如床盖是罩在床面上,有三个边悬垂下来,起防尘,美观作用,常见的款式是大小尺寸大于床面的一个平面款式。这需要考虑设计表现的重点部位是在床罩中间还是四周。设计造型颇为复杂的椅套更需要考虑毛皮拼接与椅子结构的和谐统一性,图 10-14 左边一款椅套是同种同色毛皮利用倒顺毛方式进行拼接,毛皮间微妙的色差,在家居产品表面产生规则的肌理图案,含蓄而高雅。右边一款椅套设计是以椅面中心为圆心,利用天然毛皮背腹部色泽上的差异,按一定角度拼合扇形毛皮,形成色彩效果强烈的设计产品。此外还有利用毛皮原有的花色进行拼接;采用染色毛皮拼接;不同类型毛皮的长短毛拼接等。

图 10-14 设计新颖的毛皮椅套

3. 配色原则

毛皮家居产品与毛皮服装的配色原则大体一致,有同类色相配、同花色相配、强对比配色、弱对比配色等。

同类色相配是家居产品上以相同或相近的色相、明度或纯度的色彩搭配,在视觉上容易形成统一谐调的感觉;同花色相配指采用天然带花色毛皮与单色毛皮搭配,整体感强,风格独特;强对比配色是采用较为强烈的色彩进行搭配,如黑白色搭配,米色咖啡色搭配,对比色搭配等,有大胆、强烈、夸张的效果;弱对比配色突出柔和的效果,色彩的明度、纯度反差不大,色彩处在同一个色调氛围之中,类似粉彩色系,突出柔和、可爱的感觉。

4. 图案设计

图案在毛皮家居产品上的应用主要有利用毛皮动物本身的花纹图案;由拼接方式形成的具有一定规律的几何图案或抽象图案;采取镶花的工艺制作成的具象图案等三类。其中因拼接而形成的几何图案又分条型排列图案、格型排列图案和圆形排列图案等。条型排列图案是毛皮以一定的方向按原只工艺方法拼接后在毛皮表面形成的规则图案效果,协调统一,有秩序感(图 10-15);格型排列图案是在原只工艺的基础上发展而成,利用毛皮生长的方向性,相邻的毛皮之间以 90 度的方向拼接在一起,形成了反复交替的几何图案;圆形排列的图案常使用在椅面为圆形的椅套上,按一定的比例把事先

图 10-15 条型排列图案的毛皮家居产品

裁切好的若干扇形毛皮拼接在一起,最终形成一个正圆形,在圆心处聚合的线条形成一个设计的视觉中心,规则中带有变化。

二、毛皮家居产品的制板

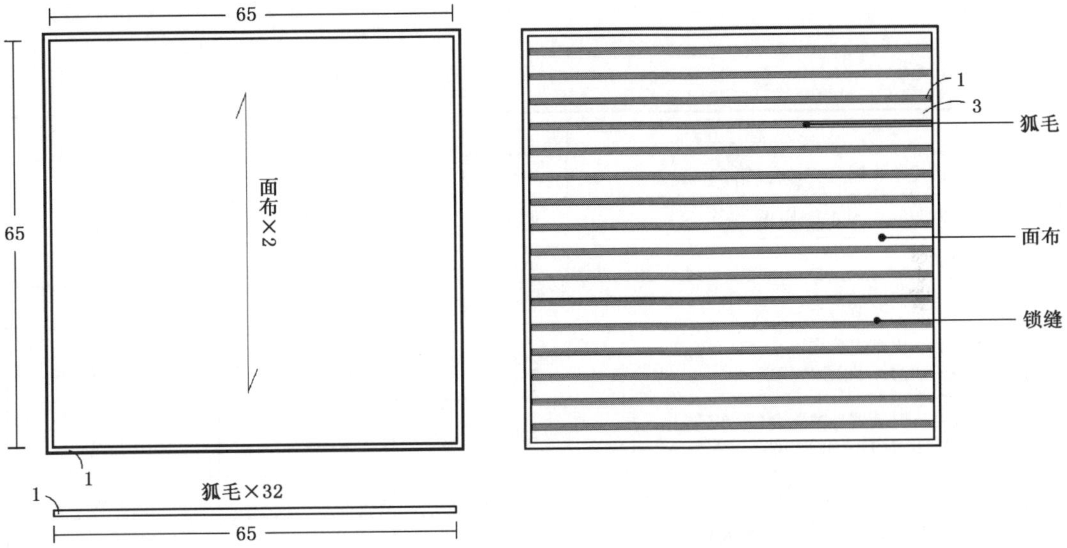

图 10-16　狐皮靠枕

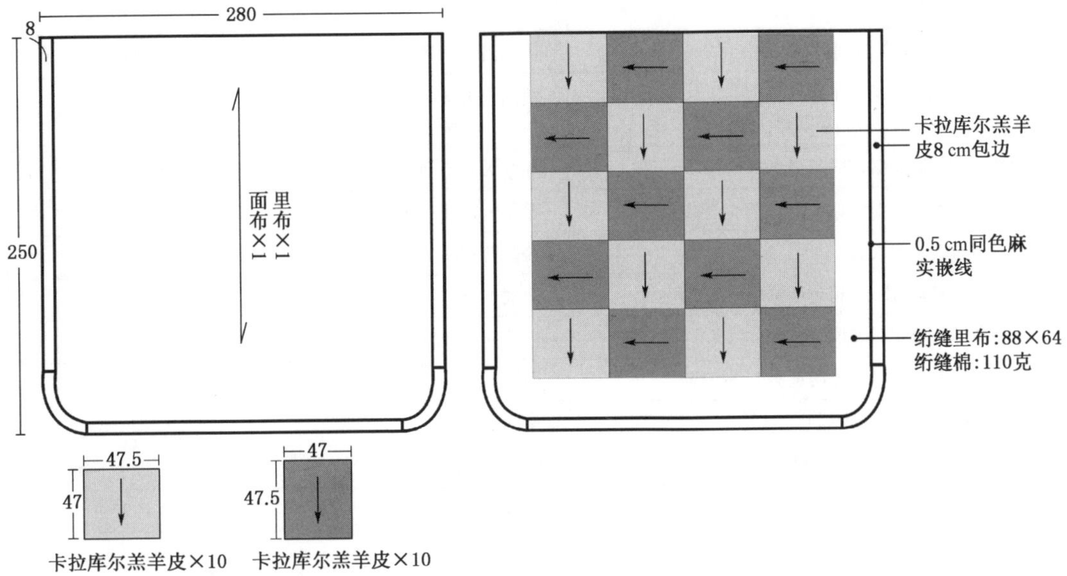

图 10-17　羔羊皮床盖

附录一　世界各地毛皮展会信息

展览名称	地　址	时　间
中国国际裘皮革皮制品交易会(第34届)	中国北京	1月中旬
马德里国际时装周 SIMM SHOW	西班牙 JUAN CARLOS 展览中心	2月中旬
巴黎皮革展	法国巴黎	2月下旬
香港国际毛皮时装展览会	香港会议展览中心	2月下旬
皮草展览会　巴黎皮草周 JOURNEES DE LA FOURRURE	巴黎/法国	3月上旬
法兰克福毛皮时装贸易博览会(第60届) FUR & FASHION FRANKFURT	德国法兰克福展览中心	3月上旬
米兰国际皮衣、皮料博览会 MIFUR(一年两届)	意大利米兰国际展览中心	3月中旬
国际专业皮革皮草产品,机械及原料展览会 LEATHER & FUR FASHION	索非亚/保加利亚	3月中旬
亚洲太平洋皮革展览会	中国香港	3月下旬
中国国际毛皮时装展	中国大连	4月中旬
2007春季中国裘皮制品订货会	中国河北大营	4月中旬
莫斯科国际专业毛皮工业博览会 莫斯科皮毛工业展会(莫斯科/俄罗斯)	莫斯科 EXPOCENTER "Forum"展览厅	4月下旬
加拿大蒙特利尔裘皮时装展 NAFFEM	加拿大蒙特利尔	4月下旬
希腊国际毛皮展览会(第三十届)	希腊卡斯托利亚	5月上旬
美国传奇5月拍卖会	美国西雅图	5月中旬
中国国际鞋类、皮革、箱包展览会(第四届)	中国上海	5月下旬
莫斯科国际裘皮时装展览/MEXA	俄罗斯莫斯科	5月下旬
俄罗斯国际皮革及毛皮展览会 LESHOW	俄罗斯莫斯科博览中心	6月下旬
中国国际皮革展(第十届)	中国上海	9月上旬
巴黎皮草展 LE CUIR A PARIS	巴黎/法国	9月中下旬
辛集皮革展览会	中国河北辛集	9月下旬
中国海宁皮革展览会	中国海宁	9月下旬
中国大营国际皮草交易会(第十六届)	河北省衡水市	10月下旬

附录二　主要国际毛皮拍卖中心

区域	名　称	国　家	联 系 地 址
欧洲	哥本哈根拍卖中心 (Copenhagen Center)	丹麦	Langagervej 60 DK-2600 Glostrup, Denmark 电话: +45 43 43 44 00 传真: +45 42 45 25 46
	赫尔辛基拍卖行 (Finnish Fur Sales)	芬兰	Martinkylantie 48 01601 Vantaa 60, Finland 电话: +358 0 849 81 传真: +358 0 849 83 19
	奥斯陆毛皮拍卖 (Oslo Fur Auctions)	挪威	Okern Torgvei 13 P. O. Box 175 Okern, 0509 Oslo, Norway 电话: +47 22 64 41 50 传真: +47 22 64 35 91
	俄罗斯联合皮草拍卖会 (Sojuzpushnina)	圣彼得堡	38, Bolshoy Tishinsky lane Moscow 123557, Russia 电话: +7 495 648 0071, +7 495 648 0072 传真: +7 495 648 0073 sojuzpushnina@ sojuzpushnina. ru
北美	美国传奇毛皮拍卖行 (American Legend Cooperative)	西雅图	PO BOX 58308 Seattle Washington 98138 电话:425 251 3200 传真:425 251 3222 info@ americanlegend. com
	北美裘皮拍卖行 (NAFA)	加拿大多伦多	65 skyway Avenue, Toronto, Canada, m9w6 传真: 86 10 6512 6125 手机: 86 13910980548 (中国代理人) nafabj@ gmail. com
亚洲	中国裘皮拍卖行	香港	香港湾仔港湾道 26 号 华润大厦 9 楼 电话:(852)8276322 传真:(852)8276443

附录三　主要毛皮协会简介

国际裘皮协会 (International Fur Trade Federation)	始创于1949年,会员包括来自27个国家的33个协会和组织,里面除了拍卖行、农场主、还有经纪人、硝皮厂、市场推广机构、经销商等。IFTF设在伦敦,管理方面由每一个成员国派出3名代表,即拍卖行的代表组成,经常会跟不同国家的政府打交道,是为了维护毛皮业的权益和有关动物福利的一些研究。建立各种法规来维护高标准的裘皮动物居所、健康和福利。并与国际自然保护资源协会和国际濒危动植物协会建立密切联系,在野生动物的保护、时尚和裘皮工业方面等事宜提供一些协助。举办同行业的研讨会,提供分享资讯和经验的机会。国际毛皮协会在推广毛皮行业中扮演了一个很重要的角色。包括支持和引导国际领先设计师对裘皮的应用,不停地向毛皮同行提供最新的信息。中国在1986年通过中国土产畜产总公司于IFTF建立联系。
北美裘皮协会 (North American Fur Auctions)	北美裘皮协会是北美裘皮拍卖行在行销上的合作伙伴。协会成立于1999年,主要工作是在世界范围内推广北美野生皮和农场皮。饲养毛皮动物的农场主和狩猎野生动物的猎户们委托NAFA将他们获得的生皮拍卖给来自世界各地的裘皮服装生产厂家和毛皮经销商们。委托的毛皮首先按照不同的尺寸,颜色,色泽的深浅,质量分成不同的等级,然后通过公开拍卖或者私下协商的形式进行销售。拍卖会每年在加拿大多伦多市举行4至5次。
香港裘皮业协会	1979年57家毛皮厂商为了加强香港毛皮业的团结,以及帮助开拓海外毛皮市场,联合组成了香港毛皮业协会。协会宗旨为促进香港毛皮业发展及统筹业内各项活动。目前已拥有一百五十多名会员,代表大部份业内人士,当中包括制造商、批发商、零售商、硝皮厂、原料商等,亦有推广办事处。香港毛皮业协会也是国际毛皮业协会成员。自1982年开始,协会每年在香港举办各项推广活动,毛皮业每年在香港举行的“香港国际毛皮时装展览会”在国际毛皮业内更是享负盛名,每年皆吸引世界各地之买家及参展商参与此盛会。协会属下青委会还主办一年一度的“皮草设计比赛”,给学生做讲座,向学生介绍毛皮业讯息,从而吸引更多年轻人投身毛皮业,提高产品设计水平。协会于2002年与制衣业训练局紧密合作,设立了一所毛皮资源中心,为时装设计师、设计系学生、毛皮业制造商、买家、顾客,以及传媒,提供一个完善及全面的信息中心。
中国皮革协会	成立于1988年,是不分经济性质、地区、部门的全国性行业组织,是以制革、毛皮、制鞋、皮革制品和皮革化工、皮革机械、皮革 五金、鞋用材料为基础,由企事业单位、科研院所以及个人自愿组成的社会经济团体,拥有1 300多个会员单位。中国皮革协会是政府与会员间的桥梁和纽带,维护企业的合法权益,促进全行业的健康发展为宗旨。不仅推行企业间多种形式的横向经济联合,调查、协调会员企业之间材料供应及产品生产、技术、销售等方面的问题,促进行业技术合作与进步;开拓国际市场,举办国内外专业展览,促进国内外企业间的交流和贸易等。

附录四　毛皮服装相关杂志

书名(中文)	出版国	主 要 内 容
Fur Age 《毛皮时代》	美　国	报道美国毛皮工业新闻、行业动态、市场和毛皮服装款式。10 期/年
Fur World 《毛皮世界》	美　国	报道现代毛皮工业的发展、毛皮服装市场和贸易动态以及厂商信息，介绍时式毛皮服装。26 期/年
P'ihyok 《皮革服装》	朝　文	12 期/年
La Piel 《裘皮服装》	意大利	结合图片展示女式裘皮冬秋装的风彩和最新发展趋向。2 期/年
Moda Pelle Styling 《时髦皮革制品设计》	意大利	介绍国际皮装、皮鞋、皮包，内容包括设计手稿(草图)、皮装效果图、最新皮革原料和各种辅料介绍等。2 期/年
Pellicce Moda 《裘皮时装》	意大利	结合实例照片和设计草图介绍各式妇女裘皮装时装，有意大利文和英文译文两个版本。7 期/年
Fur 《裘皮时装与皮衣》	意大利	结合图片介绍意大利生产的裘皮时装和皮衣，兼报行业动态。3 期/年，1/3/10 月
Pelz International 《国际毛皮》	德　国	介绍毛皮服装流行式样，报道行业新闻和贸易动态。
Scientifur 《毛皮科学》	丹　麦	介绍毛皮动物饲养，包括营养、兽医、遗传学、繁殖等项的研究论文、技术报告、评论、文摘及文献等。
Oesterri Chische Leder-Haeutewir Tschaft and Rauhwaren 《奥地利皮革与毛皮商品》	奥地利	介绍毛皮服装款式，报道奥地利国内外皮革和毛皮业经济与贸易动态。

附录五　毛皮皮革服饰相关大赛

比赛名称	简　　介
中国国际青年裘皮服装设计大赛暨国际裘皮协会(IFTF)设计大赛中国预选赛	本大赛已连续举办了五届,旨在选拔、培养优秀的裘皮服装专业设计人才,培育裘皮消费市场,提升消费者对裘皮服装的审美与品牌意识。发扬裘皮服饰文化,提升中国裘皮产业的知名度。凡热爱和正在从事及有志从事裘皮服装、纺织服装设计工作的企业设计师、社会个人、在校学生均可参加,参赛主体为青年设计师,年龄在15~35周岁,性别不限,国籍不限。大赛中国预选赛获奖的前三名中国选手(在读或毕业不超过两年的设计专业学生)作品,将代表中国参加在米兰举办的国际裘皮协会(IFTF)设计大赛。
"真皮标志杯"中国裘皮、皮革服装设计大赛	本大赛已承办了十二年,由中国皮革协会主办,海宁中国皮革城管委会承办。以提高我国皮革、裘皮服装设计的整体水平和创新能力,促进我国皮革、裘皮服装产业的技术进步,为从事和热爱皮革服装设计的优秀人才和潜质人才提供实现梦想和施展才华的机会为目的。
"真皮标杯·巨一"中国概念鞋设计大赛	本大赛由中国皮革协会主办,巨一集团有限公司冠名赞助。真皮标志杯鞋类设计大赛分企业赛和院校赛,隔年轮换举办。院校赛主要参与者为院校学生、设计爱好者和青年设计师,旨在搭建一个交流和展示平台,充分发挥他们的想象力和创造力,给予他们展现设计才华的机会,也通过赛事加强校企联合,促进设计资源的转化,努力挖掘中国鞋类设计英才,为我国制鞋业的发展储备力量。
(NAFA)中国裘皮设计比赛	由北美裘皮协会(NAFA)举行的全国裘皮设计比赛,举办过两届,大赛分女装设计和男装设计两组。评委由来自国际时尚界各个层面的专业人氏组成,入围的设计作品由NAFA提供的裘皮原料并制成实物。
崇福杯中国国际裘皮服装设计大赛	2008年举办首届,由中国皮革工业协会,浙江省皮革行业协会,桐乡市崇福皮毛市场管理委员会,桐乡市崇福皮毛协会承办。旨在选拔、培养优秀的裘皮服装专业设计人才,培育裘皮消费市场,提升消费者对裘皮服装的审美与品牌意识。发扬裘皮服饰文化,提升中国裘皮产业的知名度。入选设计作品由皮草厂家提供原料并制作成衣。
"中国裘皮之都杯"裘皮服装设计大奖赛	2006年举办了首届"中国裘皮之都杯"裘皮服装设计大奖赛,由中国轻工业联合会、中国皮革协会、肃宁县政府共同主办。比赛以创新为主旨,通过新技术、新工艺、新材料的选配整合,力求在弘扬民族文化、促进企业发展、提升裘皮服装设计水平上发挥积极的推动作用。

附录六 相关国内外网站

毛皮育种:

Fur Institute of Canada	http://www.furs.ru/
Greek Fur Federation	http://www.qualityofgreece.gr/
Hong Kong Fur Federation	http://www.hkfurfed.com.hk/
The French Federation of Furriers	http://www.ffmfourrure.org/
NFE, Holland	http://www.nfe.nl/
Norges Pelsdyralslag	http://www.norpels.no/
Swiss Fur Association	http://www.pelzfachverband.ch/

国际毛皮贸易:

Deutsches Plezinstitut	http://www.deutsches-pelzinstitut.de/
Dutch Fur Industry	http://www.bontwijzer.nl/
Fur Information Council of America	http://www.fur.org/
Furbusiness.com	http://www.kopenhagenfur.com/
IFTF	http://www.iftf.com/
Italian Fur Trade Federation	http://www.aip.it/
Korea Fur Industry Cooperatives	http://www.kfic.or.kr/
世界毛皮网	http://www.worldcoat.com/
中国皮毛交易网	http://www.furtrade.cn/

毛皮时装:

SAGA Furs	http://www.sagafurs.com/
Elle	http://www.elle.com/
Fashion Wire Daily	http://www.fashionwiredaily.com/
Firstview Fashion Publication	http://www.firstview.com/
Furs.com	http://www.furs.com/
Pelsinform, Norwegian	http://www.pelsinform.no/
Swedish Fur Suppliers Association/ Swedish Fur Trade Council	http://www.modecenter.se/
Zuki	http://www.zuki.com/
Vogue	http://www.vogue.com.cn/
fur council of Canada	http://www.furcouncil.com/home.aspx/

参 考 文 献

[1] 沈从文. 中国古代服饰研究. 上海:上海书店出版社,2005 年. 第一版

[2] 诸葛铠. 文明的轮回——中国服饰文化的历程. 北京:中国纺织出版社,2007 年. 第一版

[3] 华梅. 中国服饰. 北京:五洲传播出版社,2004 年. 第一版

[4] 朴厚坤,赵晋等. 毛皮加工及质量鉴定. 北京:金盾出版社,2004 年. 第一版

[5] 谢思娜,包铭新. 北欧皮草服饰. 上海:上海科学技术文献出版社,2003 年. 第一版

[6] 刁梅. 毛皮与毛皮服装创新设计. 北京:中国纺织出版社,2005 年. 第一版

[7] 程凤侠,张岱民等. 毛皮加工原理与技术. 北京:化学工业出版社,2005 年. 第一版

[8] 陈莹. 毛皮服装设计与工艺. 北京:中国纺织出版社,2000 年. 第一版

[9] 李当岐. 西洋服装史. 北京:高等教育出版社,1995 年. 第一版

[10] 王受之. 世界服装史. 北京:中国青年出版社,2002 年. 第一版

[11] Kyoto Costume Institute. Fashion: A History from the 18th to the 20th Century (volume Ⅱ). Kyoto Costume Institute. Taschen; Hardcover edition. September 2002

[12] Charlotte Seeling Fashion: The Century of the Designer, 1900—1999. Konemann. November 2000

[13] 益斌,柳又明等. 老上海广告. 上海:上海画报出版社,1995 年 12 月. 第一版

[14] 中屋,典子等[日]. 服装造型学技术篇Ⅲ(特殊材质篇). 北京:中国纺织出版社,2005 年 6 月. 第一版

后　　记

接手本书的撰写工作以后，通过各种渠道查阅了大量资料，毛皮服装设计类书籍寥寥无几，且最近出版的一本也已是四年前了。而近几年，毛皮服装发展速度之快，工艺技术的革新变化之大，毛皮材料使用领域之广，使我更加认为非常有必要把涉及毛皮方方面面的最新资料整理成书。

本书的撰写立足于国内的毛皮行业，望眼国际先进的毛皮设计加工工艺和毛皮服装流行时尚。为能获得一手的行业资料，努力做到本书的实效和权威性，作者在写作前期花大量的时间用于国内外收集文字资料和去相关工厂和市场做调研工作，巴黎的卢浮宫、国家图书馆，浙江的海宁皮革市场，桐乡毛皮大世界都留下了作者的身影。本书第九章毛皮服装工业制板由服装设计与工程系于晓坤老师著，其他章节均为蔡凌霄编著。

本书的撰写得到了多方面的大力支持与帮助，需要特别感谢的是：刘晓刚教授对本书的大纲和内容撰写的指导，以及写作过程中的监督和引导；北欧世家皮草无私提供了大量毛皮专业资料和最新款式图片；中国皮革协会卫亚菲高级工程师和杨寒雪小姐为本书提供了精准的行业内部资料和数据；邦佐维皮草服饰有限公司和雪豹毛皮服饰公司都为我写作前期的调研工作提供了极大的帮助。另外还要感谢为本书出版默默做出奉献的朋友们，在这里用不指名的感谢来表达对他们的敬意。

作　者

2009 年 6 月

▲ 彩图 1 蓝狐

▲ 彩图 3 银狐

▲ 彩图 4a 赤狐

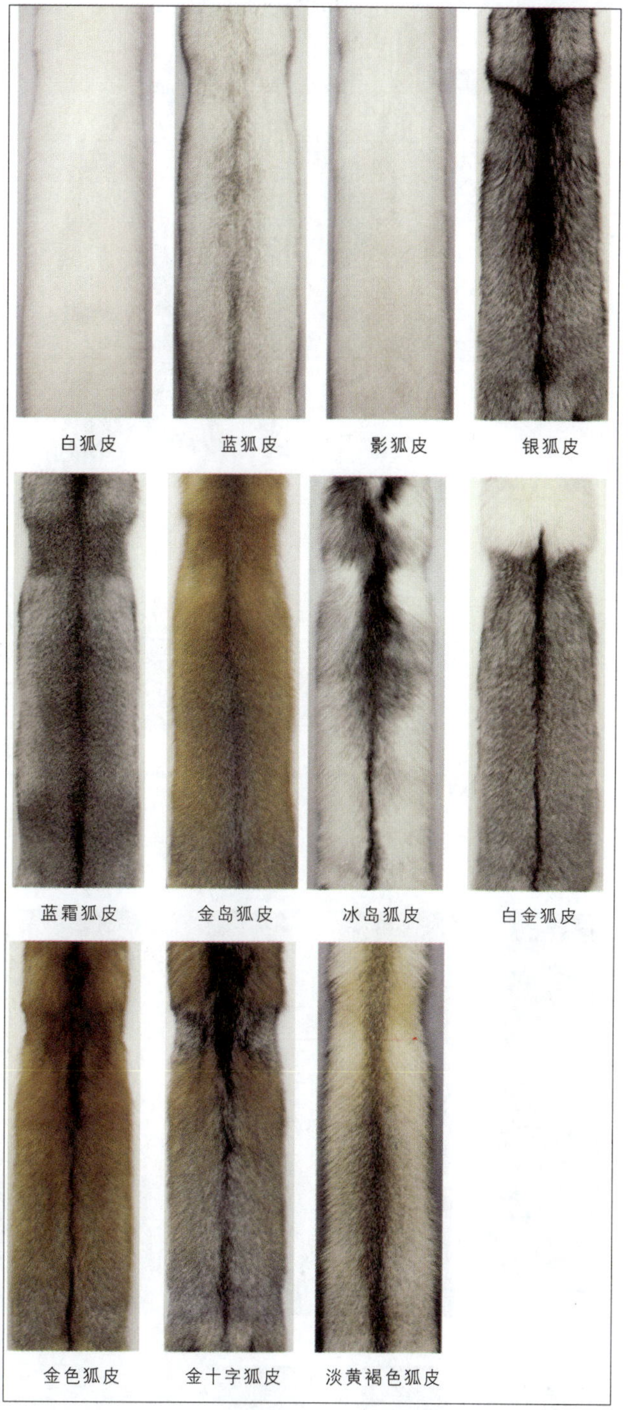

▲ 彩图 2 各类狐皮

▲ 彩图 4b 赤狐皮

▲ 彩图5 沙狐

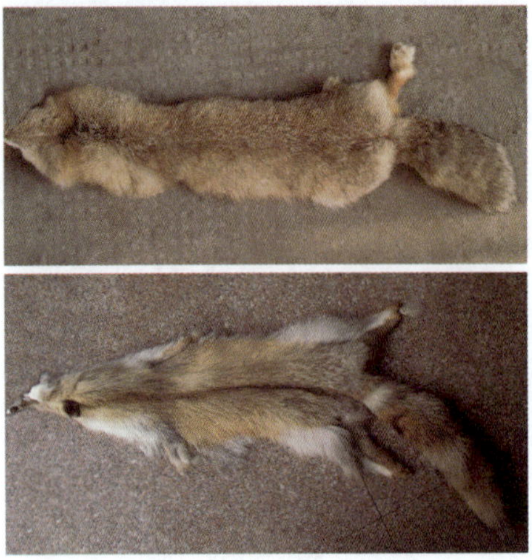

▲ 彩图6 东沙狐（上）和西沙狐（下）

▲ 彩图8 水貂

▲ 彩图7 灰狐

▲ 彩图9 各类狐皮

▲ 彩图 10 紫貂

▲ 彩图 11a 扫雪鼬夏季毛色

▲ 彩图 11b 扫雪鼬冬季毛色

▲ 彩图 12a 美利诺羊

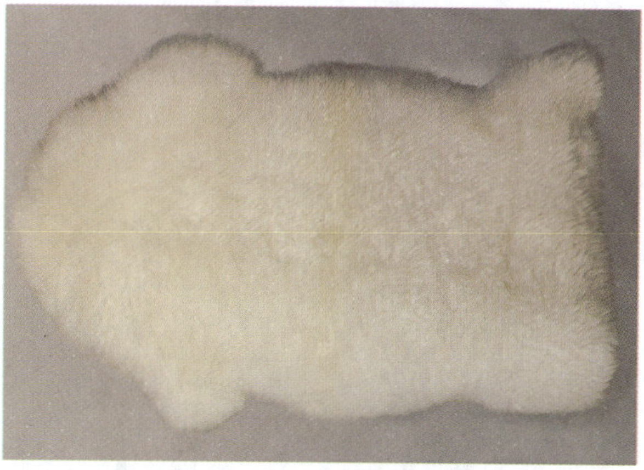

▲ 彩图 12b 美利诺羊皮

▲ 彩图 13a 滩羊

▲ 彩图 13b 滩羊皮

▲ 彩图 14a 小湖羊

▲ 彩图 14b 小湖羊皮

▲ 彩图 15a 波斯羔羊

▲ 彩图 15b 波斯羔羊皮

▲彩图 16a 山羊

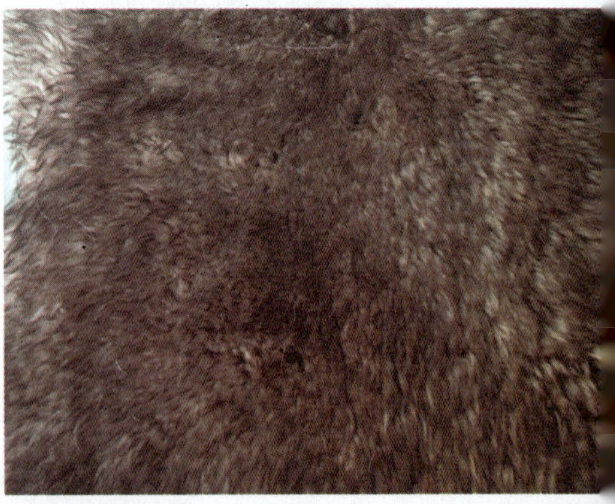

▲彩图 16b 山羊皮

▲ 彩图 17a 山羊猾子

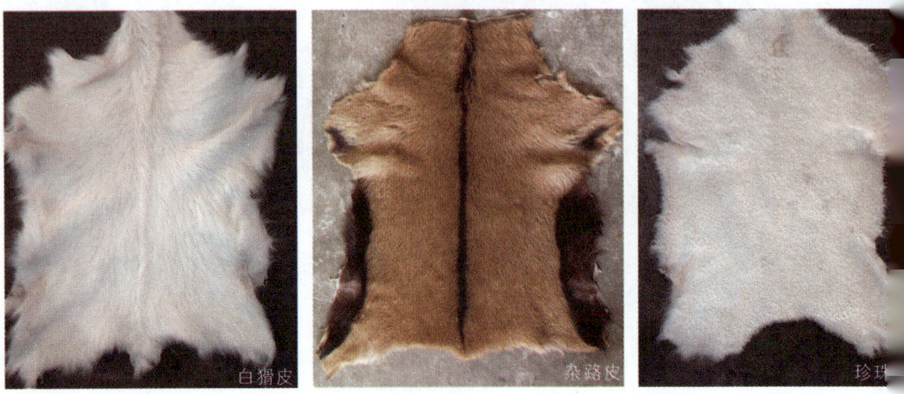

▲ 彩图 17b 山羊猾子皮

▲彩图 18a 家兔

▲彩图 18b　草兔皮和青紫蓝兔皮

▲ 彩图 19a 獭兔

▲ 彩图 19b 獭兔皮

▲ 彩图 20a 猫

▲ 彩图 20b 猫皮

▲ 彩图 21a 草猞猁

▲ 彩图 21b 草猞猁皮

▲ 彩图 22a 黄鼬

▲ 彩图 22b 黄鼬皮

▲ 彩图 23a 旱獭

▲ 彩图 23b 旱獭皮

▲ 彩图 24a 水獭

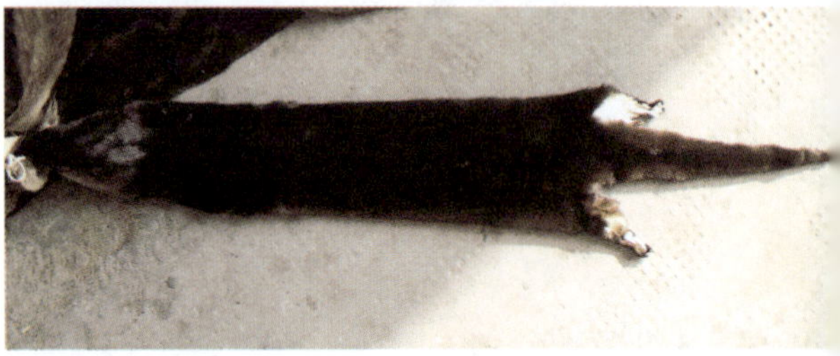

▲ 彩图 24b 水獭皮

▲ 彩图 25a 麝鼠

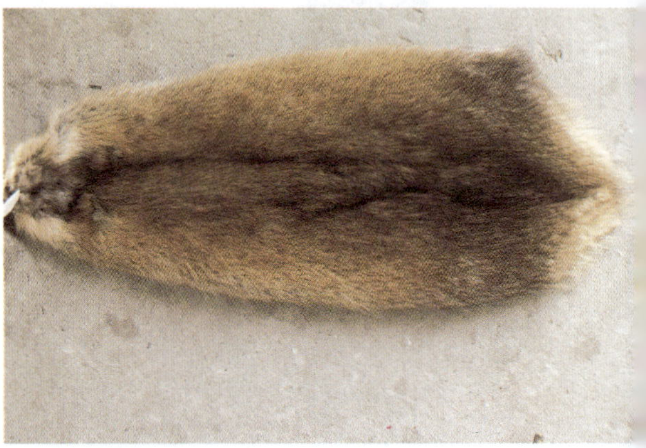

▲ 彩图 25b 麝鼠皮

▲ 彩图 26a 貉子

▲ 彩图 26b 貉子皮

▲ 彩图 28a 浣熊

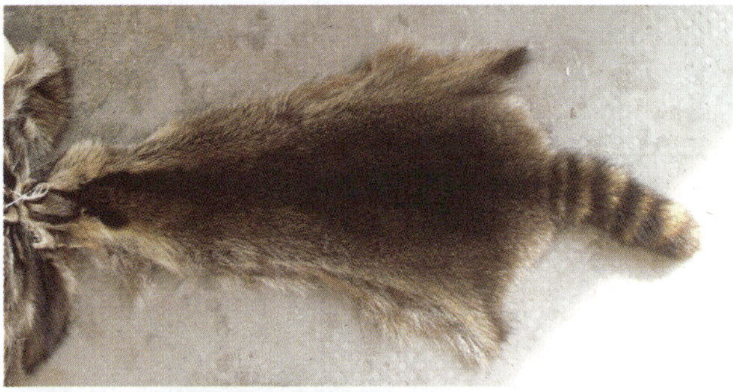

▲ 彩图 28b 浣熊皮

▲ 彩图 28a 狸子

▲ 彩图 28b 南狸、北狸皮

▲ 彩图 29a 海狸

▲ 彩图 29b 海狸皮

▲ 彩图 30a 猸子

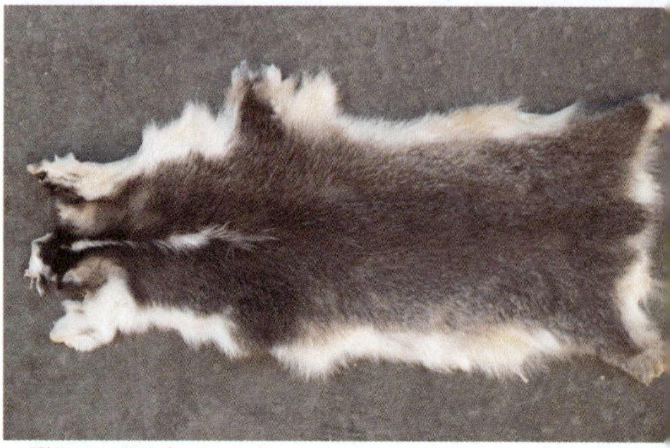

▲ 彩图 30b 猸子皮

▲ 彩图 31a 艾虎

▲ 彩图 31b 艾虎褥子

▲ 彩图 32a 松鼠

▲ 彩图 32b 松鼠褥子

▲ 彩图 33a 灰鼠

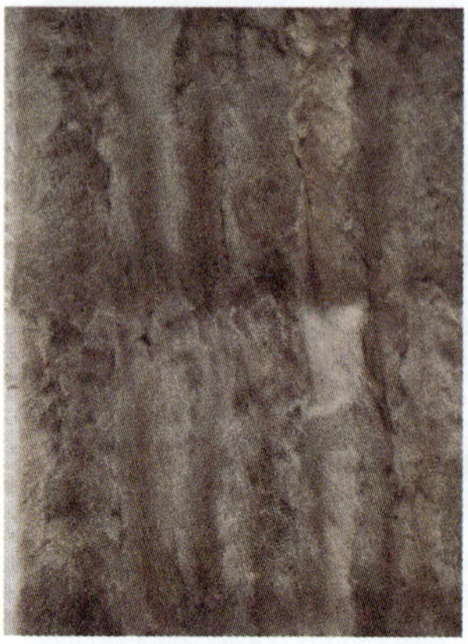

▲ 彩图 33b 灰鼠褥子

▲ 彩图 34 香灰鼠褥子

▲ 彩图 35 南美洲栗鼠

▲ 彩图 36 美洲负鼠

▲ 彩图 37a 澳洲负鼠

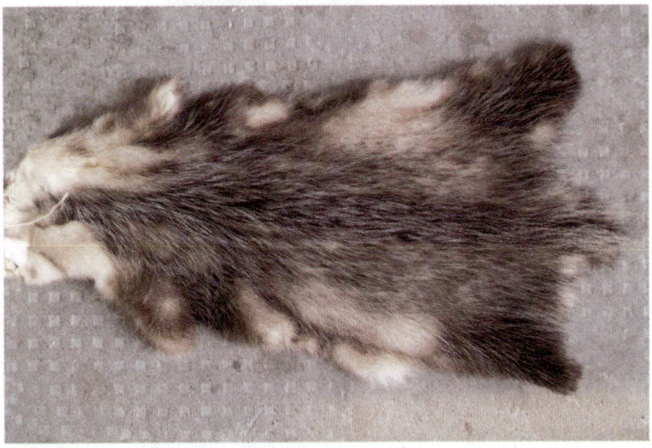

▲ 彩图 37b 澳洲负鼠皮

▲ 彩图 38a 海豹

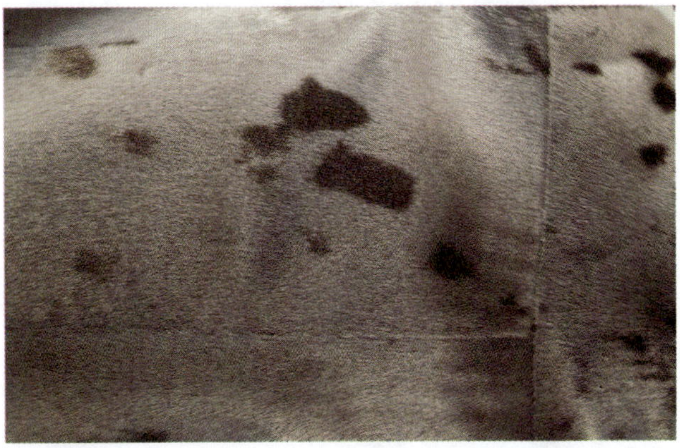

▲ 彩图 38b 海豹皮

▲ 彩图 39a 狼

▲ 彩图 39b 狼皮

▲ 彩图 40a 北美郊狼

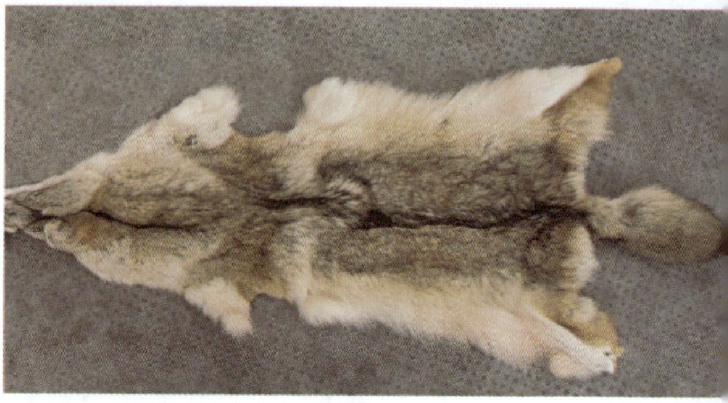

▲ 彩图 40b 北美郊狼皮

▲ 彩图 41a 青鼬

▲ 彩图 41b 青鼬皮

▲ 彩图 42a 青猺

▲ 彩图 42b 青猺皮

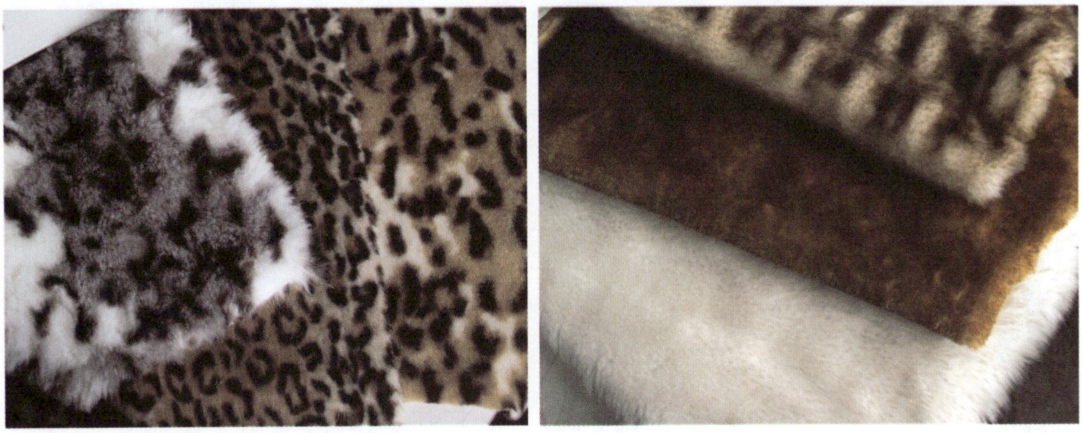

▲ 彩图 43　各种类型的人造毛皮

彩图 44　人造毛皮复合面料，有类似毛革两用的外观效果

▲ 彩图 45　人造毛皮复合面料

彩图 46　人造毛皮表面的印花、刷花、喷花、压花、剪花效果

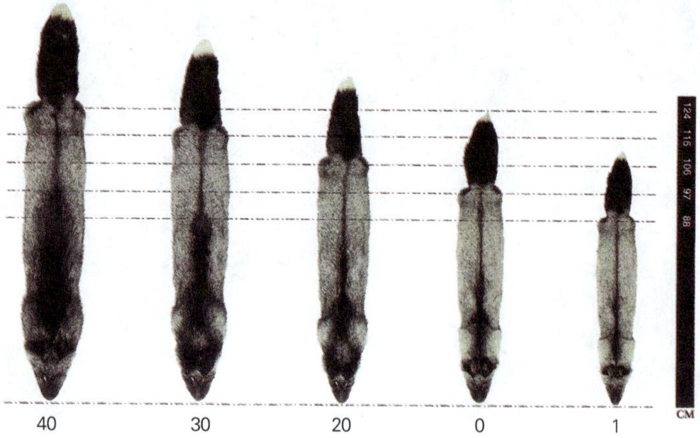

▲ 彩图 47　狐皮的尺寸规格

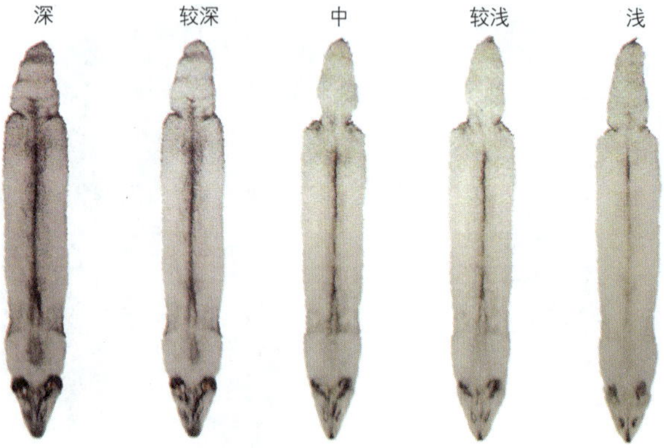

▲ 彩图 48a　蓝狐皮的颜色分级

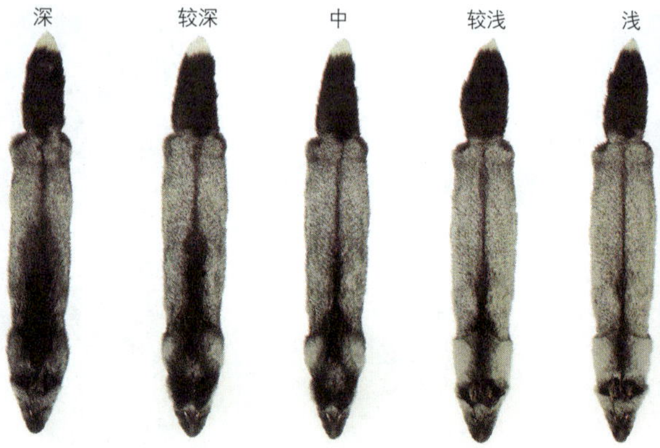

▲ 彩图 48b　银狐皮的颜色分级

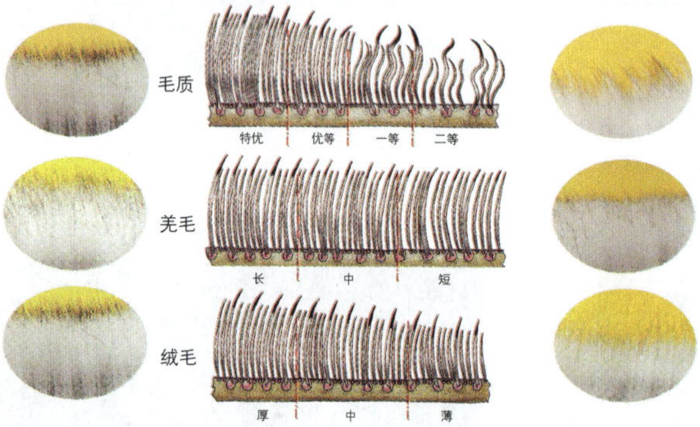

▲ 彩图 49a　蓝狐皮的质量分级

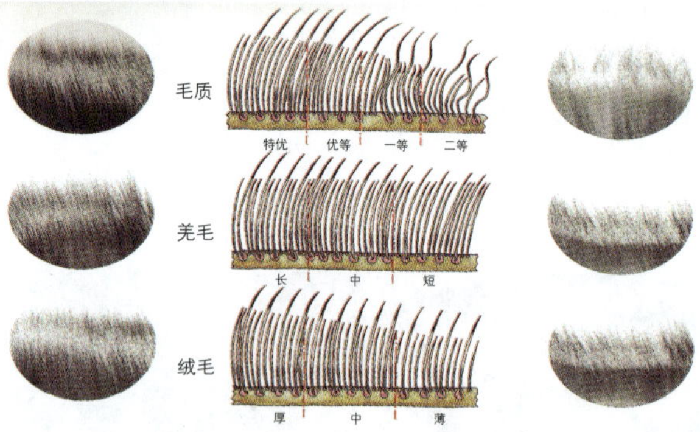

▲ 彩图 49b　银狐皮的质量分级

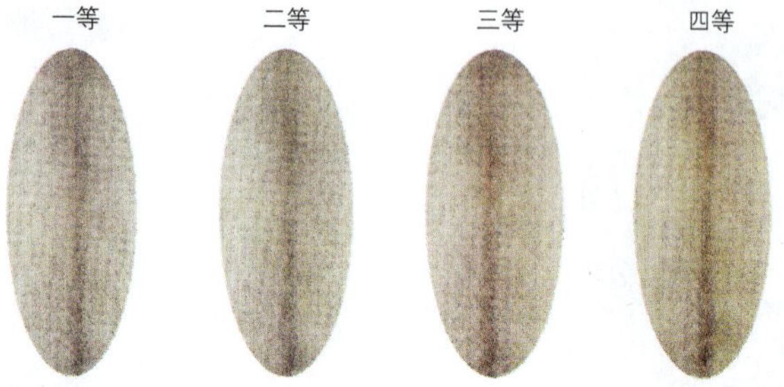

▲ 彩图 50a　蓝狐皮清晰度的分级

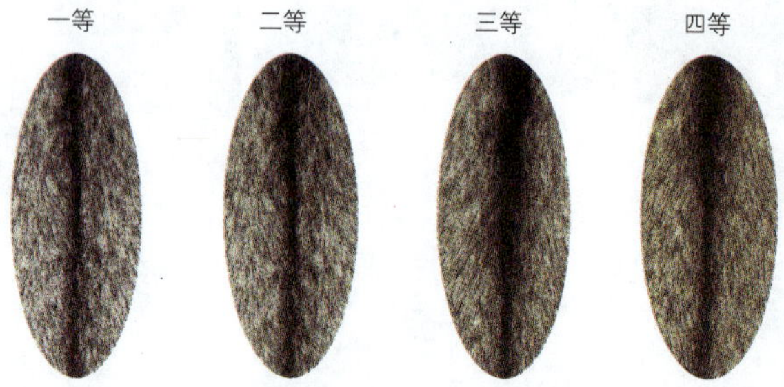

▲ 彩图 50b　银狐皮清晰度的分级

彩图 51 白狐（左）、蓝狐（中）和银狐（右）染色后的不同效果

彩图 52 毛皮上的不同扎染效果

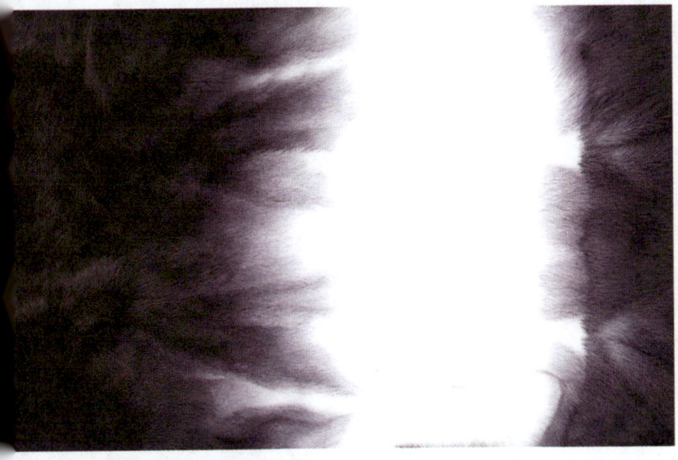
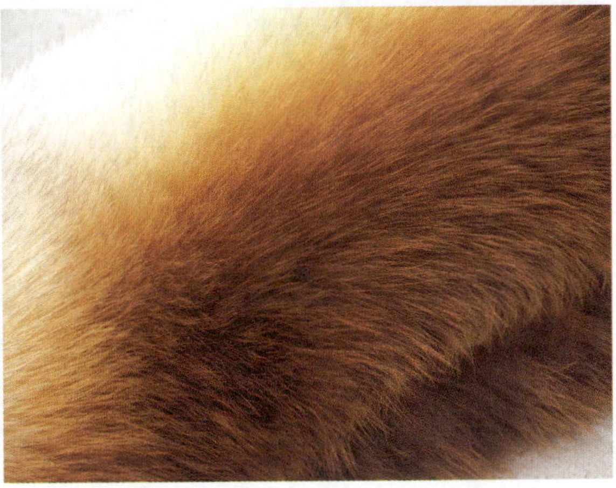

彩图 53 毛皮渐变染色的效果

▲ 彩图 54 貉子皮的不同喷脊效果

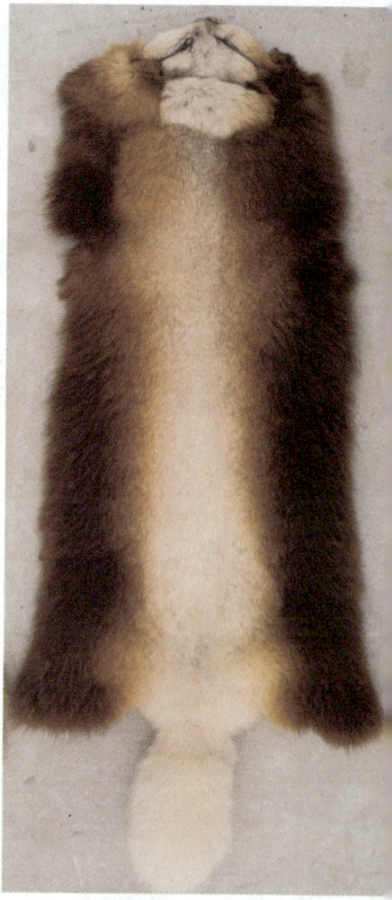

▲ 彩图 55 对貉子皮的背脊位置进行漂白，在脊的两侧进行喷染的效果

▲ 彩图 56 狐皮（上）和羔羊皮（下）的草上霜效果

▲ 彩图 57 貉子皮的幻彩效果

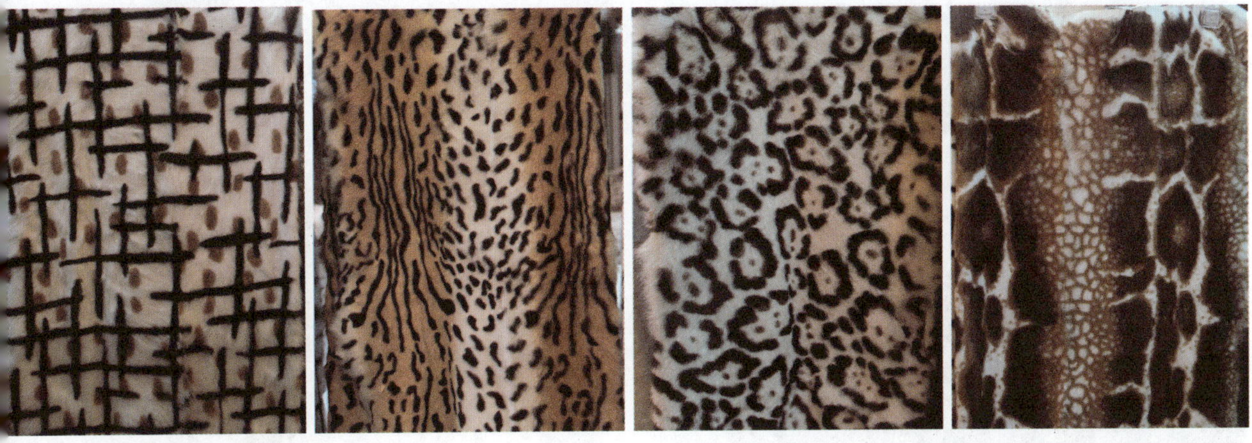

彩图 58 多种剪毛毛皮的印花图案效果

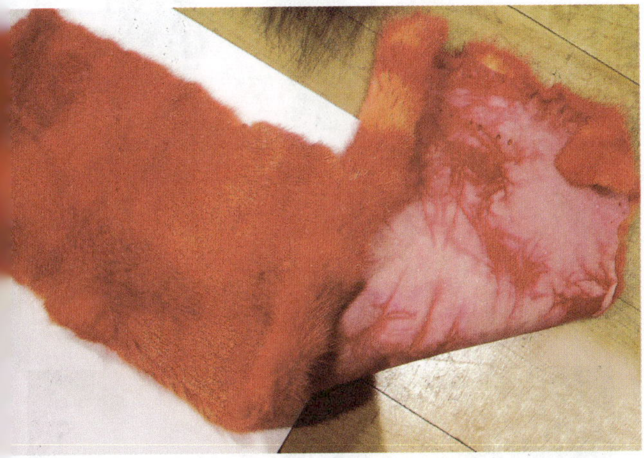

彩图 59 皮板扎染效果

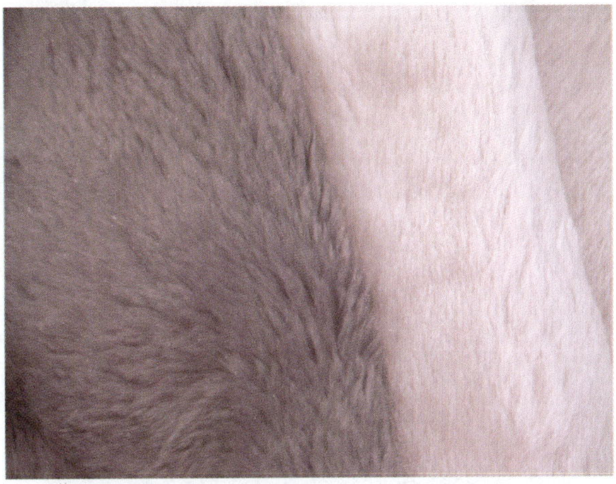

▲ 彩图 60 家兔毛剪毛和拔针的效果

彩图 61 家兔毛剪花效果

▲ 彩图 62 毛皮表面各种蚀花效果

▲ 彩图 63 皮板侧的各种装饰效果

▲ 彩图 64 利用色粉笔对线条和块面进行描画和处理，能很好地表现出毛皮服装蓬松、柔软的特征，对于表现毛皮天然的光泽也十分适宜和便利，而且作画的速度很快

▲ 彩图 65 Loren Mattotti 擅长使用油画棒作画，他表现具有个人风格的时装插画，画面总是笼罩着一种神秘的氛围

彩图66 采用水彩方法对毛皮领部等加以描绘，设计者有意识地按毛皮的结构和纹理特点，归纳出深浅不一的色彩进行表现，追求水画中的“积水“效果(而不是渗化效果)，待描画的部分接近干时，再上面画出表现毛皮特色的笔触，由此而产生出浓烈的装饰风味

▲ 彩图67 二十世纪二、三十年代的VOGUE 杂志的时装插图，画面风格追求自然、真实、细腻的装饰效果，毛皮部分的质感表现细致入微

彩图68 运用马克笔鲜明的笔触特点，表现出毛皮饰边服装的暗影位，配合大胆、生动的细线描绘，极具麻利清爽的艺术感，同时淡了马克笔线条的生硬感，增强了画面的力度和艺术性，达到了比较想的视觉效果

▲ 彩图69 法国插画家 Beatrice Sautereau 的作品，善于使用 Adobe Photoshop 创作夸张表情和比例关系的人物，喜欢用线条和大色块组合出一种特殊的绘画风格

毛皮服装设计作品鉴赏（彩图 70–100）

在社会科技高度发达，东西方文化相互渗透的今天，各种艺术流派纵横交错，多种设计风格争奇斗妍，毛皮服装在时尚的舞台上精彩纷呈，这一切都离不开一个多世纪来活跃在流行最前沿的著名服装设计师们的努力。

19 世纪末，巴黎的高级时装设计师捷克·杜赛最先设计了毛皮朝外的夹克，从此拉开了近代毛皮服装发展的大幕。20 世纪初领导法国时装的设计师简·帕昆、保罗·布瓦列特都是毛皮服装的推崇者，而此后包括克里斯汀·迪奥、雅克·法斯和克里斯托瓦尔·巴伦夏加等设计师在毛皮服装设计领域不断试验，探索新技术。到了60 年代，芬迪勇于创新，开创了毛皮服装新时代。70 年代是改革和创新最为丰富的年代，毛皮生产开始农业化，从而推动了毛皮服装从预约定制到成衣化的进程。时装设计师们更是大胆创新、争奇斗艳，尝试毛皮与其他材质组合的所有可能，探索各种未曾用过的染色、工艺方法等。80 年代以后的近三十年间，众多设计师从初涉毛皮领域，到现在将毛皮的风格演绎得淋漓尽致。亚历山大·马克昆、让·保罗·戈尔捷、维克托·罗尔夫、乔治·阿玛尼、夏奈儿、纪梵希等设计师将毛皮时尚带入一个更年轻、更休闲、更惬意的新时空。

全毛皮服装设计作品（彩图 70–93）

1、 狐皮工艺类（彩图 70–78）

彩图 70

彩图 70 让·保罗·戈尔捷（Jean Paul Gaultier） 08/09 秋冬服装

让·保罗·戈尔捷的设计总能在强烈对比如大块面与小细节的对比、明度的强对比、质料肌理的对比中呈现出和谐与统一。这款由黑白渐变色针织毛衣外配银狐毛革两用皮坎肩，宽大的狐皮领、袖肩及下摆的毛皮出峰，加上皮板上激光雕刻的精致龙纹与黑色的针织大垂荡领搭配得天衣无缝，浑然一体。

彩图 71

彩图 71 古弛（GUCCI）08/09 的秋冬季服装

这一季古弛除了一贯的奢华与性感，还展示了她颇具波希米亚风情的一面。利用狐皮砌砖工艺制作的小外套，狐皮针尖和底绒色彩强烈的反差，腰带上金属小细节设计加上短裙上的图案营造出一种独立自信、野性不羁的风格。

彩图 72

彩图 73

彩图 74

彩图 72 朱利安·麦克唐纳德（Julien Macdonald ）08/09 秋冬服装

朱利安的设计风格总是在低调中带着奢华。他非常热衷在设计中使用毛皮，尤其是灰鼠、貂、狐狸和水貂。这款灰色紧身针织连衣裙，外罩黑白渐变色短袖狐皮大衣，中性配色与现代气质完美结合，简洁的款式更体现出奢华与优雅。

彩图 72 洛克山达·埃琳西克（Roksanda Ilincic）08/09 秋冬服装

塞尔维亚设计师洛克山达·埃琳西克是一个偏爱极端元素的人，衷情于具有膨胀体积感的廓形，上移的高腰线和裙摆，奢华的材质与精彩的细节搭配。她的 08/09 秋冬时装发布会是超现实主义和华丽神奇完美的结合：芭蕾舞演员丝绸礼服和模特同时出现在 T 台之上，设计得童话一样的浪漫完美鸡尾酒礼服搭配性感高跟鞋；皮草礼服大衣配上粉色的缎子腰带与不透明的黑色紧身衣和钴蓝色的脚踝靴。

彩图 74 2008 年摄于米兰名品街

采用狐皮与面料组合工艺加工而成的长大衣，拔针后的白狐毛条按一定间距固定在里料上，外观产生柔和带横条纹肌理的全毛大衣的效果，浪漫、实用、轻巧、舒适。精致的宽腰带在质感上与狐毛形成了强烈的对比，给服装增添了点睛之笔。

彩图 75

彩图 76

彩图 77

彩图 78

彩图 75 柏帛丽(Burberrys)08/09 秋冬服装

在狐皮与面料组合工艺基础上演变而成的装饰效果——银狐皮条以半圆弧形式固定于里布之上，一改传统全毛狐皮大衣笨重的外观，天然银狐毛色泽上柔和的变化，虚实掩映的效果，随着人体的动作，飘逸飞扬，柔美婀娜。

彩图 76 朗万(Lanvin) 04/05 秋冬服装

朗万的这款服装在毛皮工艺处理上尤具特色。设计师非常巧妙地利用了白金狐皮脊背部明显的黑色背纹，将每根垂直于脊背方向切割的白金狐皮毛条加工成羽毛状后，再以一定间距固定于面料之上。毛皮外观呈现立体蓬松，华美多姿的独特效果。

彩图 77 乔治・阿玛尼（Giorgio Armani ）08/09 秋冬服装

皮草在具有世界性影响的意大利品牌乔治・阿玛尼的发布会上从不缺席，最值得品味的是他在毛皮服装上运用的装饰细节，总是给人带来无限惊喜。蓝霜狐皮大衣夸张的廓型之下，别出心裁地加入不规则的同色系羽毛，典雅奢华之中带给人一份欣喜。

彩图 78 海德尔・艾克曼（Haider ackermann）04/05 秋冬服装

海德尔・艾克曼是比利时安特卫普年轻一代中最有思想、最具个性的设计师之一。跨文化视野、多元文化思维，这是他设计的最大亮点。他擅长将多元文化世界的奥秘翻译成雅俗共赏的时尚元素和流行译码。2002 年，他成为米兰皮革世家“卢佛研究”品牌的总设计师。这款毛皮服装，艾克曼在秉承安特卫普学派标志性的解构主义风格基础上又加入了少许朋克元素。

2、 貂皮工艺类（彩图 79–83）

彩图 79 米索尼（Missoni） 05/06 秋冬服装

以针织服装著称的意大利高级成衣品牌米索尼在 2003 秋冬开始推出毛皮饰边的针织服装和全毛皮服装，依然秉承了品牌鲜明的特色：条形花纹、锯齿形花纹、充满想象的色彩……皮草元素的加入更让他们的针织服装独特和非比寻常。这款采用两种颜色的拔针毛皮以镶花工艺手法制作而成全毛皮外套，在袖口、袋口和下摆添加了抽带的细节处理，传达出轻松随意的服装风格。

彩图 80 米索尼（Missoni）08/09 秋冬服装

在米索尼的诠释中，毛皮已幻化成针织服装的另一种表达语素，用这种特殊的材料演绎出年轻、活力同时又经典的风格。由两种不同颜色的剪绒貂皮拼接出极具“米索尼”特色的条形花纹的貂皮短外套，随意休闲又时尚经典。

彩图 82

彩图 81 朱利安·麦克唐纳德（Julien Macdonald）08/09 秋冬服装

热衷于在设计中使用毛皮元素的麦克唐纳德的这款深啡色貂皮小甲克，采用了传统工艺混合创新工艺制作而成，服装大身应用了貂皮半只加工和加革工艺，门襟处的荷叶边则是毛皮创新加工工艺的基础上并装饰以串珠，整体效果华贵柔媚，经典又不失韵味。

彩图 82 朗万（Lanvin）08/09 秋冬服装

一袭矩形貂皮长大衣，搭配相同黑色的高领和皮手套，表现出冷峻、严谨的现代都市风格。处理工艺的创意之处是将貂皮裁切成固定宽度的小细条，然后利用毛皮的方向性顺逆拼合，形成了非同寻常的一种肌理效果。

彩图 83 芬迪（Fendi）07/08 秋冬服装

在芬迪的秋冬系列里，毛皮服装是不变的主角。这款服装是貂皮碎料和羽毛最完美的组合，通过改变貂皮褥子的毛向后做拼接设计，在材料的表面产生丰富的肌理效果。袖口装饰的大量羽毛与领口边缘的羽毛形成呼应，巧妙的细节处理令人过目不忘。

3、 其他毛皮工艺类（彩图84-86）

彩图84

彩图85

彩图86

彩图84 乔治·阿玛尼（Giorgio Armani）08/09秋冬服装

这款小巧的皮草短外套采用了毛条编织的方法，制作出具阿玛尼特色的经典条格毛皮外套。经典到位的版型结构，优良的制作工艺，精致优雅的装饰细节，是介于传统和现代之间的真正经典。

彩图85 Bente Houmann Andersen 08/09秋冬服装

哥本哈根毛皮公司于2005年开始将卡拉库尔羔皮纳入质量检验体系，使它具有了独一无二的质量保障。时装设计师Bente Houmann Andersen设计的卡拉库尔羔皮系列，打破了传统的毛皮服装概念，用原只裁剪拼接融合了分割线的细节设计，创造出性感时髦，含蓄迷人，不受季节限制的毛皮服装。

彩图86 纪梵希（GIVENCHY）08/09秋冬高级时装

纪梵希用他最擅长的线条来表现服装的廓型和层次感，衣身上的长长卷卷的羊毛慢慢变化成细腻的流苏，又渐渐连成片，产生和谐的节奏美感，在统一的色调中彰显出纪梵希高级时装的优美、纯正与典雅。

4、混合毛工艺类（彩图87–92）

彩图 87

彩图 88

彩图 89

彩图87 约翰·加里阿诺（John Galliano）08/09 秋冬服装

毛皮也是约翰·加里阿诺在秋冬季里不可或缺的主打材质，他把毛皮在自己的设计风格中玩转得淋漓尽致，与其他的材质搭配到浑然天成。这款廓型为正梯形的全毛皮服装采用艾虎皮和金岛狐皮两种毛皮搭配，大身上使用艾虎皮，袖口和下摆镶饰金岛狐皮，用原只裁剪方式拼接而成。两种毛皮的搭配组合在色调和毛绒长度上形成整体的对比效果，精致又不拘泥于传统，前卫但不失雍丽奢华。

彩图88 让·保罗·戈尔捷（Jean Paul Gaultier）08/09 秋冬服装

让·保罗·戈尔捷与北欧世家皮草的合作始于 1997 年的高级时装系列，他用其独特的视角诠释了毛皮服装的“豪华”概念，设计不落俗套，经常用打破常规的设计方法来表现这种特殊的材质。这款服装在设计上大胆地运用逆向思维，衣身和袖口处的黑白 V 形条纹正是利用了毛皮加革工艺在皮板面形成的的装饰效果，袖口还可以翻折形成毛向外的另一种穿着方式，门襟处整体的宽银狐毛镶边与其他部位的装饰细节形成对比强烈、虚实明显、轮廓清晰的服装整体。

彩图89 迪奥（Dior）07/08 秋冬服装

1973 年，迪奥就开设了高级成衣的毛皮系列，20 世纪 80 年代开始与北欧世家皮草合作，设计了许多优秀的毛皮服装作品。约翰·加里阿诺成为迪奥新一代的掌门人后，他天马行空的设计天赋使迪奥更具活力和吸引力。这款卡拉库尔羊皮镶饰银狐，是长短毛混合使用的典型代表，小面积的银狐毛点缀，让服装的体积感和廓型更加明显、更加富有张力，丰富了毛皮服饰的语言。

彩图 90

彩图 91

彩图 92

彩图 90 罗伯特·卡沃利(Roberto Cavalli) 08/09 秋冬服装

罗伯特·卡沃利的品牌风格狂野性感，被冠以米兰时尚圈最“野”的品牌。他的设计独树一帜，非常善于把各种冲突、对立的元素融于一体，简单朴素与奢华贵气两种极端气质的混合，在正式典雅与随意嬉皮之间游走。可柔可刚、可内敛可奔放的双重特性，俨然成为新生代的审美取向。他在服装中常使用奢华的材质，大量的皮草皮革、锦缎雪纺、丝绒绸缎、宝石水晶，再加上繁复手工的巴洛克刺绣，穿搭出混合波西米亚与拜占庭式的装饰效果。这款波斯羔羊饰银狐皮袖小甲克，黑色波斯羔羊皮上含蓄的纹理配上带着明显十字背纹的银狐毛，野性不羁的一面显现无疑。

彩图 91 芬迪（Fendi）07/08 秋冬服装

以皮草起家的著名品牌芬迪的发展历史就是现代毛皮服装发展的最具有代表性的缩影。这款服装凸显了工艺之美，獭兔皮喷脊子并以原只工艺拼接，腰围线以下狐皮与獭兔皮相间装饰，袖口的狐皮与之遥相呼应。优雅又帅气的风格创造皮草新时尚。

彩图 92 朱利安·麦克唐纳德（Julien Macdonald ）01/02 秋冬服装

这款使用貂皮原只裁剪工艺中的半只加工方式制作，貂皮脊背和腹部的色差使服装从上至下形成规则的色彩变化，领口、门襟和下摆镶上完整的一圈赤狐毛，腰围和袖口处的绣花装饰更让服装增添了奢华含蓄的美感。

毛皮饰边类服装作品（彩图 93–100）

彩图 93

彩图 93 迪奥(dior) 07/08 秋冬服装

奢华复古的风格被约翰·加里亚诺演绎得出神入化，简洁的大线条，解构手法设计的夸张大领，袖子上银狐毛经过加革处理产生的明显的层次，巧妙的色彩变化，袋口相同银狐元素的装饰，配上现代版草帽，浑然一体。

彩图 94

彩图 94 米索尼（Missoni）07/08 秋冬服装

毛皮和针织两种材质在米索尼品牌中被玩转的淋漓尽致，这次则是将貂皮与针织进行相拼设计，休闲的针织小甲克款式配上浅啡色貂皮，表现的与以往的奢华高贵无关，而是随意与帅气。

彩图 95

彩图 96

彩图 97

彩图 95 罗伯特·卡沃利（Roberto Cavalli）08/09 秋冬服装

用天然狸子皮与花布面料拼接制成长大衣，混合着柔美与野性的两种极端的气质，大胆的用色与搭配方式在卡沃利的手中变得异常和谐，彻底颠覆了人们刻板的搭配理论。

彩图 96 芬迪（Fendi）08/09 秋冬服装

芬迪不仅仅像使用布料一样处理毛皮，而且还创造了真正的属于毛皮的时尚。这款银狐毛饰边短袖连衣裙，利用银狐毛立体的色彩变化效果，让简洁帅气的服装产生飘逸、生动的变化。

彩图 97 萨尔瓦多·菲拉格慕(Salvatore Ferragamo)08/09 秋冬服装

萨尔瓦多·菲拉格慕新的设计总监 Cristina Ortiz 的首场秀充满锁扣和迷你裙的高傲气息。真丝色的露背外套，斜绕的皮毛和夹克一体的外套，和一些银色的手工拼料，蛛网似的细线从斜裁的长袍肩膀上悬挂下，配合这一切的则是透明树脂楔跟鞋和透明的塑料脚趾带。

彩图 98

彩图 99

彩图 100

彩图 98 肖恩・康布斯（SEAN JOHN）08/09 秋冬

说唱音乐"教父"肖恩・康布斯，人称吹牛老爹(Puff Daddy)，是最早踏入时装界的明星艺人，就如他本人和他的歌曲风格一样，Sean John 男装洋溢着浓重的 hip-hop 气息。他在 08/09 男装秋冬系列里，淋漓尽致的展现了融汇优雅气质和高档休闲服饰的儒雅男士形象，向世人展示了奢华的皮草，同时散发出抑制不住的雄性魅力。

彩图 99 乔治・阿玛尼（Giorgio Armani）05/06 秋冬服装

毛皮在与不同服装材质、款式的搭配中变幻莫测，让原本属于寒冷冬季的毛皮焕发出新的生命力。斑马纹皮革搭配黑狐毛细条，展示出了典雅、浪漫、时尚。

彩图 100 乔治・阿玛尼（Giorgio Armani）05/06 秋冬服装

采用貂皮链条制作工艺将剪毛黑色貂皮和黑色皮革交错编织而成的小短外套，两种颜色相同、质感不同的材质穿插交错产生规律变化。颠覆了传统毛皮服装手工密集性的工艺特点，时尚中带着理性，经典中带着休闲。